中村徹／情報親方　著

秀和システム

※本書は2024年12月現在の情報に基づいて執筆されたものです。
本書で紹介しているサービスの内容は、告知無く変更になる場合があります。あらかじめご了承ください。

■本書の編集にあたり、下記のソフトウェアを使用しました

・Windows11

上記以外のバージョンやエディション、OSをお使いの場合、画面のバーやボタンなどのイメージが本書の画面イメージと異なることがあります。

■注意

(1) 本書は著者が独自に調査した結果を出版したものです。
(2) 本書は内容について万全を期して作成いたしましたが、万一、ご不備な点や誤り、記載漏れなどお気付きの点がありましたら、出版元まで書面にてご連絡ください。
(3) 本書の内容に関して運用した結果の影響については、上記(2)項にかかわらず責任を負いかねます。あらかじめご了承ください。
(4) 本書の全部、または一部について、出版元から文書による許諾を得ずに複製することは禁じられています。
(5) 本書で掲載されているサンプル画面は、手順解説することを主目的としたものです。よって、サンプル画面の内容は、編集部で作成したものであり、全て架空のものでありフィクションです。よって、実在する団体・個人および名称とはなんら関係がありません。
(6) 商標
QRコードは株式会社デンソーウェーブの登録商標です。
本書で掲載されているCPU、ソフト名、サービス名は一般に各メーカーの商標または登録商標です。
なお、本文中では™および® マークは明記していません。
書籍中では通称またはその他の名称で表記していることがあります。ご了承ください。

はじめに

kintoneは「仕事で使うアプリを自分たちで作ることができる道具」です。現場で利用する人の「こういうアプリがあったらいいな」という要望を、そのままアプリにできます。利用する人がアプリを作っても、要望を聞きながら詳しい人が作ってもいいでしょう。作ったアプリを試し、不都合があればすぐに修正できます。アプリには、パソコンでもスマホでも、その場ですぐに文字の入力や写真のアップロードができます。

多くのアプリができると、どんなアプリをどの場面で利用したらよいか迷うものです。アプリを整理して利用しやすくするために、アプリを管理します。さらに、重要な情報を扱うために、セキュリティや権限の設定が欠かせません。kintoneを利用する際に、組織やユーザーの登録といった管理者による事前設定も必要です。kintoneは安全かつ手軽にこれらも設定できます。

本書では、kintoneの利用者、アプリ作成者、管理者それぞれの役割の方が利用する機能を紹介します。Chapter01から04までは概念や利用操作を、Chapter05から07まではアプリの作成方法を、Chapter08から10までは管理の機能を解説しました。kintoneを利用している方でも、どのようにアプリを作るか、管理するか、を理解していると、「アプリや業務をこう変えたい！」という改善の要望をアプリ作成者や管理者にうまく伝えられて、利用しやすくできるでしょう。ぜひ、kintoneを本書で理解し、アプリをすばやく作成、修正して、業務改善をスピーディーに行ってください。

10年以上にわたりkintoneの教育に携わってきた著者と、製品やサービスの取扱説明書制作を通じ多くの現場を経験した著者が、分担して本書を執筆しました。わくわくしながら使い始めた方が、学びで越えられる壁で足を止め、挫折してしまう姿に悔しさを感じてきました。その壁を越えれば広がる世界がある。その一歩を支えたい思いを込めた一冊です。

2025年1月
中村徹／情報親方 共著

本書の使い方

このSECTIONの機能について「こんな時に役立つ」といった活用のヒントや、知っておくと操作しやすくなるポイントを紹介しています。

このSECTIONの目的です。

このSECTIONでポイントになる機能や操作などの用語です。

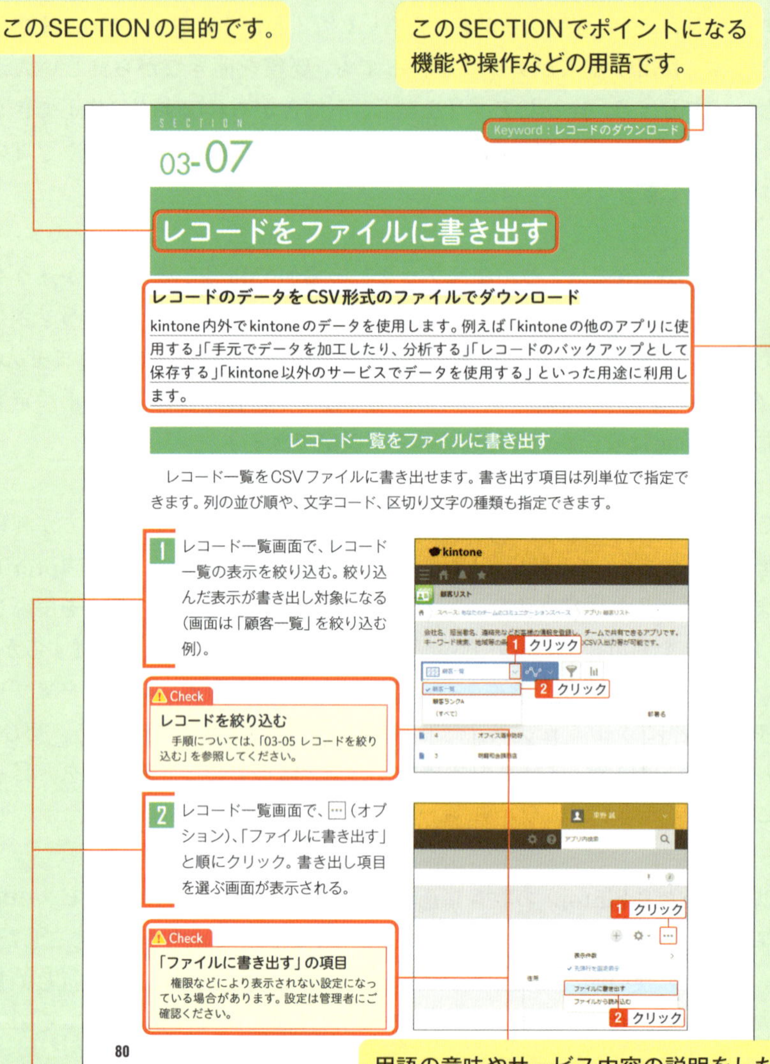

SECTION 03-07

Keyword：レコードのダウンロード

レコードをファイルに書き出す

レコードのデータをCSV形式のファイルでダウンロード

kintone内外でkintoneのデータを使用します。例えば「kintoneの他のアプリに使用する」「手元でデータを加工したり、分析する」「レコードのバックアップとして保存する」「kintone以外のサービスでデータを使用する」といった用途に利用します。

レコード一覧をファイルに書き出す

レコード一覧をCSVファイルに書き出せます。書き出す項目は列単位で指定できます。列の並び順や、文字コード、区切り文字の種類も指定できます。

1 レコード一覧画面で、レコード一覧の表示を絞り込む。絞り込んだ表示が書き出し対象になる（画面は「顧客一覧」を絞り込む例）。

Check
レコードを絞り込む
手順については、「03-05 レコードを絞り込む」を参照してください。

2 レコード一覧画面で、…（オプション）、「ファイルに書き出す」と順にクリック。書き出し項目を選ぶ画面が表示される。

Check
「ファイルに書き出す」の項目
権限などにより表示されない設定になっている場合があります。設定は管理者にご確認ください。

80

操作の方法を、ステップバイステップで図解しています。

用語の意味やサービス内容の説明をしたり、操作時の注意などを説明しています。

- Check：操作する際に知っておきたいことや注意点などを補足しています。
- Hint：より活用するための方法や、知っておくと便利な使い方を解説しています。
- Note：用語説明など、より理解を深めるための説明です。

サンプルファイルのダウンロードについて

本書で解説に使用している、以下のサンプルファイルは、秀和システムのホームページからダウンロード可能です。

・[サンプル]案件管理.xlsx
・[サンプル]見積書.zip

以下のURLからダウンロードしてください。ファイルはzip形式で圧縮されていますので、解凍してからご利用ください。

https://www.shuwasystem.co.jp/support/7980html/7370.html

または、秀和システムのトップページ「https://www.shuwasystem.co.jp/」で、本書の書名「kintone完全マニュアル」を検索してください。

注意

- ダウンロードできるデータは著作権法により保護されており、個人の練習目的のためにのみ使用できます。著作権法および弊社の定める範囲を超え、無断で複製、複写、転載、ネットワークなどへの配布はできません。
- ダウンロードしたデータを利用、または、利用したことに関連して生じるデータおよび利益についての被害、すなわち特殊なもの、付随的なもの、間接的なもの、および結果的に生じたいかなる種類の被害、損害に対しても責任は負いかねますのでご了承ください。
- データの使用方法のご質問にはお答えしかねます。
- また、ホームページ内の内容やデザインは、予告なく変更されることがあります。

目次

Chapter05 アプリを作る

Chapter06 アプリを使いやすくする

Chapter07 アプリを使いこなす

Chapter08　スペースを設定する

Chapter09　利用環境を設定する

Chapter

01

kintoneとは

kintoneは、チーム全員が同じデータを共有し、スムーズに協働できるクラウドプラットフォームです。業務ごとにアプリを作成し、データを登録。アプリ間でデータを連携できるので、無駄なデータが生まれにくいしくみです。メンション機能を使えば、チーム内でのコミュニケーションも一層効率的になります。役割に合わせて権限を設定すると、チームの誰もが使いやすくなり、全体での生産性が大幅に向上します。

kintoneの概要

kintoneで何ができるかを解説

kintoneは、サイボウズ株式会社が開発・提供しているクラウド型の業務アプリ開発プラットフォームです。データを一元管理し、ExcelやCSVからのアプリ作成や、あるべき業務を目指したアプリ作成ができます。また、組織内のコミュニケーションを促進するコメント機能も充実しています。業務を効率化したい組織にとって、導入しやすく活用の幅が広いツールです。

業務の効率化

kintoneでは、フィールド（目的別に定型化された入力フォームのパーツ）を使ってアプリを構築します。プログラミングの技術は使わず（ノーコード）、業務アプリを開発できます。機能を拡張する場合は300種類以上のプラグインがあり、JavaScript、CSSなどを使ったカスタマイズもできます。kintoneは多言語にも対応しています。

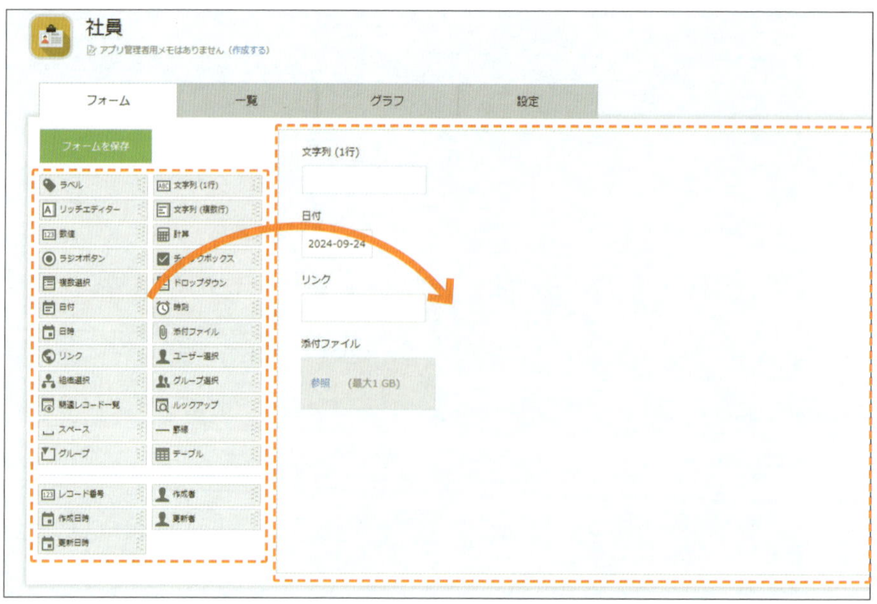

▲ドラッグアンドドロップでフィールドを追加してアプリを作成できる

業務の形は様々。顧客管理、案件管理、タスク管理など多様な用途に合わせて、専用のアプリを作ったり、アプリ同士を連携させたりすることで業務をうまくすすめられるようになります。

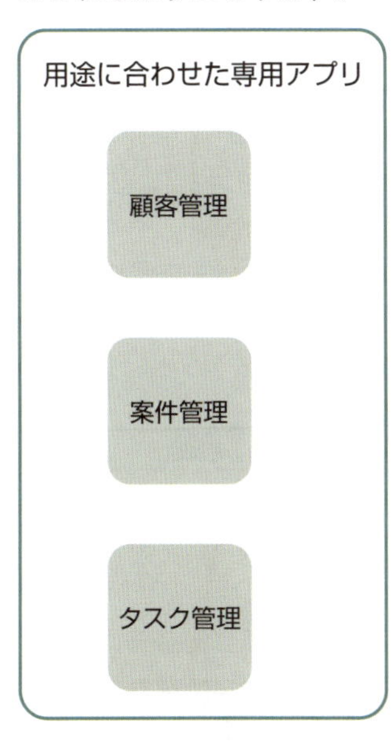

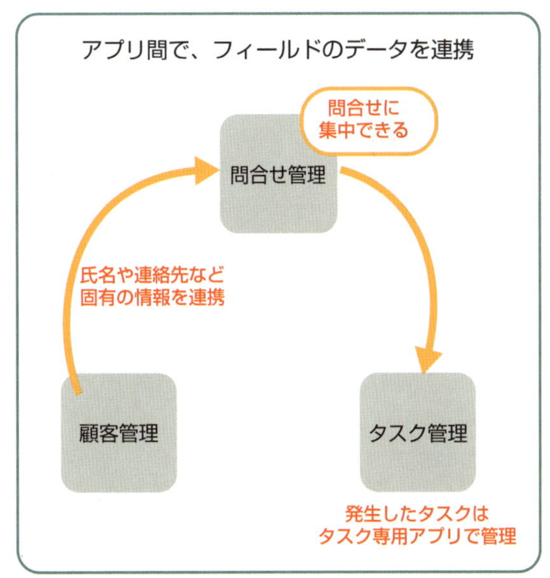

Check

kintoneの活用

kintoneは多くの業務効率化を実現できる一方で、大量データ管理や複雑なシステム連携はプラグインや外部連携を利用して課題解決します。どのように設計するか、自社の要件とkintoneの特性を十分に理解し、適切な活用方法を検討することが重要です。また、アプリを簡単に作れることで、「アプリを使う人」が「アプリを作る人」に成長し、現場の意図を反映した業務改善が進むことにつながります。

Note

DXとは？

DXとは「デジタルトランスフォーメーション」のことで、デジタルテクノロジーを使用して、ビジネスプロセス・文化・顧客体験を新たに創造（あるいは既存のそれを改良）して、変わり続けるビジネスや市場の要求を満たすプロセスのことを指します。デジタル変革ともいいます。紙などのアナログ情報をデータに置き換えるプロセスは「デジタル化」です。デジタル化を経て、働き方や業務、組織、産業や社会のあり方が変わっていくことがDXの目指すところです。

Hint

kintoneが効率化につながる理由

kintoneは「デジタル化」や「DX」ももちろんできます。さらに、バラバラだったデータがひとつに整理され、暗黙知だったデータも見えるようになることで業務の改善点が見えやすくなります。

データ管理

バラバラだったデータをインターネット上のクラウドサービスであるkintoneにまとめて管理することで、チーム内のデータがまとまり、機器や環境に依存しないデータ管理ができます。

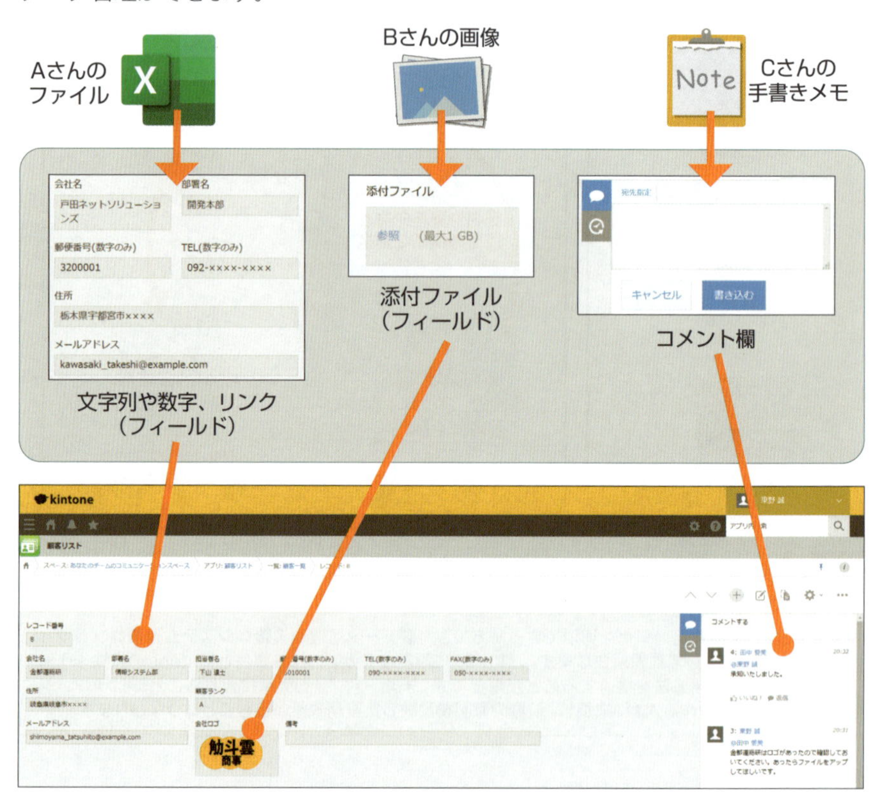

kintoneは、パソコンはもちろん、iOSやAndroidのスマートフォン、タブレットからもサービスにアクセスできます。スマートフォンではkintone専用のアプリが用意されています。タブレットでモバイルアプリを利用すると大きな画面で利用できます。

アプリの入手

アプリの入手は、iOSでは**App Store**に、Androidでは**Google Play**にアクセスしてダウンロードします。

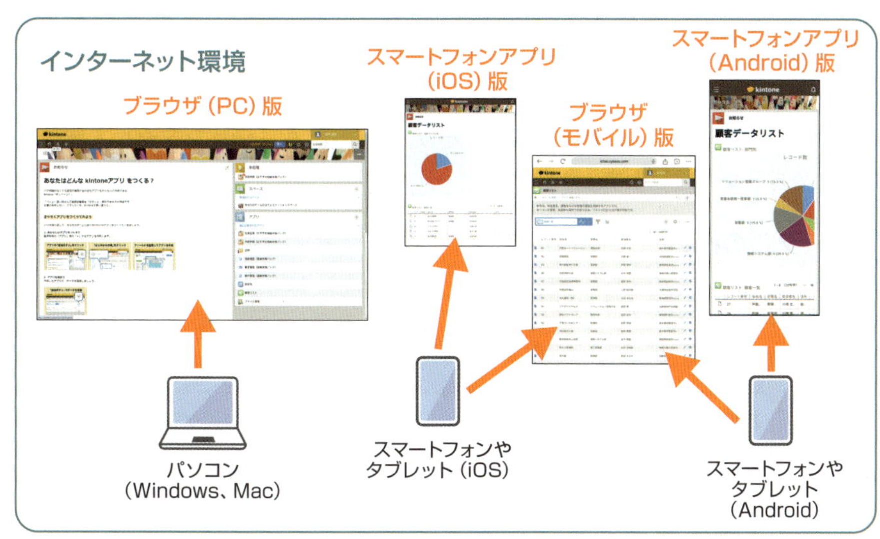

▲インターネット環境があればどこでもkintoneにつながる

⚠ Check

データの容量

1アカウントあたり5GBまでの容量があります。kintoneだけではなくcybozu.comのサービス全体での容量なので、Garoonなどを併用している場合はそれらもあわせた容量になります。ディスク容量を追加するオプションを使うことでより多くのデータを取り扱うことができます。

日常的にkintoneを使用する中、動画や写真をアップロードしていると容量制限まで到達することもあります。ファイル保管場所を連携する外部サービスに委ねたりすることで対策ができます。

⚠ Check

アプリの取扱い

アプリが作りやすい利点がある一方、アプリをどのように使うかを設計しないで作るとあとで改修の手間がかかります。アプリはきちんと設計をして、有益なアプリにしましょう。
アプリを手軽に作ることができるのはメリットですが、場合によっては無秩序にアプリが作られることがあります。管理者の方がアプリ管理のルールを作るなど、運用管理が必要です。

コミュニケーション

kintoneにログインすると、スペースやアプリが一覧になった「ポータル」が表示されます。ポータルは、情報を共有したり、コミュニケーションを通して業務を効率化できる場になります。

●ポータルの構造

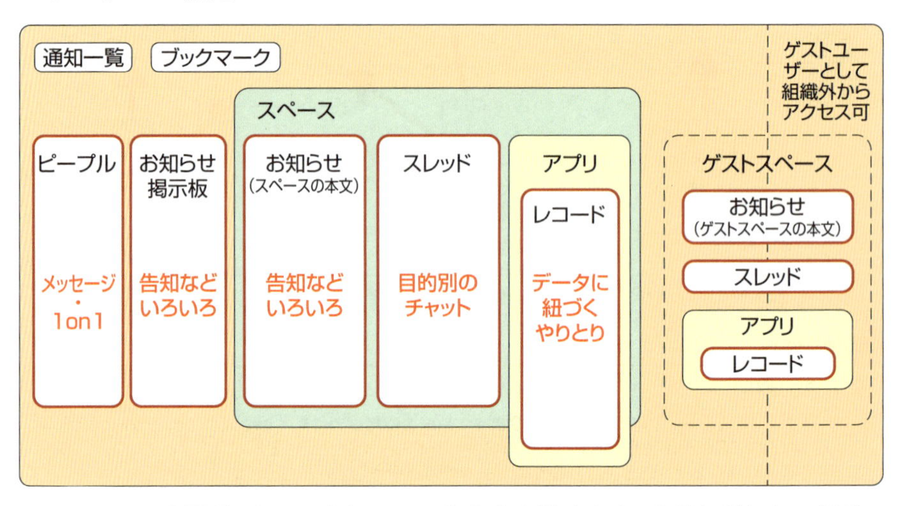

kintoneでは個別のレコードにコメントを書き込めます。やりとりしたい相手への「メンション」機能を使うと、相手にコメントが届いたことを通知します。

●例：レコードにコメントが追加されたら通知が届く

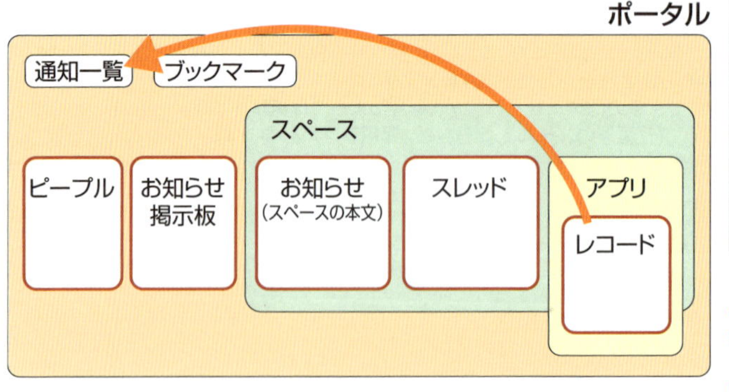

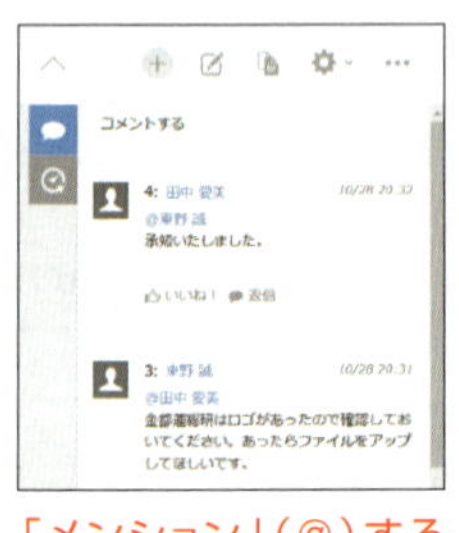

「メンション」(@)すると、指定先の人や組織、グループに通知が届く
「通知」を設定すると、kintoneのデータやスレッド、ピープルなどの情報が更新されると通知が届くようになる

カスタマイズと拡張

kintone（スタンダードコース以上）ではプラグインや連携サービスにより機能拡張ができます。

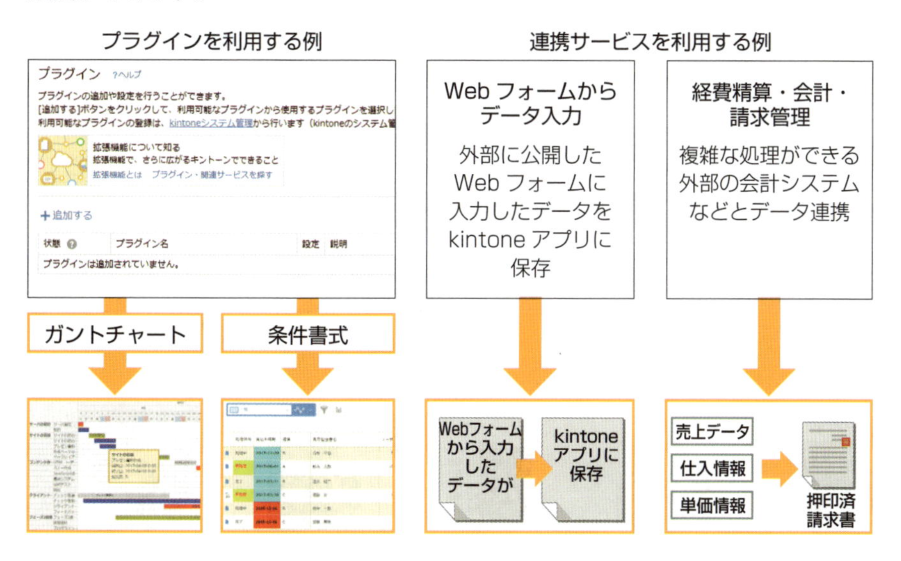

⚠ Check

機能の拡張

連携サービスは「データ連係（CSV入出力、API連携、iPaaS）」「kintoneデータの外部公開」「ウェブフォーム作成」「帳票・ドキュメント作成」「ワークフロー連携」「本格的な会計システム」「コミュニケーションツール（Slackなど）」といったものが多くあります。連携サービスで、非ライセンスユーザーとも情報共有ややり取りが可能になります。

また、連携サービスはスタンダードコース以上で行うことができ、プラグイン等で機能を拡張して構築します。

外部システムやアプリと連携するには、比較的容易に行えるものもありますが、専門的な知識が必要になる場合もあります。

拡張機能の利用には追加コストがかかる場合があります。費用対効果を見極めましょう。

01-02 情報の一元化で業務改善

全員のExcel、メール、手書き、まるごとkintoneで共有

kintoneを導入することでチーム内の情報共有が飛躍的に向上し、業務プロセスが効率化され、意思決定もスピーディーに行えるようになります。散らばっていたExcel、手書き、メールの情報を集約、チームが同じ場所で更新、共有することで、チームの生産性と協力体制が大きく向上します。

散らばる情報をチーム全員がキャッチ

例えばExcelなら、複数のファイルを行き来したり、人ごとに違うレイアウトを合わせたりする手間が不要になります。

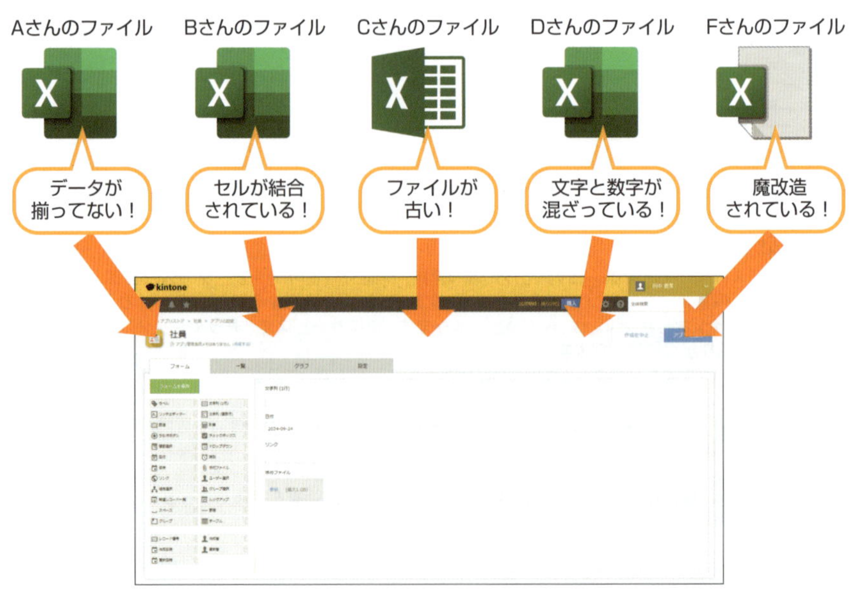

kintoneにまとまると、全員で共有できる

また、手書きメモの場合は、画像ファイルをkintoneに貼り付けると、アイデアを即座にチームで共有できます。

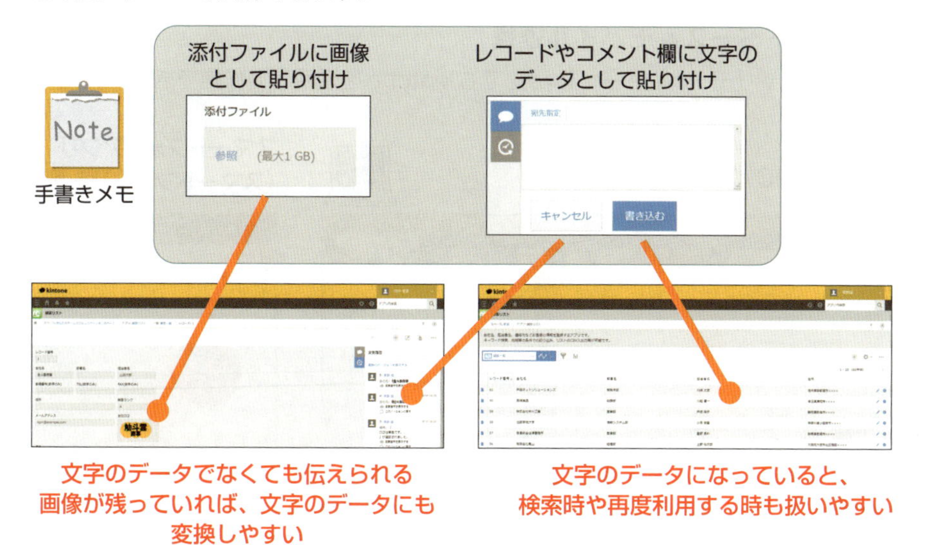

統一された入力フォーム（フィールド）にデータを入力

文字情報からファイル添付まで、定型化された入力フォームで管理できます。

ExcelやPDF、画像ファイルもアップロードできます。添付ファイル内のテキストデータも検索に対応しています。

柔軟な作業環境を実現

● クラウドベース＆モバイル連携

オフィスやリモート、さらには出先でもkintoneを活用して作業できます。

ブラウザ(PC)版

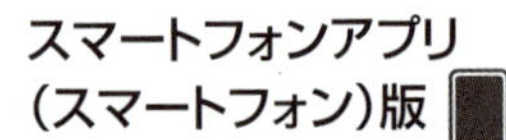

スマートフォンアプリ
(スマートフォン)版

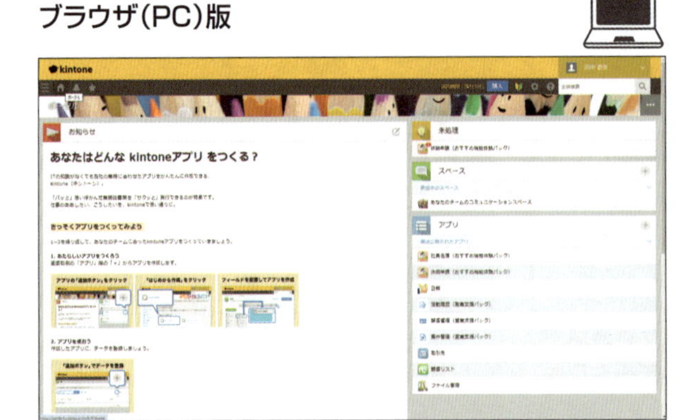

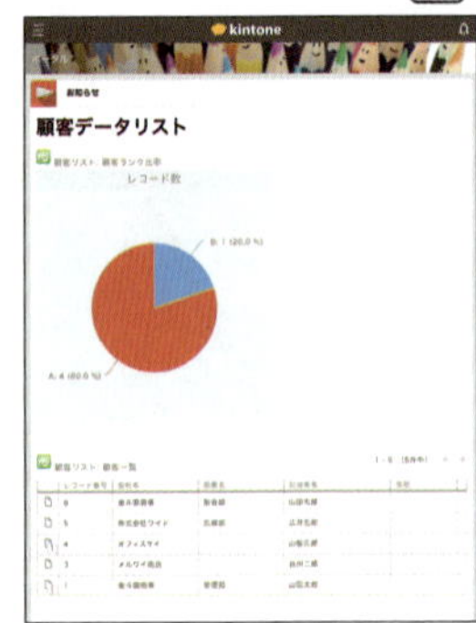

● ワークフロー連携

承認経路を事前に設定しておくと、押印が必要な書類も承認作業がスムーズになります。

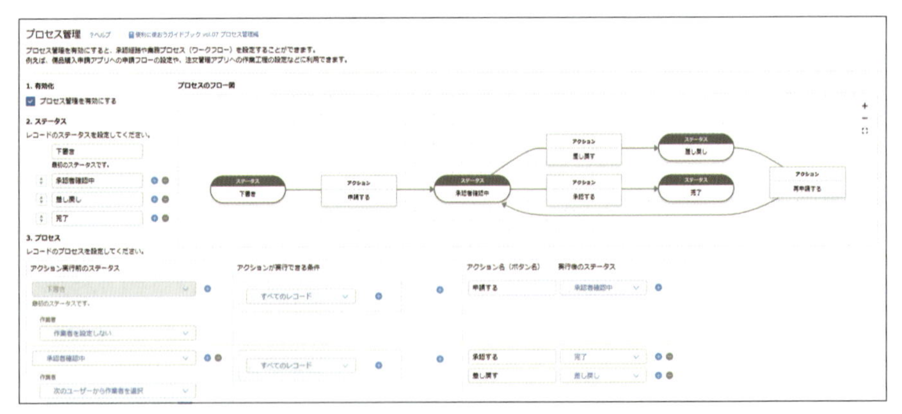

データの可視化

●一覧表示

絞り込みでよく使う設定をメニューに登録しておけるので、クリック操作だけで一覧を表示できます。

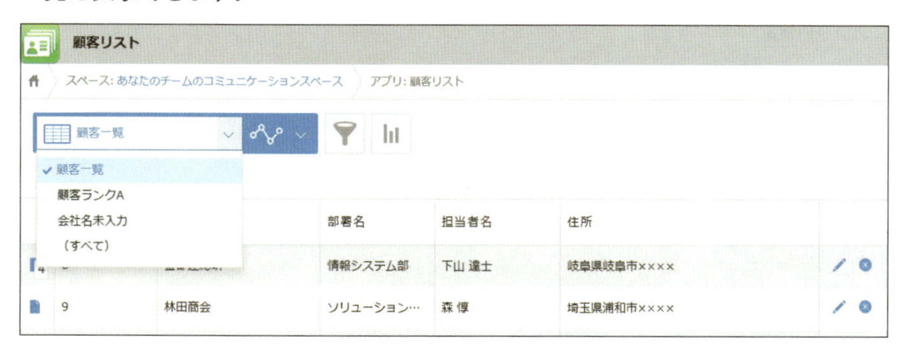

●グラフや表

データからかんたんにグラフや表を作成できます。メニューに登録しておくと、最新の数値でいつでも呼び出せます。

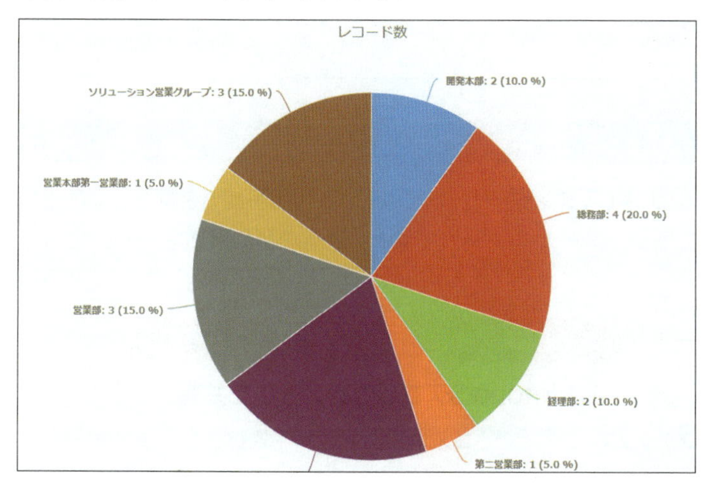

データの検索

kintone全体やアプリ内を対象として検索ができる全文検索機能も備わっており、必要な情報を迅速に探し出せます。検索先の場所や種類を絞り込んで検索することもできます。

アプリ内検索　∧絞り込み　タイトル検索　アプリ(0)　スペース(0)　スレッド(0)　ピープル(0)

範囲

kintone 全体

種類

- レコード
- レコードコメント
- スペース・スレッド
- ピープル
- メッセージ
- 添付ファイル

作成者

作成日の範囲

絞り込む

検索結果

検索条件に一致する情報は見つかりませんでした。

メールを共有

メール共有オプション（スタンダードコース以上で利用可能）を使うと、ひとつのメールアドレスに届いたメールをチームで共有、返信などの対応もチームで行えます。

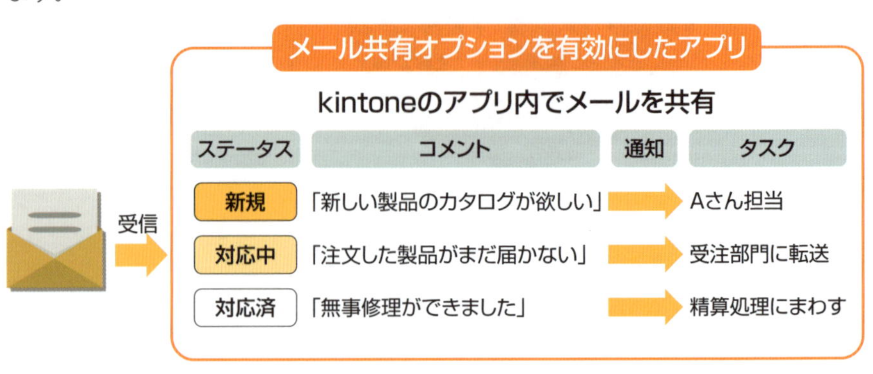

01-03

コミュニケーションが見える化できる

データに紐付いたコミュニケーションが、チームの力になる

kintoneは単なる業務アプリではなく、組織内コミュニケーションの中心となるプラットフォームです。機能を活用することでチーム全体の意思疎通がスムーズになり、迅速な意思決定ができるようになります。業務効率化だけでなく、チームワークの強化にもつながります。

データに紐づいたコミュニケーション

コメント機能を使うと、各レコードに対して直接コメントをやりとりでき、全員が同じデータを見ることで情報が集約されやすくなります。関連する情報を探す手間も省け、同じ場所に集約されることで必要な議論を迅速に行うことができます。

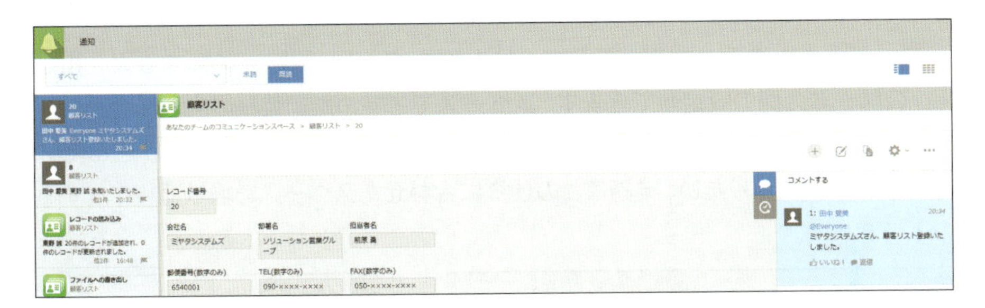

コメントには宛先を指定できるため、チームや、チームの相手を指定して通知を送ることができます。通知のためのメール作成や伝達ミスを防ぎ、迅速な対応ができます。

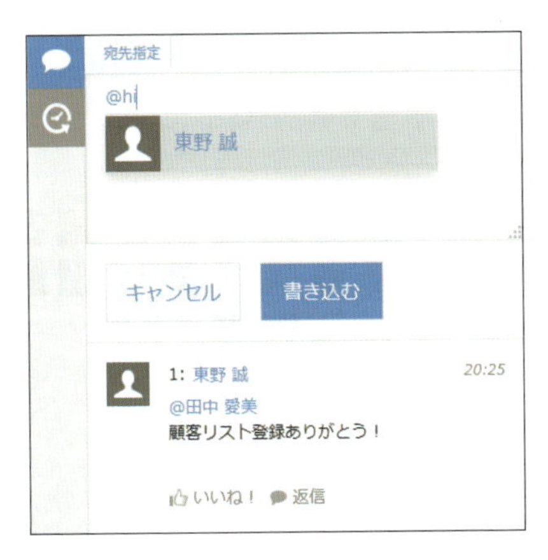

ポータル、スペース、スレッドの本文には画像、アプリの一覧やグラフを貼り付けることができます。毎日確認する一覧やグラフを貼り付けておくと便利です。

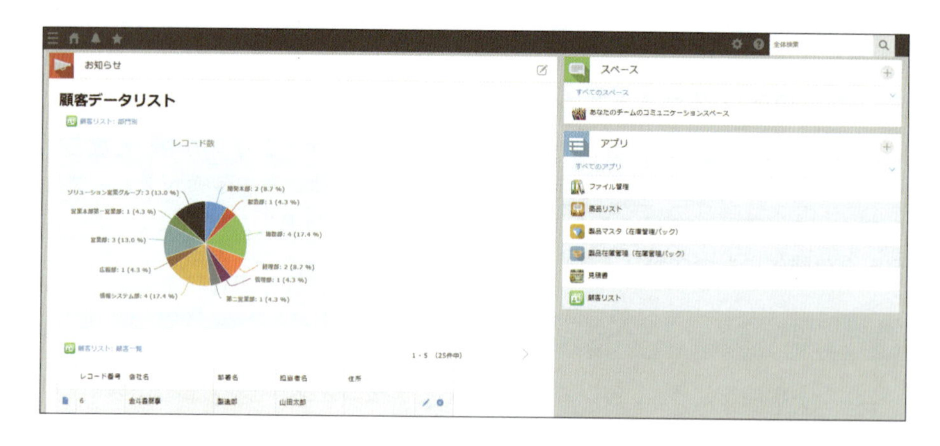

スペースと、スペースのテンプレート

プロジェクトやテーマごとにスペースを作成すると、閲覧や編集する人を指定し、公開や非公開の設定ができます。スペースですすめたい業務の内容に合わせて作りわけができます。また、スペースはテンプレート化できます。作り込んだスペースを複数個作りたい、業務ごとの仕様に合わせたスペースを繰り返し作成するなどできます。

スペースの作成画面

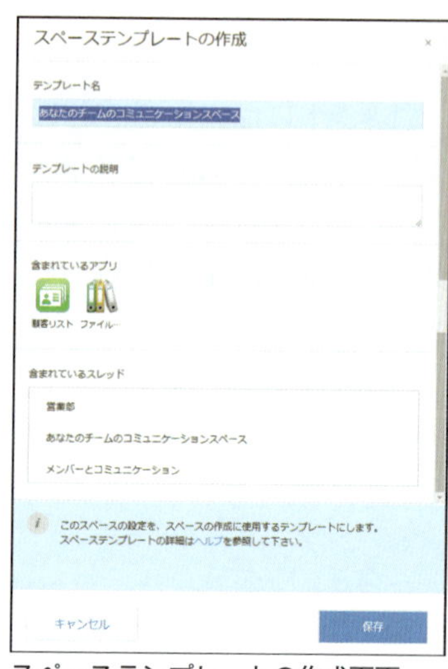

スペーステンプレートの作成画面

データへのアクセス

　同じアプリに複数の人が同時アクセスしていても情報を更新できるため、時間を気にせず情報共有ができます。これにより、会議中でも意見を即座にkintoneに取り入れることができます。

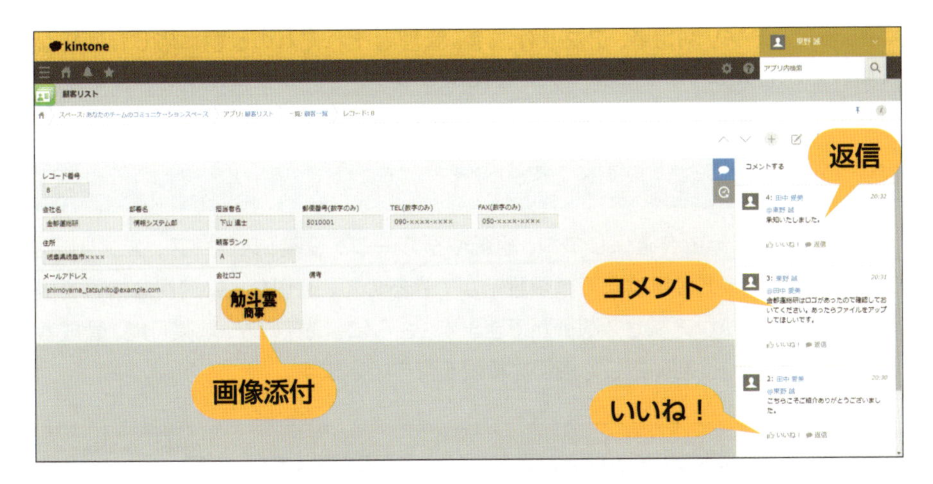

　アプリに新しいコメントや更新があった際に通知を受け取る設定ができます。自動的に通知が送られ、編集の履歴を確認し、必要であれば編集履歴を確認して元に戻すことができます。重要な情報を見逃すことがありません。

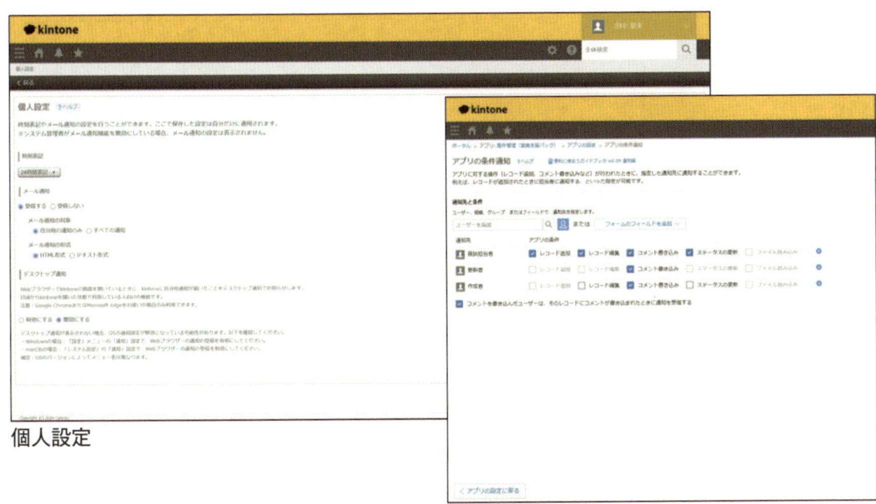

個人設定

アプリの条件通知

チーム全員が使いやすい環境を

使う人、作る人、管理する人、チーム全員が使いやすい

kintoneは、アプリ利用者、アプリ作成者、管理者それぞれの役割に応じた適切な権限設定が行えます。セキュリティを確保しつつ、チーム全員が使いやすい環境を利用できることで、業務効率の向上を実現できます。

ユーザーに合わせた権限設定

情報セキュリティを確保しつつ、組織やグループ、役職、スペース、アプリ、レコード、フィールドの単位まで権限設定ができるので、適切な人に適切な情報を提供する、きめ細かなアクセス制御ができます。さらに、閲覧のみ、編集可能、管理者など、ユーザーの役割に応じて適切な権限を付与できます。

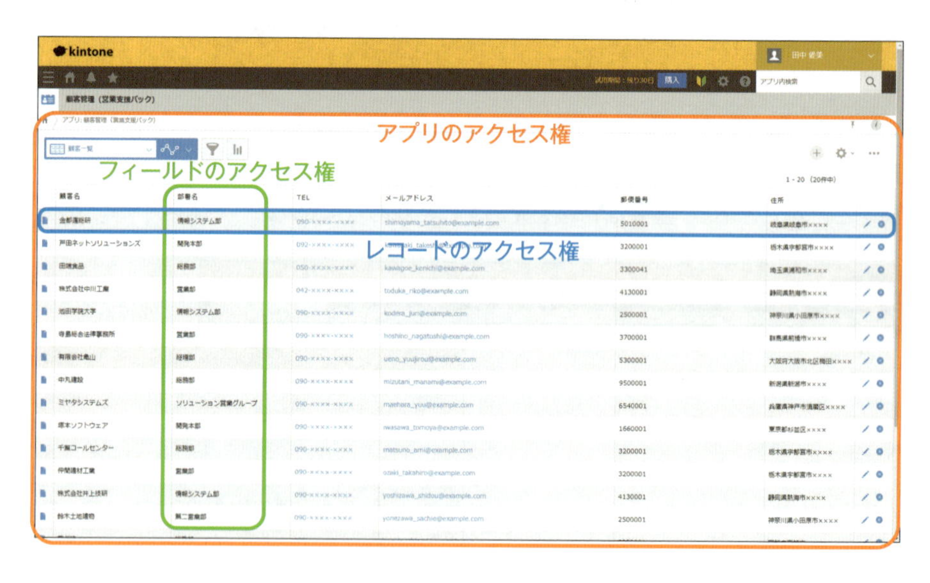

管理者の運用負荷を最小化

管理画面では、簡単に権限付与や組織変更に対応できるユーザー管理機能があります。

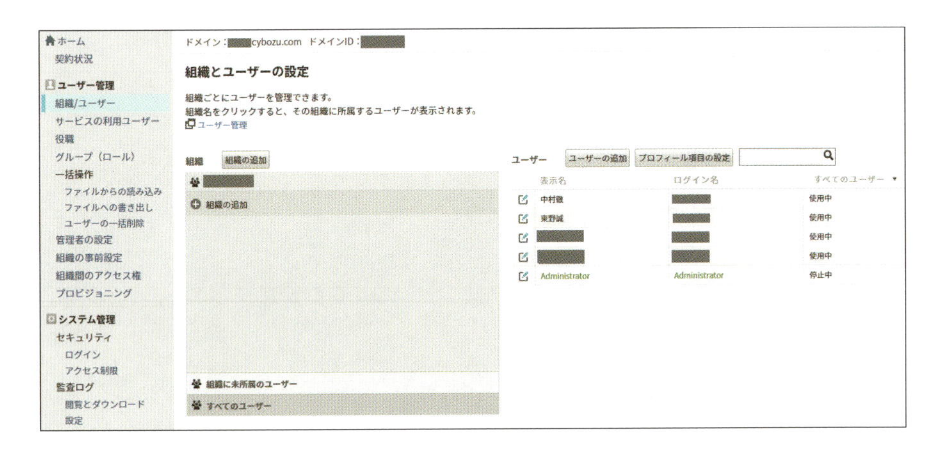

アプリの利用状況が可視化され、しばらく更新のないアプリや、アプリの容量を確認することができるので、効果的な運用をサポートします。

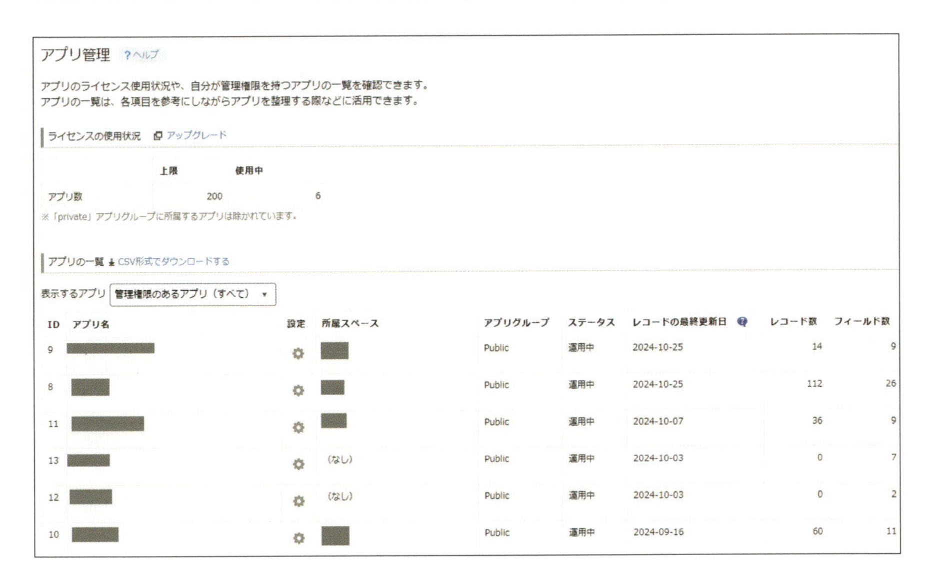

アプリ作成者の負担を軽減

ドラッグ＆ドロップでアプリ作成ができ、誰でもアプリを作成できます。

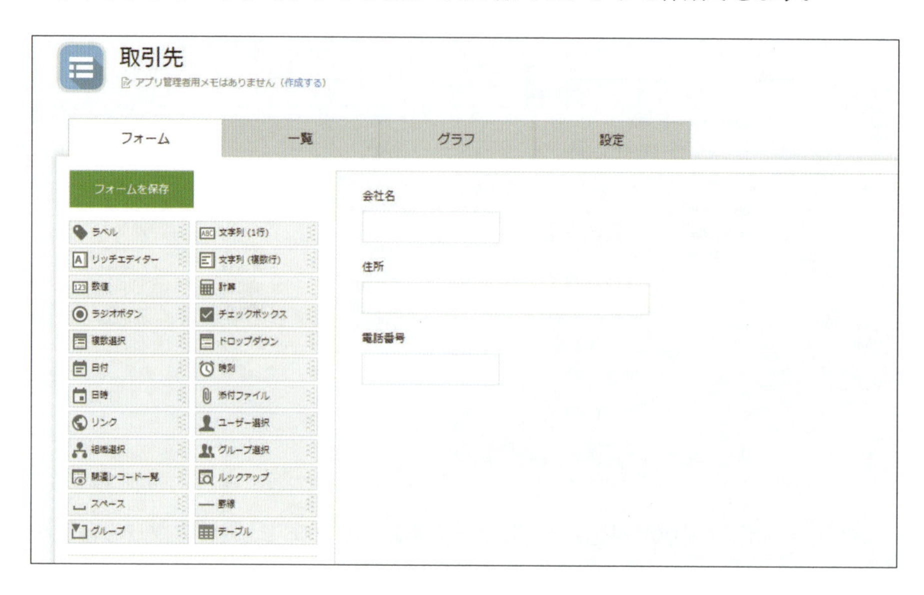

よく使うアプリやスペースはテンプレートにできるので、繰り返し使ったり、自社向けアプリのベースとして活用できます。

アプリのテンプレート

アプリはテンプレート化できます。一度作ったアプリを別のスペースでも作りたい、業務に合わせて設定を変更したアプリを繰り返し使いたい、などの活用ができます。

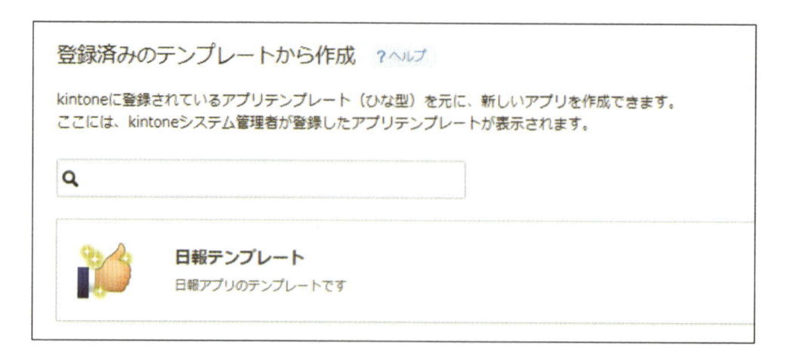

Chapter

02

kintoneにログインする

kintoneを利用するためには、まず管理者やcybozu.comから提供されたアカウントでkintoneへのログインが必要です。この章では、アカウントの情報やログイン画面の操作、パスワードの設定について詳しく解説します。また、万が一パスワードを忘れてしまった場合の対処法についても説明します。デモ環境も試しながら、kintoneを安心して使い始めるための基礎を学びましょう。

02-01

ログイン画面にアクセスする

kintoneへのはじめの一歩

まずはkintoneにログインするための画面を表示してみましょう。組織の環境や契約内容により、ログイン画面までの経路が異なることがありますが、ログイン画面以降は基本的に同じ流れです。本書でkintoneのログインもお試しいただけるデモサイトを用意していますので、ぜひご利用ください。

ログイン画面を表示する

初回ログイン時は、管理者や「cybozu.com」からメールなどで送られたログインに必要な情報を利用して、ログインします。案内された「https://（サブドメイン名）.cybozu.com/」から始まる文字列がログイン画面のURLです。メールを受信したら、早速kintoneにログインしてみましょう。

デモサイトの操作や制限については、「Appendix 読者用デモ環境」を参照してください。

1 受信したメールや、管理者から案内されたURLを、クリックするかWebブラウザーにコピーしてログイン画面にアクセスする。

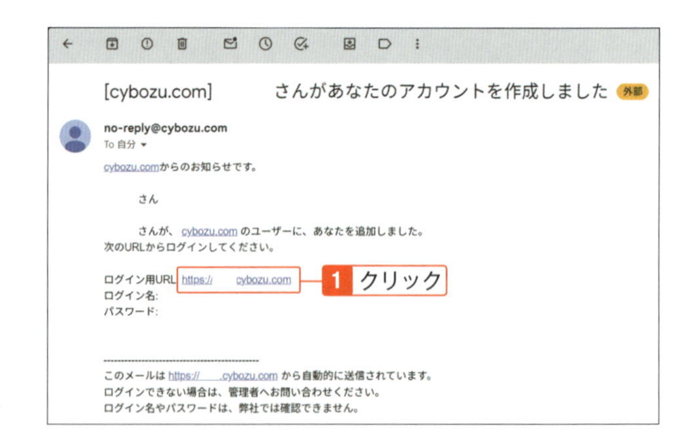

Check

URLは分断しない

httpsから始まるURLの文字列は、半角英数記号がひと続きになった、空白や改行が含まれない状態でひとつのURLです。分断すると正しいリンク先を表示できませんので、URL全体をコピーしてください。

2 ログイン名とパスワードの入力画面が表示されたら、「02-02 ログイン名やパスワードを設定する」に進む。

Check

ログイン画面が表示されない場合

kintoneはインターネットに接続された環境で、「最新版」のWebブラウザーを使用することで利用できます。Webブラウザーの状況や、通信環境が良くないためにインターネットにインターネット接続環境できない時は、ログイン画面にアクセスできる環境で試すか、インターネット接続環境が回復してから操作してください。

Check

セキュアアクセス

セキュアアクセスを契約した環境では、URLは別途指定されることがあります。詳しくは、管理者に確認してください。

Hint

次回から素早くアクセスするには

URLをWebブラウザーのお気に入りやブックマークに登録しておくと、次回から直接アクセスできます。組織内で共用しているサイトがあれば、そこにkintoneのログインURLを登録しておくとkintoneへの入り口が統一されるので利用しやすくなるでしょう。

Hint

サイボウズとの契約がkintoneだけの場合

URLを「https://(サブドメイン名).cybozu.com/**k**」から始まる文字列でアクセスすると、ログイン後に表示される「kintoneを選ぶ」手順を省略することができます。

02-02

ログイン名やパスワードを設定する

正しいログイン名とパスワードを入力しよう

kintoneを利用するためには、ログイン画面でログイン名とパスワードを入力してログインします。初回のパスワードは認証時に新しいパスワードを設定し直すこともあります。

ログインする

1 メールに記載されたログイン名とパスワードをログイン画面に入力し、「ログイン」をクリック。

Check

ログイン情報の案内

kintoneの運用状況により、メールではなく管理者からログインに関わる情報を提供されることもあります。詳しくは管理者に確認してください。

Check

ログイン名

ログイン名は、提供されたログイン情報に記載された文字列を入力します。kintoneの30日間無料お試し期間の場合は、お試しを申し込む際に登録したメールアドレスがログイン名です。

2 新しいパスワードを2箇所に入力し、「保存」をクリック。パスワードが新しく入力した文字列に更新され、次の画面が表示される。

Hint

ユーザー情報

ログイン名やパスワード、プロフィール写真は、ログイン後に変更できます。詳しくは「04-04 自分のプロフィール情報を設定する」を参照してください。

3 利用可能なサービスの一覧が表示されたら、「kintone」をクリック。

「kintoneへようこそ！」画面が表示されたら

もし「kintoneへようこそ！」画面が表示されたら、「次へ」をクリックします。

cybozu.com共通管理者の権限がある場合は、30日間無料お試し期間中にチームメンバーを招待できる画面が表示されます。

画面の指示に従って、チームメンバーを招待してみましょう。

パスワードに使用できる文字

パスワードに使用できる文字数は既定では8文字以上、64文字以下です。大文字と小文字は区別されます。入力の際は、CapsLockの有効／無効状態を確認して、大文字／小文字を設定してください。また、テンキーの文字列を入力する場合は、NumLockを有効にすると入力できます。

パスワードに使用できる/できない文字（及び特殊文字）は以下の通りです。

●パスワードに使用できる文字

・アルファベット
・数字
・半角スペース

●パスワードに使用できる特殊文字

・!(エクスクラメーション)
・"(ダブルクォーテーション)
・#(シャープ)
・$(ドル)
・%(パーセント)
・&(アンパサンド)
・'(シングルクォーテーション)
・()(丸カッコ)
・*(アスタリスク) 注:ファイルを使用してユーザーを登録する場合は使用できない
・+(プラス)
・,(カンマ)
・-(ハイフン)
・.(ピリオド)
・/(スラッシュ)
・:(コロン)
・;(セミコロン)
・=(イコール)
・<(小なり)
・>(大なり)
・?(クエスチョン)
・@(アットマーク)
・[ ](角カッコ)
・^(ハット)
・_(アンダースコア)
・`(バッククオート)
・{ }(波カッコ)
・|(パイプ)
・~(チルダ)

●パスワードに使用できない特殊文字

・\(円マークまたはバックスラッシュ)

Hint

パスワードは管理者が仕様を設定できる

　管理者が、パスワードポリシーとしてパスワードの文字数、複雑さ(英数記号をどこまで使えるようにするか)、有効期限などを制限したり、「ログイン名と同じパスワード」「過去に使用したパスワード」と同じ文字列を許容するかも制限できます。

パスワードを忘れたり、ログインに失敗したら

パスワードは忘れても再設定できる

ログインに失敗したり、パスワードがわからなくなった場合、利用者が自己解決できることがあります。ここでは、パスワードのリセットなど、利用者が対処できる方法を解説します。

パスワードを忘れた場合

パスワードリセットが許可されている場合は、登録しているメールアドレスからパスワードを再設定できます。

許可されていない場合は管理者に問い合わせましょう。

1 ログイン名とパスワード入力画面で「ログインでお困りですか」をクリック。メールアドレス入力画面が表示される。

Check

早めに再設定しよう

パスワード再設定URLの有効期限は1時間です。

2 kintoneに登録している（通知メールが届いている）メールアドレスを入力し「パスワードリセット」をクリック。メールアドレスあてにパスワードリセットメールが送信される。

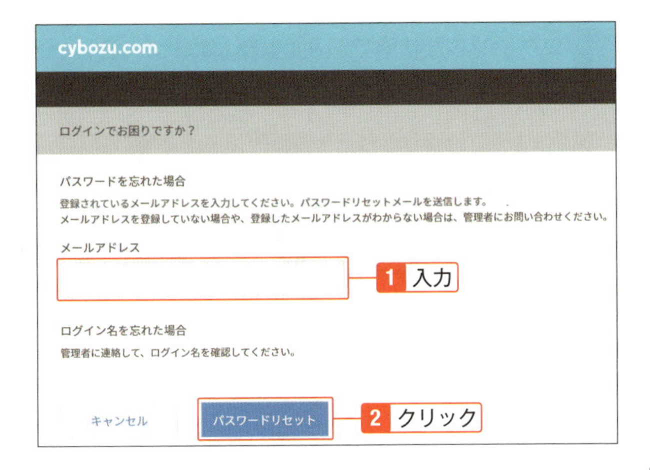

3 届いたメールの「パスワード再設定URL」リンクをクリックし、パスワードの再設定を行う。

4 新しいパスワードを2箇所に入力し、「保存」をクリック。設定した新しいパスワードでkintoneにログインできるようになるので、ログインできるか試してみる。

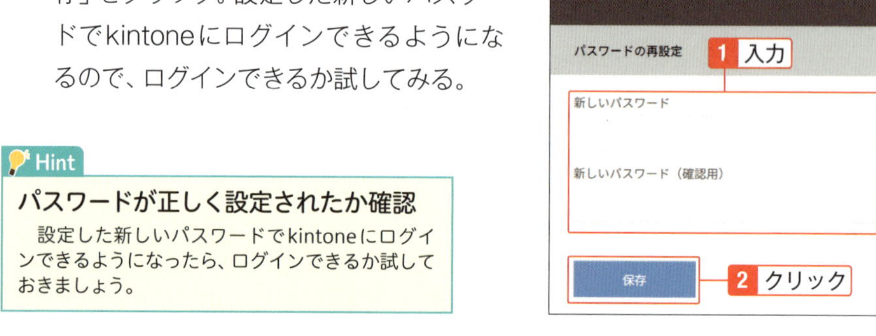

> **Hint**
> **パスワードが正しく設定されたか確認**
> 設定した新しいパスワードでkintoneにログインできるようになったら、ログインできるか試しておきましょう。

パスワードを任意に変更する場合

パスワードリセットが許可されている場合は、登録しているメールアドレスからパスワードを再設定できます。

許可されていない場合は管理者に問い合わせましょう。

1 ログインした状態で、画面上部「ユーザー名」右側のプルダウンをクリックして、「アカウント設定」をクリック。

2 「ログイン名とパスワード」タブをクリック。

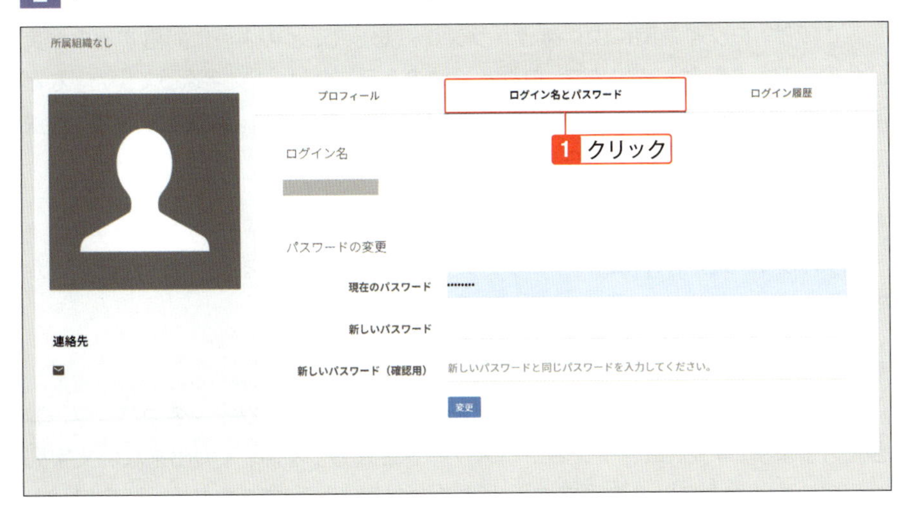

3 「パスワードの変更」で現在のパスワード（1か所）と、新しいパスワード（2か所）にそれぞれ入力して、「変更」をクリック。

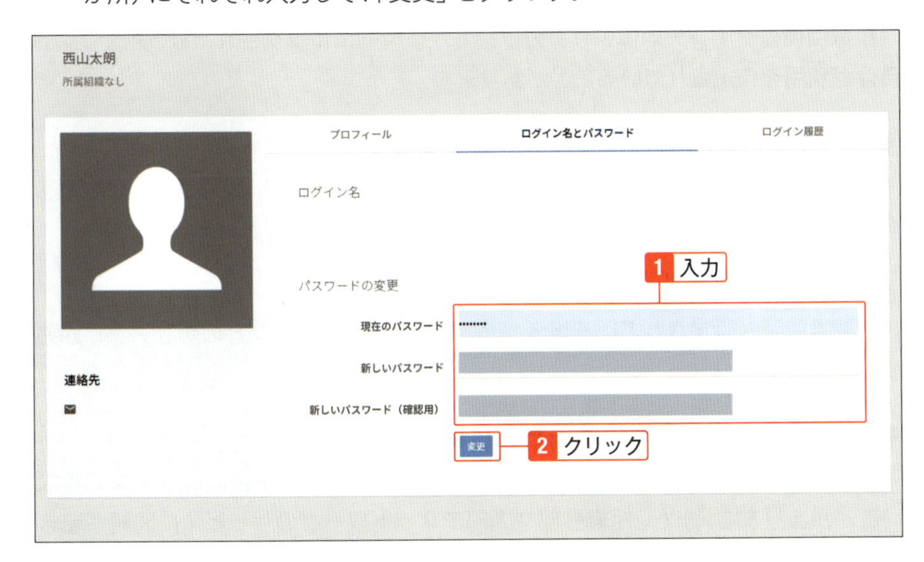

Hint

パスワードが正しく設定されたか確認

　設定した新しいパスワードでkintoneにログインできるようになったら、ログインできるか試しておきましょう。

kintoneのログイン時によくあるトラブル

ここでは、ログイン時によくあるトラブルに対して、どのように対処するのが良いかのヒントを記載しています。ログイン時のトラブルは「1文字違っていた」などほんの少しの違いに気づくと解決できることがよくあります。解決を試みて、解決できなければ管理者に相談しましょう。

●ログインのページが表示されない

ログイン先のURL（Webブラウザーのアドレスバーにある文字列）が正しいか確認しましょう。

●ログイン名やパスワードの入力ができない

kintoneでは、半角英数大小文字や記号の組み合わせでログイン名やパスワードを入力します。また、ログイン名やパスワードを入力する際、入力出来ない文字列や、指定された文字以外の文字を入力するとログインができません。パスワードは、管理者がリセットを許可していれば、ご自身でリセットができます。

●アカウントがロックされてログインできない

複数回のログイン失敗によりアカウントが一時的にロックされたり、アカウント自体が利用を停止されていることがあります。

●パスワードが期限切れでログインできない

定期的にパスワードを変更する必要がある環境では、新しいパスワードを設定するように促されます。新しいパスワードに更新してください。

●二要素認証が失敗する

二要素認証が設定されている場合、認証にスマートフォンなどの認証アプリが必要になります。

●Webブラウザーや他のサービスに問題がある

Webブラウザーの古いキャッシュやクッキーが原因で、正常にログインできないことがあります。また、組織外部や内部でネットワークのサービスに問題が起きている可能性があります。管理者に確認、相談しましょう。

kintoneにトラブルが起きている場合：

kintoneの稼働状況は、「 https://status.cybozu.com/ 」で確認できます。

02-04

モバイル版kintoneにログインする

パソコンだけでなくスマートフォンからでもkintoneにアクセス

スマートフォンからkintoneにアクセスして、通知の確認や書き込みなどパソコンと同様の操作を行えます。外出先からkintoneの情報を確認確認できます。スマートフォンでkintoneを利用する場合、「アプリ」「Webブラウザー」どちらでも利用できます。

スマートフォン用アプリを利用する

スマートフォン用のアプリを使ってkintoneにアクセスできます。アプリではプッシュ通知を受け取れるので便利です。App StoreまたはGoogle Playからモバイルアプリをダウンロードしてください。

1 App StoreまたはGoogle Playで「kintone」と検索して、モバイルアプリをダウンロードする。

1 タップ

Check

モバイル版の制限

パソコンで見るブラウザ版と比べると、アプリ版、スマートフォンで見るブラウザ版ともに、一部の操作やセキュリティ、通信の機能が制限されていたり、ボタンやメニューの位置が異なる場合があります。

2 ダウンロードしたモバイルアプリのアイコンをタップして、アクセスするkintoneのサブドメインを入力し、「次へ」をタップ。

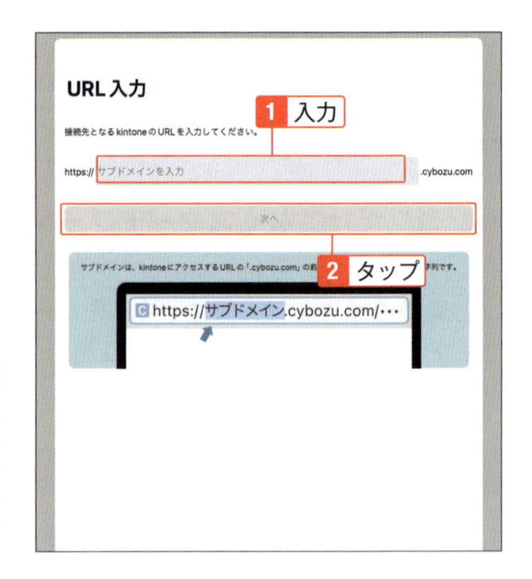

> **Note**
> **サブドメイン**
> kintoneにアクセスするURLの「cybozu.com」の前にある文字列です。アクセスするURLは、kintoneを表示しているときのWebブラウザーのアドレスバーで確認できます。
> https://（サブドメイン）.cybozu.com/

> **Check**
> **アプリ版でのユーザー制限**
> ゲストユーザーはモバイルアプリを使用できません。ゲストユーザーがスマートフォンでkintoneにアクセスするには、ブラウザ版を使用します。

> **Check**
> **アプリ版でのログイン**
> Basic認証を使用している場合は、まずBasic認証のユーザー名とパスワードを入力、「OK」をタップした後、kintoneのログインを行います。
> また、2要素認証を有効にしている場合は、ログイン操作後に認証アプリから入手した6桁の確認コードを入力します。
> なお、シングルサインオン（SSO）でログインする場合は、SSOで使用しているサービスのログイン名とパスワードを入力し、ログインします。

スマートフォンでWebブラウザーを利用する

1 スマートフォンでWebブラウザーを開き、URL入力欄に、利用中のkintoneのドメイン名を入力。

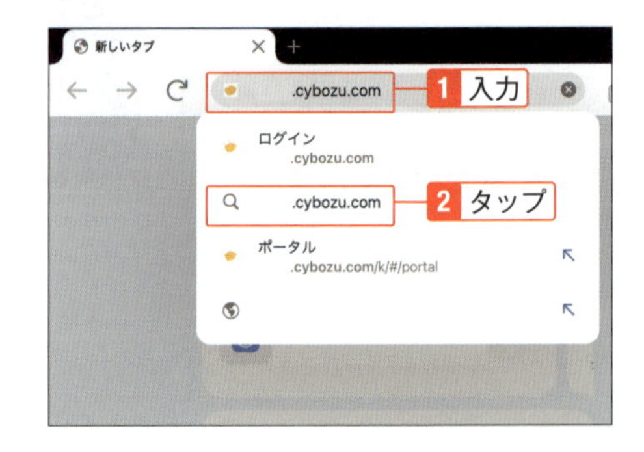

2 kintoneのログイン名とパスワードを入力して、「ログイン」をタップ。
例）（サブドメイン）.cybozu.com

3 cybozu.comの画面が表示されたら、「kintone」をタップ。

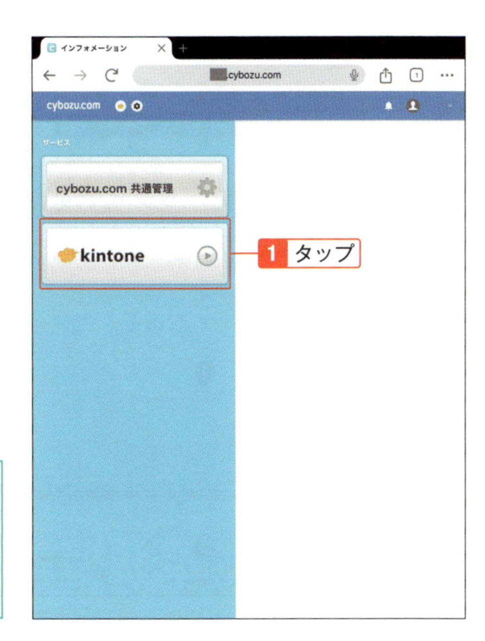

PC版、モバイル版を切り替える

「PC版」の画面を表示する場合は、⚙（設定）から「PC版を表示」をタップします。再度「モバイル版」に戻す場合は、同じく⚙（設定）から「モバイル版を表示」をタップします。

Hint

エラーが表示されてログインできない場合

最新版でないWebブラウザーで使用したり、セキュリティの設定によりIPアドレス制限などが設定された場合は、アクセスできない可能性があります。

02-05 ポータルを表示する

ポータルは、チームがまとまる地図

kintoneにログイン後、最初に表示されるページを「ポータル」と呼びます。ポータルにはスペースやアプリ、ピープルといった、kintoneの主要なコンテンツがひとまとめになっています。通知やお知らせで業務やチームの今を知り、スペースやアプリに素早くアクセスできます。ここでは、ポータルの見方などを解説します。

kintoneのデータを活用するコンテンツ

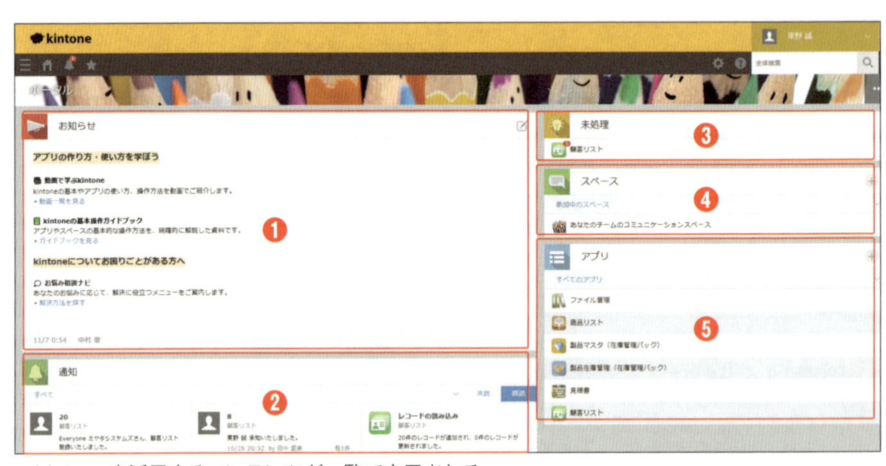

▲kintoneを活用するコンテンツが一覧で表示される。

ポータルは、スペース、アプリ、レコードなどの単位で、管理者が閲覧や編集を制限していることがありますので、メニュー自体が見えないこともあります。自分が見えているポータルとほかの人が見るポータルは見え方が違うことがあります。

❶お知らせ掲示板

ユーザーに共有したい情報を集約できるエリアです。メンバーに共有したい情報を記載したり、グラフやリンク集を作ったりして活用できます。掲示した内容は、kintoneの全ユーザーが閲覧できます。

お知らせ掲示板は文字列だけでなく、アプリのグラフや表を貼り付けたり、業務に合わせてメニュー化するなどが行えます。

❷通知

アプリ、スペースやピープルなどの更新通知が表示されるエリアです。

❸未処理

プロセス管理機能を利用したアプリで、自分が作業者に指定されているレコードの件数が、アプリごとに表示されます。自分に割り当てられた処理がない場合は、表示されません。

❹スペース

スペース、ゲストスペースの一覧が表示されます。ドロップダウンリストから、表示するスペースの一覧を切り替えることができます。

❺アプリ

アプリの一覧が表示されます。ドロップダウンリストから、表示するアプリの一覧を切り替えることができます。

補助的に使用する機能、メニュー

▲kintoneを活用するためのさまざまな機能が集約され、アイコンとともに画面上部に配置されている。

❶ポータル

ポータルへのリンクです。クリックすると移動します。

❷通知

「自分宛」の通知を受信すると、[通知一覧]アイコンに受信した通知の数が表示されます。クリックすると通知された内容を未読、既読の一覧で確認できます。

❸ブックマーク

kintoneのページのブックマークや、登録したブックマークの表示ができます。

❹初心者

初心者アイコンは、kintoneの利用がはじめての方向けのメニューが集約されています。「初心者」から利用できる機能はユーザーごとに異なります。また、お試し期間がすぎたり、言語を日本語以外に設定したり、アプリの作成権限がない場合は表示されません。

「チュートリアル」「サンプルアプリを追加する」「Excelからアプリをつくる」「サポートコンテンツ」「ヘルプ」のメニューは権限に限らず表示されます。管理者にはさらに、「チームメンバーを招待する」「導入相談カフェを予約する」「お問い合わせ」メニューが表示されます。

❺設定

個人設定、およびkintoneの全般的な操作や設定を行います。

❻ヘルプ

製品の理解や活用に役立つ各種コンテンツにアクセスできます。

❼ピープル（ログイン名）

自分のピープルページを表示します。

❽アカウント設定／ログアウト（プルダウンで表示）

アカウントの設定、またはkintoneからのログアウトを行います。

❾オプションメニュー

アプリやスペースを作成するメニューが表示されます。作成する権限がない場合はメニューが表示されません。

コンテンツの画面に移動する

画面左上の☰（サイドメニュー）から、ポータル、スペース、アプリの一覧を表示できます。

1 ☰（サイドメニュー）をクリック。ポータル、スペース、アプリ、ピープルの項目が表示される。

2 ポータル、スペース、アプリ、ピープルから、それぞれの候補をクリックすると、該当の画面が表示される。

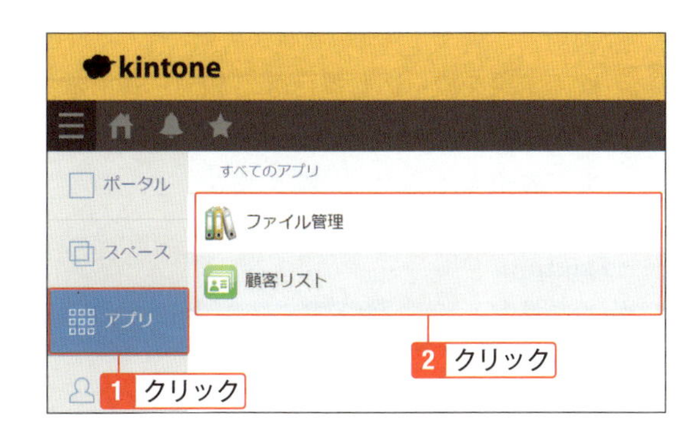

コンテンツを検索する

ポータル表示中はkintone全体を、スペース表示中はスペース内を、アプリ表示中はアプリ内をそれぞれキーワードで検索できます。検索結果表示後に、さらに「作成者」と「作成日」で検索結果を絞り込み表示できます。

1 ポータルの検索窓にキーワードを入力して、🔍（検索）をクリックすると、検索結果を表示する。

Hint

複数キーワードでの検索

キーワードは半角スペースで区切ると複数キーワードでの検索ができます。

ファイルの検索

　特定のファイルを検索する場合は、検索キーワードに検索するファイルの拡張子を入力します。拡張子が明示されているファイルを検索できます。

検索できる文字

日本語、または中国語：

- カナの全角と半角は区別されない
- 2文字以上の単語は、2文字以上のキーワードで検索する必要がある
- 1文字の単語は、1文字のキーワードで検索する

英数字：

- アルファベットの大文字と小文字、および全角と半角は区別されない
- 単語単位で検索する

2 検索結果を絞り込む場合は、「絞り込み」をクリックして、「種類」や「作成者」、「作成日の範囲」を入力した後に「絞り込む」をクリック。絞り込まれた検索結果が表示される。

02-06

kintoneのメール通知とブックマークを活用する

通知とブックマークを使うと、kintoneを次も開きやすくなる

kintone利用時に通知を活用すると、再開する時は更新情報をのがさずスムーズにアクセスできます。また、ブックマークを活用すると、業務を新しく始める時は決まった場所からスタートできます。kintoneでの通知やブックマーク、Webブラウザーのデスクトップ通知やブックマーク、パソコンでのショートカットやスタートメニューへの登録など、自分の仕事にあった手法を選ぶのが良いでしょう。

メール通知が届くように設定する

kintoneの更新情報がもれなく届くように、個人設定でメール通知を設定し、自分に通知がメールで届くように設定しましょう。

1 画面上部右側の⚙（設定）をクリックして、「個人設定」をクリック。個人設定の画面が表示される。

2 「メール通知」の設定「受信する」および、「メール通知の対象」「メール通知の形式」をクリックして選び、「保存」をクリック。

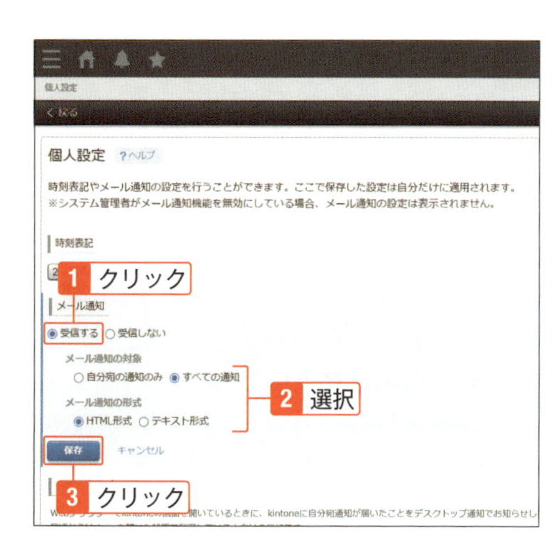

Hint

通知を少なくするには「自分宛の通知のみ」を選ぶ

「すべての通知」にチェックを付けると、自分宛を含む「すべて」の通知がメールで通知されます。

Hint

自分宛とすべての違い

kintoneの更新情報のうち、自分宛のメンションとともにコメントが送信されたり、メッセージが送信されると「自分宛」通知が届きます。アプリやレコード、リマインダーの条件通知など、自分が送信先に含まれる宛先の情報が更新された時にも自分宛にも通知が届きます。コメントに「いいね！」されるのは、すべての通知で届きます。

Hint

通知の絞り込み

「自分宛」通知と「すべて」通知のほかに、通知の絞り込みを作成し、特定の条件を満たした通知を表示できます。

詳しくは、「04-03 通知を見る」を参照してください。

Check

管理者が一括でメール通知を停止する設定

管理者がkintoneシステム管理で「通知のメール送信機能を利用する」のチェックを外しているとメール通知は停止されます。

Webブラウザーのブックマークにkintoneのログインページを設定する

kintoneにログインする際、最初に案内されたメールを探す、ということは手間がかかります。Google ChromeやMicrosoft EdgeなどのWebブラウザーにブックマークやお気に入りを設定しておけば、kintoneに早くアクセスができます。

この機能は、Google Chromeでは「ブックマーク」、Microsoft Edgeでは「お気に入り」と呼ばれています。

ここでは、Google Chromeを例に表示しています。

1 Webブラウザーを開き、kintoneのログイン画面を表示中に、URL入力バー右側の☆をクリック。☆が★になり、「ブックマークを追加されました」または「お気に入りが追加されました」と表示される。

Chapter

03

アプリを使ってみる

kintoneでは組織の業務に合わせてさまざまな「アプリ」を作成し、使用できます。仕事の種類ごとに作成されたアプリにデータを登録すれば、レコードを組織で共有できます。コメントをやりとりしたり、レコードを絞り込んで閲覧したり、グラフで表示したり、申請や承認の経路を設定することもできます。

03-01

アプリとは

アプリとは何か？　どのように使うか、を操作と共に解説

アプリは、例えば、顧客や問合せの管理、ファイル共有など、仕事の種類ごとにフィールドを組み合わせて最適化された状態で設定して使います。レコードを登録や編集、再利用すると、組織で同じデータを共有できます。変更履歴も確認でき、個別のレコードでコメントをやりとりできます。また、レコードを絞り込んで閲覧したり、グラフで表示したり、申請や承認の経路を設定することもできます。

代表的なアプリの紹介

例 顧客サポートパック

業務でよく使う「顧客管理」「問合せ管理」「サポートFAQ」のアプリが複数連携した状態で、アプリストアで提供されています。アプリは改変して自由に利用できます。目的別のアプリの項目を絞り込んで顧客ごとに問合せや対応状況を確認したり、グラフ化して見ることができるので、対応漏れも少なくなります。アプリ間で連携されているルックアップ機能や、関連レコード一覧、アプリアクションが最初から設定されているので便利に利用できます。

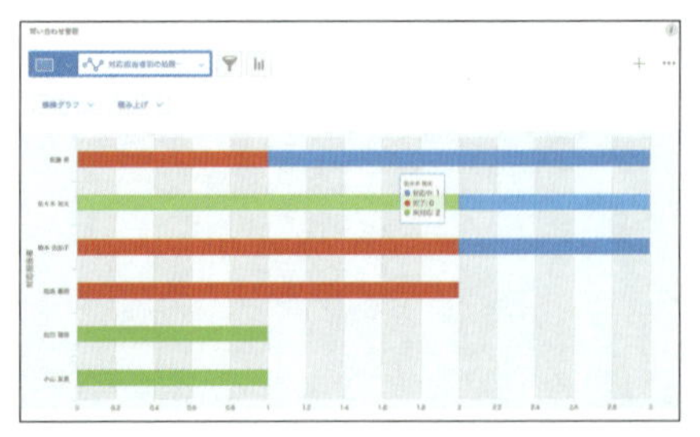
▲各オペレーターの担当件数やお問い合わせ種別などを分析できる。

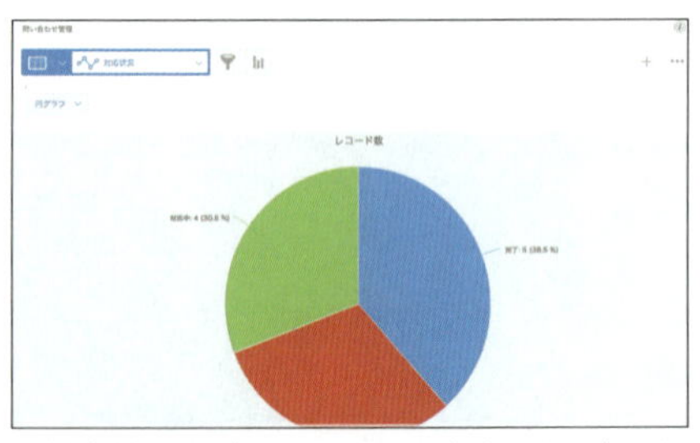

▲対応状況をグラフで見える化すると、完了していない案件がすぐにわかる。

Hint

アプリパック

アプリパックのアプリ間を連携する機能では、例えば、顧客管理アプリに入力した顧客の名前が問合せ管理でも表示されたり、問合せのたびに顧客名を入力する必要がなくなるなど便利に使えます。

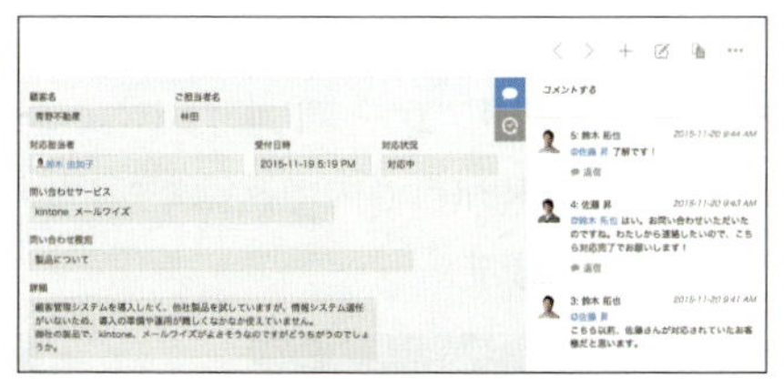

▲対応履歴を時系列で細かく記録できる。困った時はコメント欄で相談も可能。

例 日報

実際の業務で日々の業務内容、報告事項、所感などを蓄積していくことで、組織で共有できる自社だけのデータベースができます。振り返りの際に気づきをコメントでやりとりしたり、振り返りやメンバー間のコミュニケーションにも活用できます。

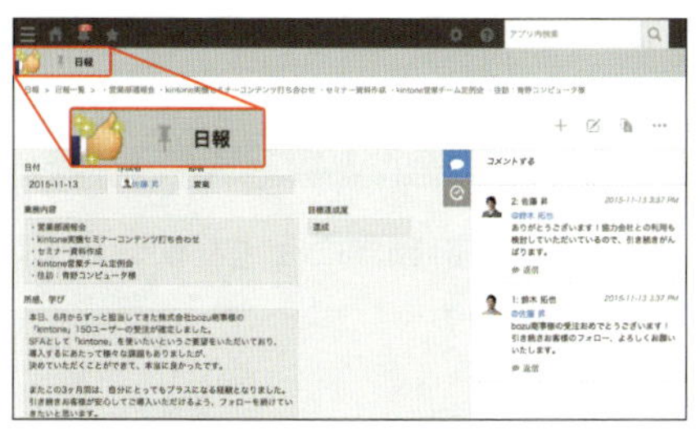

▲コメント欄で、日報へのフィードバックや内容についてのディスカッションができる。

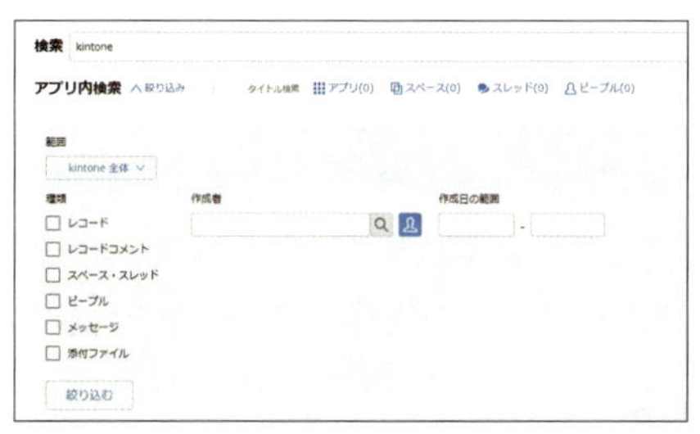

▲欲しい情報をすぐに検索できるため、振り返りや業務の引継ぎにも役立つ。

例 ファイル管理

アプリで、文書や提案資料、画像などのファイルを共有できるので、誰がいつどのファイルをどんな目的で保存したのかが見えやすくなるので、ファイルがどこに行ったか分からない状況は発生しにくくなります。

▲キーワード検索で、ファイルの中身まで検索可能。

▲更新日や更新箇所を記録しておけるので、ファイルのバージョン管理ができる。

例 交通費申請

お客さま事業所への訪問などでも交通費の精算や立替がスムーズに記録でき、合計金額を自動で計算します。承認経路を設定しておくとkintone内で確認や処理ができるので、申請から決裁までのスピードアップが図れます。

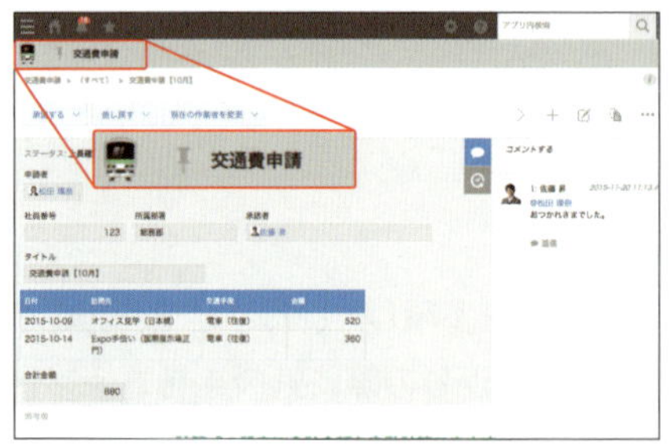

▲計算式の設定で合計金額を自動計算できる。

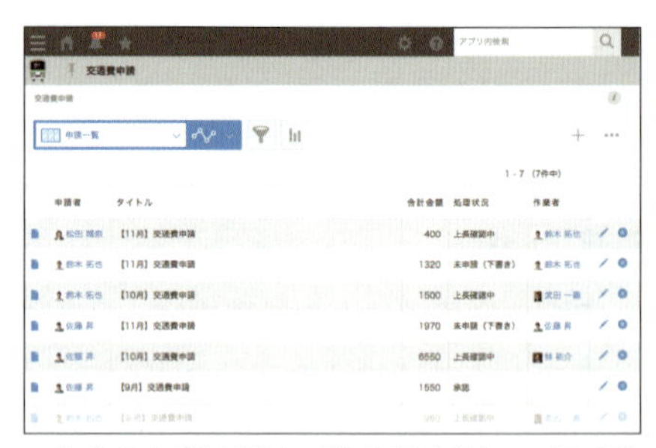

▲自分の申請結果は一覧で表示され、一目で確認できる。

レコード一覧画面とレコード詳細画面

アプリを閲覧する人は、レコード一覧画面とレコード詳細画面をよく使います。実際にアプリを操作して、動作を体験してみましょう。

1 アプリをクリック。

2 レコード一覧画面で（レコードの詳細を表示する）をクリック。

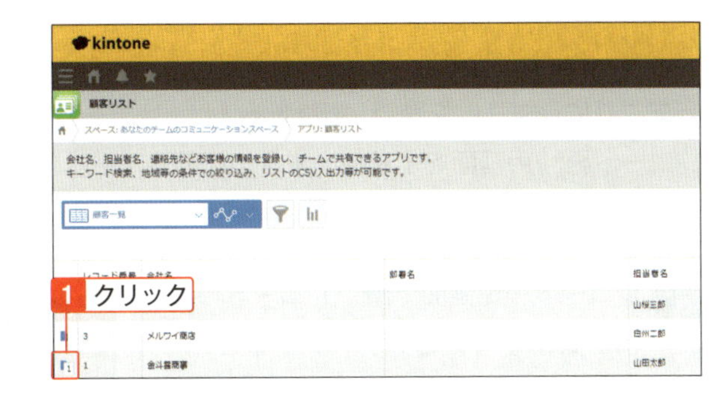

Check

画面の機能

レコード一覧画面では、複数のレコード（行）とフィールド（列）を一覧で確認できます。

また、画面上部右側のをクリックするごとにアプリの説明が非表示、表示します。説明の文章は、「設定」の一般設定「アイコンと説明」で変更できます。詳しくは「07-01 アプリの説明とデザインテーマ」を参照してください。

3 レコード詳細画面が表示される。

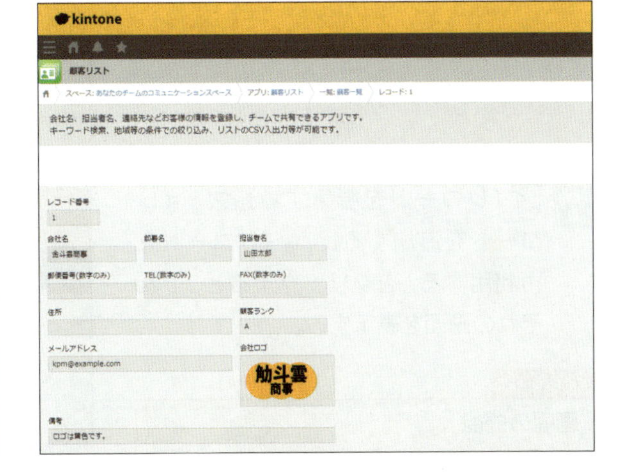

Check

画面の機能

レコード詳細画面では、1レコードの各フィールドのデータを1つの画面で確認できます。

4 画面左上のアプリ名をクリックすると、レコード一覧画面に戻る。

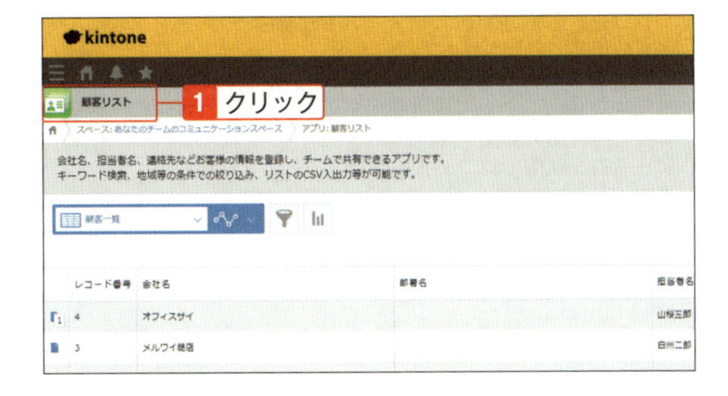

レコード編集画面とレコード追加画面、レコード再利用画面

アプリにレコードを登録、編集する人は、レコード編集画面とレコード追加画面、レコード再利用画面をよく使います。実際にアプリを操作して、動作を体験してみましょう。

1 レコード一覧画面で（レコードの詳細を表示する）をクリックすると、レコード詳細画面が表示される（前ページの手順2参照）。

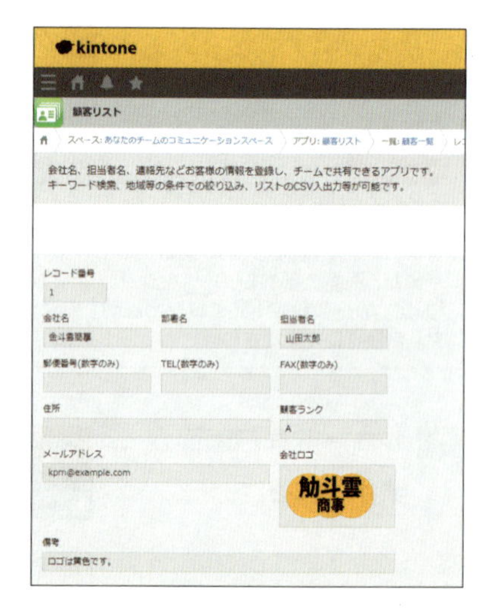

2 （レコードを編集する）や（レコードを追加する）、（レコードを再利用する）をクリックすると、それぞれの画面を表示する。

> **Check**
>
> **画面の機能**
>
> レコード編集画面では、個別のフィールドを編集できます。
>
> レコード追加画面では、フィールドが空白で、入力できる状態で表示されます。
>
> レコード再利用画面は、再利用したいレコードを表示中に（レコードを再利用する）をクリックすると、再利用元レコードのフィールドの情報がコピーされた状態でレコードを編集できるようになります。保存すると新しくレコードが追加されます。
>
> 画面左上のアプリ名をクリックすると、レコード一覧画面に戻ります。

3 フィールドに文字が入力できたり、プルダウンが選択できる状態になっている場合は、フィールドにデータを入力。

4 「保存」や「キャンセル」をクリック。レコード詳細画面やレコード一覧画面に戻る。「保存」をクリックすると入力した内容が登録され、「キャンセル」をクリックした場合は入力したデータは保存されない。

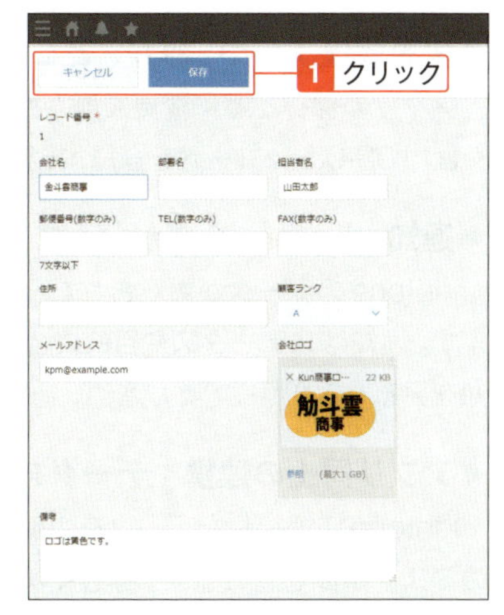

kintoneのいろいろな使い方

これまでに説明した使い方に加えて、kintoneでは利用する状況に合わせていろいろな使い方ができます。

● フィールド：アプリの入力フォーム用パーツ

リッチテキスト、日付、チェックボックス、計算など28個のフィールドパーツが用意されています。フィールドを組み合わせてアプリを構築します。詳しくは「05-07 フォームにフィールドを配置する」を参照してください。

●絞り込み一覧：よく見る一覧をメニュー化

よく見る条件で絞り込んだ一覧を複数設定し、メニュー化できます。詳しくは、「03-05 レコードを絞り込む」を参照してください。

●グラフ化：レコードを集計してすぐにグラフ化

フィールドごとにグラフの要素に設定でき、データはリアルタイムにグラフ化されます。詳しくは、「03-06 レコードをグラフで表示する」を参照してください。

●メッセージ、コメント：コミュニケーション

これまで、ファイルをメールに添付してメッセージを送っていた手法を、アプリのレコードごとにメンション付きコメントが書き込めたり、メッセージをやりとりする手法に変えましょう。詳しくは「04-02 レコードにコメントや返信、いいねする」を参照してください。

●変更履歴：いつ、誰が、どこを、どのように変更したかがわかる

アプリの保存ごとに変更履歴が残り、変更前の状態に戻すことができます。詳しくは、「03-03 レコードを登録、編集する」を参照してください。

●通知：kintoneを開かなくても分かる

kintoneのデータが更新されたらパソコンやスマホに通知が届くように設定できます。通知はステータスや目的に合わせて仕分けができます。詳しくは「04-03 通知を見る」を参照してください。

●アプリ同士の連携：データを紐付けすると、なにかと楽

kintoneに登録したデータを、ほかのアプリでも同じデータを使うことで再入力のミスや手間を省けます。詳しくは「05-14 アプリ連携や繰り返しのフィールド」を参照してください。

●アクセス権：閲覧できる人、編集できる人を制限

アプリ、レコード、スペース、そしてフィールドの単位でアクセスする権限を細かく設定できます。詳しくは「07-02 アクセス権」を参照してください。

●プロセス管理：承認操作や担当の変更、通知をしくみ化

業務プロセス（ワークフロー）に沿って進捗が管理できます。承認経路を設定したり、報告、連絡などをしくみ化すれば、作業が楽になります。詳しくは「07-04 プロセス管理」を参照してください。

03-02

レコードを表示する

レコードは、kintoneのアプリに格納されたデータの集合体

アプリを開いて表示される「レコード一覧画面」では、レコードの一覧を表示します。また、レコード詳細画面では、レコードを個別に表示します。

レコード一覧画面を表示してみよう

ここでは、アプリをこれから作成する方のために「顧客管理（顧客サポートパック）」アプリを例に、サンプルデータが含まれる本書ウェブのデモ環境を元に操作を例示しています。お手元のkintoneにアプリやデータがすでにある環境の方は、お手元のデータに読み替えてご参照ください。

1 ポータルで顧客管理（顧客サポートパック）のアプリをクリックすると、レコード一覧画面が表示される。

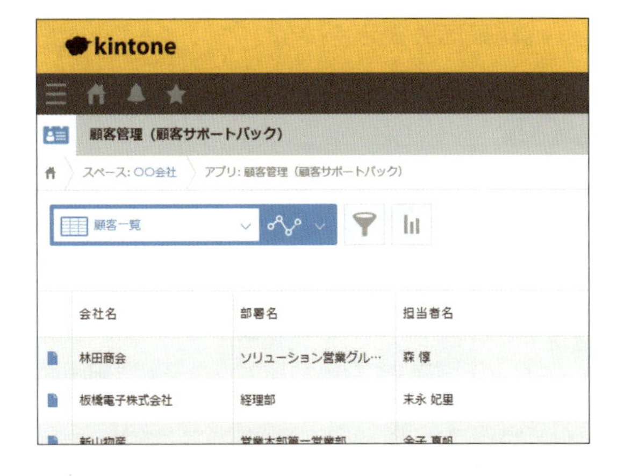

2 「一覧」で「顧客ランクA」をクリック。顧客ランクが「A」のレコードが一覧で表示される。

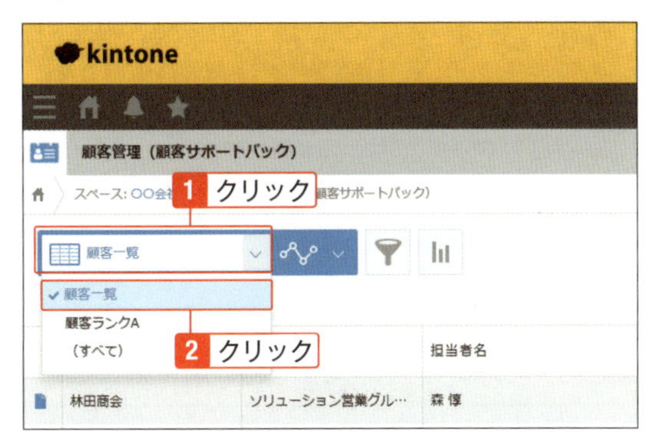

3 「一覧」で「(すべて)」をクリック。レコードの一覧が表示される。

> **Hint**
> **「(すべて)」の使い方**
> 「(すべて)」を選ぶと、そのアプリに登録されているすべてのレコードのほぼすべてのフィールドが表示されます。詳しくは「06-01 レコード一覧を追加・編集する」を参照してください。

レコード詳細画面を操作してみよう

1 レコード一覧画面で、レコード左端の（レコードの詳細を表示する）をクリックすると、レコード詳細画面が表示される。

> **Hint**
> **下側のフィールドを見る**
> フィールドの数が多い場合、画面をスクロールすると下部のフィールドを確認できます。

2 「∨」（次のレコードに移動する）や「∧」（前のレコードに移動する）をクリック。ひとつ次やひとつ前のレコード詳細画面が表示される。

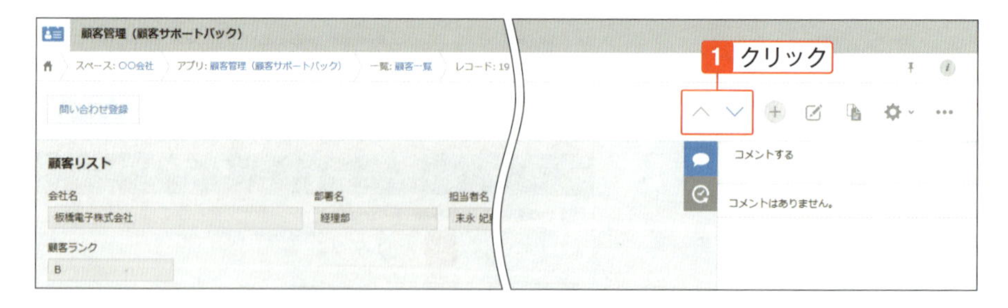

> **Hint**
> **手早く操作するには**
> ショートカットキーを使うと便利です。「j」で次のレコードに、「k」で前のレコードに移動します。

3 画面右側の吹き出し💬アイコンをクリック。コメント欄が非表示になる。もう一度クリックするとコメント欄を表示する。

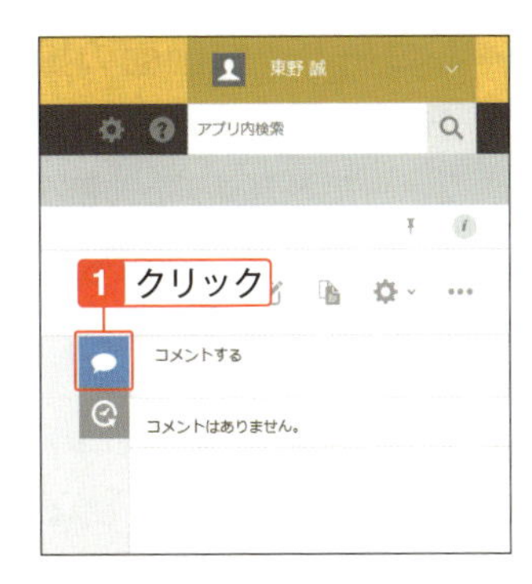

Hint
コメントを見返す

コメントが多い場合、コメント欄をスクロールすると古いコメントを確認できます。その他、コメントの書込や閲覧については「04-02 レコードにコメントや返信、いいねする」を参照してください。

4 アプリ名をクリックすると、レコード一覧が表示される。

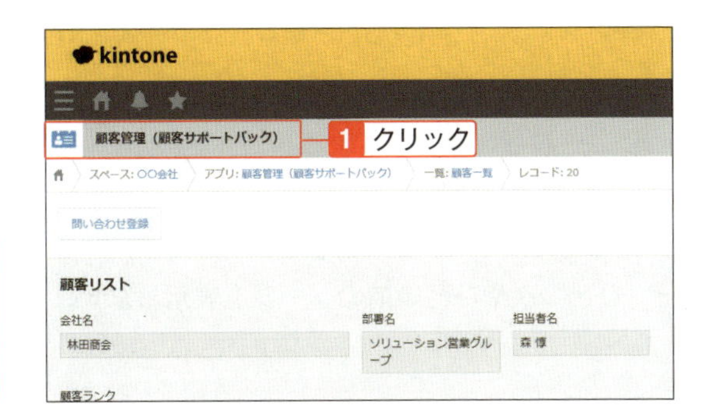

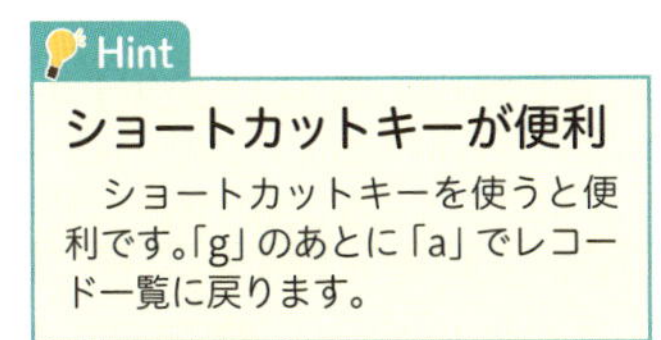

Hint
ショートカットキーが便利

ショートカットキーを使うと便利です。「g」のあとに「a」でレコード一覧に戻ります。

● レコード一覧画面の操作：フィールドの表示幅を変更する

レコード一覧で表示されるフィールドの幅を任意に変更できます。

フィールドのタイトル部分で、複数フィールドの境目をドラッグすると、ポインタの表示が変わり、幅を調整できるようになります。

なお、複数フィールドの境目をダブルクリックすると、入力された文字にあわせてフィールドの幅が最適化されます。

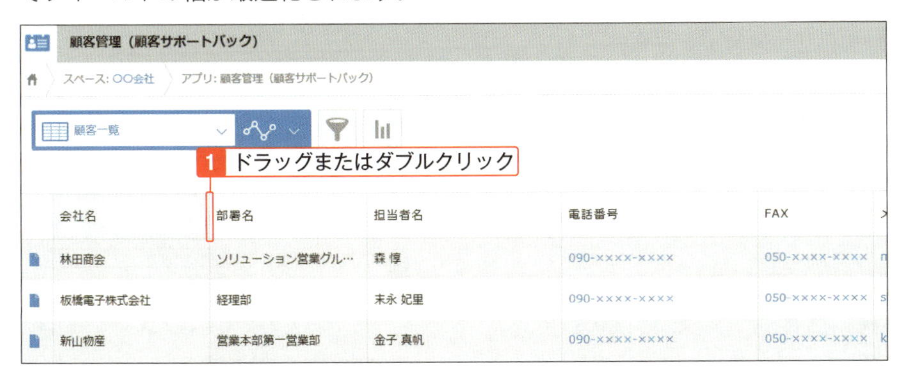

●レコード一覧画面の操作：レコードの並び順を変更する

レコードの並び順をフィールド値にあわせて昇順または降順に変更します。

フィールドのタイトル部分をクリックするごとに、昇順、降順が切り替わります。

●レコード一覧画面の操作：レコード一覧で次や前のページを表示する

レコード一覧で表示されるレコード数がページをまたぐ場合、次のページや前のページを表示します。

「>」（次のページに移動する）や「<」（前のページに移動する）をクリックすると、ひとつ次やひとつ前のページを表示します。

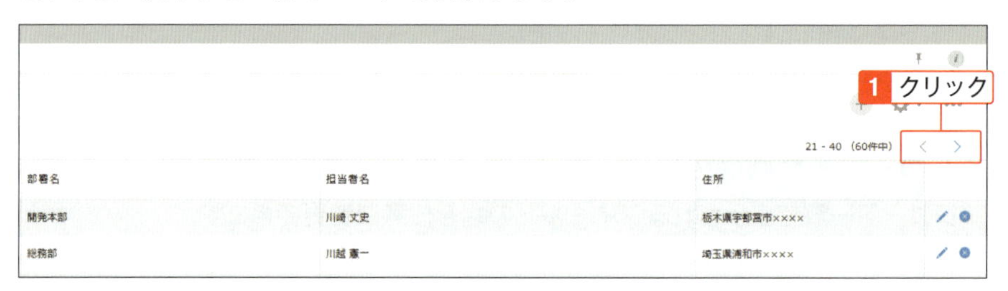

●レコード一覧画面の操作：表示件数を変更する

レコード一覧で1画面に表示されるレコード数を、「20、40、60、80、100」のいずれかに変更できます。

レコード一覧画面で、[…]（オプション）→「表示件数」から、任意の表示数をクリックすると、選んだ表示数でレコードを一覧表示します。

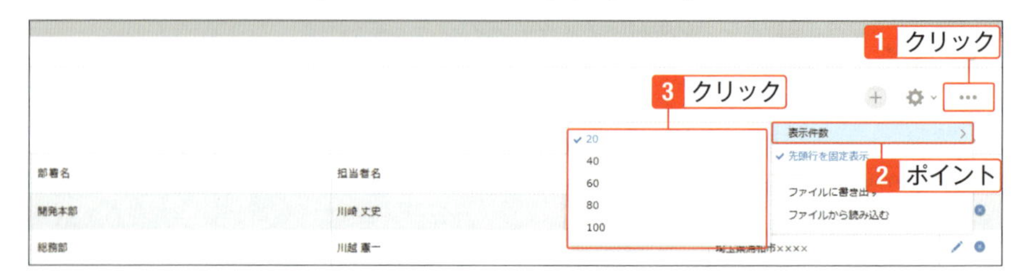

03-03

レコードを登録、編集する

レコードのデータを1件ずつ登録、編集

レコードを1件ずつ登録、編集します。新規登録に加え、すでに登録されたレコードを再利用して登録したり、変更履歴を確認することもできます。

レコードを登録（追加）する

レコードをフィールドごとに入力して1件ずつ登録します。

1 レコード一覧画面で、＋（レコードを追加する）をクリックすると、レコードを1件ずつ入力する画面が表示される。

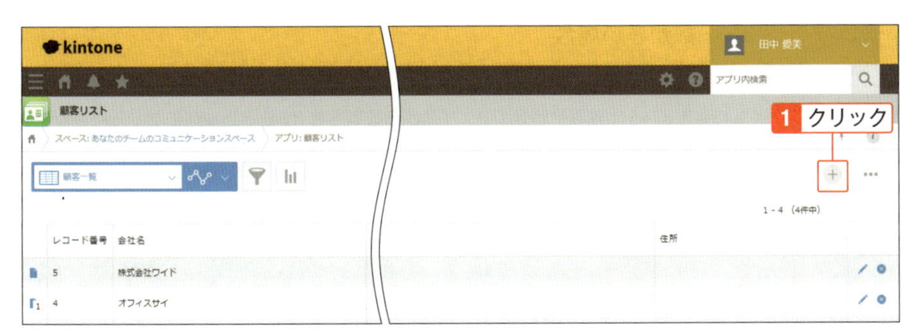

2 必要なデータを入力し、画面上部の「保存」をクリックすると、新しくレコードが登録される。

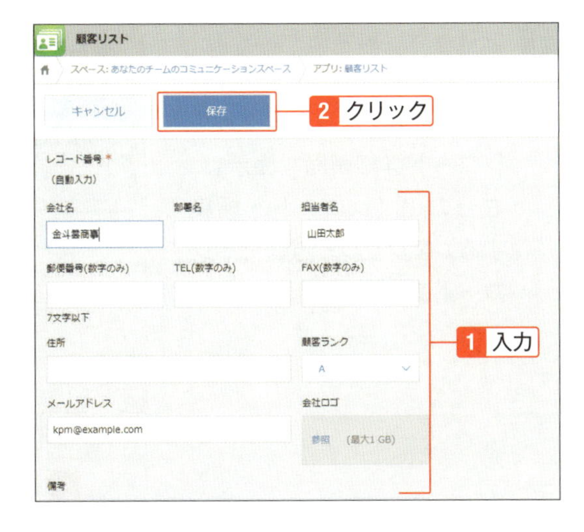

3 レコード一覧画面に、レコードが追加された。

Hint

登録するレコード数が多い場合

Excelファイルや CSVファイルからデータを「ファイルから読み込む」ことができます。「03-08 レコードをファイルから読み込む」を参照してください。

また、「ファイルに書き出す」と組み合わせてファイルから読み込むと、読み込み時にフィールドのタイトルを認識してファイルを読み込むので便利です。ファイルの書き出しについては、「03-07 レコードをファイルに書き出す」を参照してください。

レコードを編集する

登録されたレコードのフィールドに入力して編集します。

1 レコード一覧画面で、レコード左端の（レコードの詳細を表示する）をクリックしてレコード詳細画面を表示し、右上の（レコードを編集する）をクリックすると、レコード編集画面が表示される。

2 必要なデータを登録し、「保存」をクリック。編集されたレコードが保存される。

⚠ Check

レコード編集での制限

レコードを編集する場合、下記の情報は編集できないか、権限の影響を受けるため編集できないことがあります。

- **アプリ側で自動的に割り当てる情報(レコード番号、作成者、更新者、作成日時、更新日時)**
- **ルックアップや関連レコード一覧など、他のアプリから引用した情報(編集するには引用元アプリで操作)**
- **計算フィールドや、他のフィールドを引用した情報**
- **操作するユーザーに編集権限がない情報**

なお、複数のユーザーが同じレコードを同時に編集することはできません。編集タイミングが複数のユーザーで重なった場合、最初に「保存」したユーザーの編集内容が適用されます。あとから保存しようとしたユーザーには「レコードを再読み込みしてください。編集中に、他のユーザーがレコードを更新しました。」とメッセージが表示されます。保存ができない状態になりますので、入力した編集内容をコピーし、ページを再読み込み後に、あらためて編集内容を更新、保存してください。

レコードを再利用して登録する

登録フィールドの多いレコードを最初から登録するのは手がかかります。すでに登録したデータを再利用して新しくレコードを登録することができます。

1 レコード一覧画面で、レコード左端の（レコードの詳細を表示する）をクリック。レコード詳細画面が表示される。

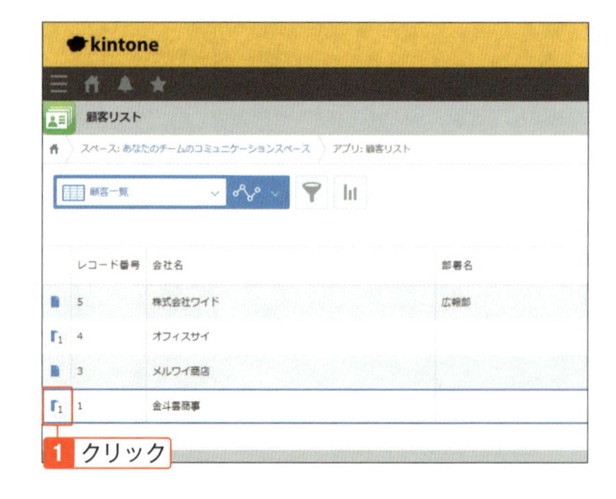

2 画面右側の（再利用）をクリックすると、再利用可能なデータがコピーされたレコードが編集可能な状態で表示される。

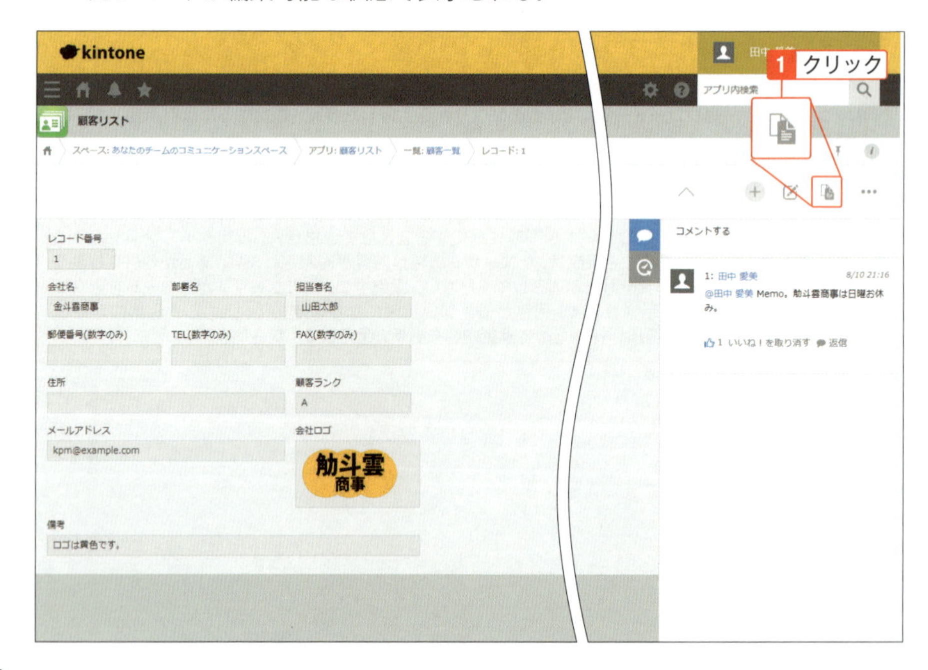

⚠ Check

レコード再利用での制限

レコードを再利用する場合、コピーされないフィールドやデータがあります。

- **アプリ側で自動的に割り当てる情報：レコード番号、作成者、更新者、作成日時、更新日時**
- **添付ファイル**
- **プロセス管理の情報（ステータス、作業者）**
- **コメント、変更履歴**
- **操作するユーザーに編集権限がない情報**

3 必要なデータを登録し、「保存」をクリックすると、新しくレコードが登録される。

レコードの変更履歴を確認する、古いバージョンに戻す

画面右側、コメント欄の左にある アイコンをクリックすると、レコードの変更履歴（保存されたデータがどのように変更されたか）を時系列で確認、表示できます。また、（変更箇所を表示する）アイコンをクリックすると変更した箇所の色が変わるので、変更箇所がさらに見やすくなります。

1 レコード詳細画面で、コメント欄の下にある (変更履歴) アイコンをクリックすると、歴代のバージョン一覧が表示される。

2 変更箇所を確認する場合は、変更履歴をスクロールし、該当する変更履歴の「変更箇所を表示する」をクリックすると、変更箇所の色が変わる。

3 変更箇所を画面表示中のバージョンに戻す場合は「このバージョンに戻す」や「最初のバージョンに戻す」をクリック後、「戻す」をクリック。選んだバージョンでレコードが復元する。

Hint

最新のバージョンを表示する

「最新のバージョンを表示する」をクリックすると、保存された最新のバージョンを表示します。

レコード一覧画面でレコードを編集する

任意のレコードを編集したい時にレコード詳細画面を表示することなく、レコード一覧画面で簡易的にデータを編集できます。

1 レコード一覧画面で、レコード右側（編集する）アイコンをクリック。

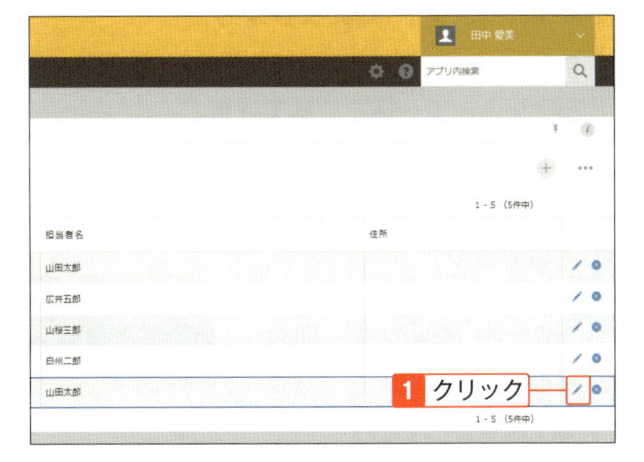

Hint

レコード一覧画面でも編集できる

レコードの任意の場所をダブルクリックしても編集できる状態になります。

Check

レコード一覧での制限

レコード一覧画面に表示されていないフィールドは編集できません。また、編集権限がなかったり、レコード一覧画面で編集できないフィールドの場合は編集できません。

2 レコードのデータを編集し、「保存する」をクリック。編集したデータが反映される。

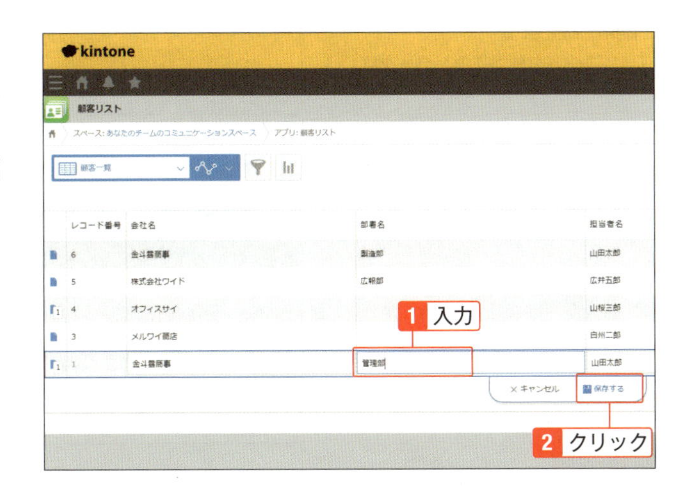

Check

レコード編集の取消

「キャンセル」をクリックすると、編集が取り消されます。

03-04 レコードを削除する

不要なレコードは削除しよう

不要なレコードを個別に削除できます。削除するデータが多くある場合にレコードを絞り込んで一括で削除できます。

レコードを個別に削除する

1 レコード一覧画面で、レコード右側の（削除する）アイコンをクリック。

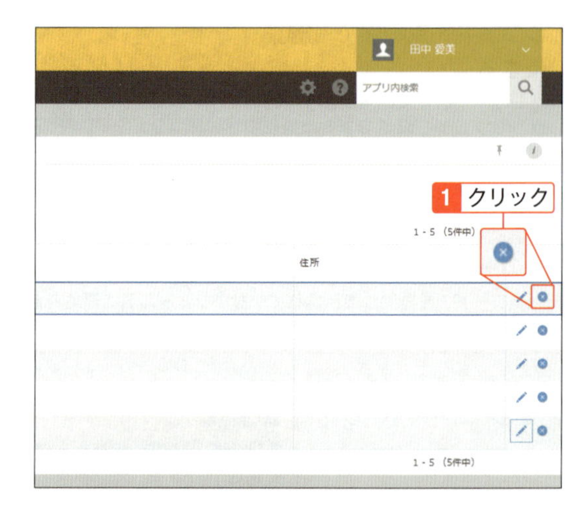

Check

削除は注意！

レコードを削除するとデータは復旧できません。

2 「削除する」をクリック。レコードが削除される。

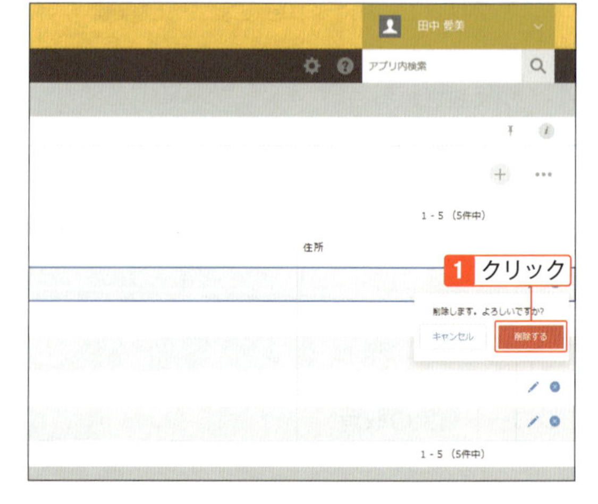

Check

「レコードを削除」の項目

権限などにより表示されない設定になっている場合があります。設定は管理者にご確認ください。

レコード詳細画面でもレコードを削除できる

レコード一覧画面で、レコード左端の（レコードの詳細を表示する）をクリックし、次にレコード詳細画面で（オプション）→「レコードを削除」をクリックします。その後「削除する」をクリックすると、レコードが削除されます。

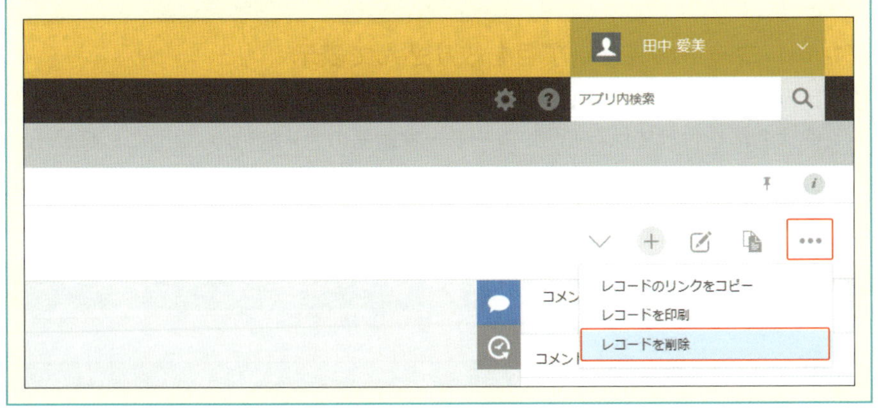

レコードを一括で削除する

レコードを一括で削除する場合は、削除を行う前にアプリの設定で一括削除機能を有効にします。削除後は、誤って一括削除しないように、一括削除できない状態に設定を戻しておく、といった、必要なタイミングだけ一括削除機能を有効にする使い方をおすすめします。詳しくは「07-08 高度な設定」を参照してください。

レコードの内容を保存しておきたい場合は、あらかじめレコードをファイルに書き出しておきます。詳しくは「03-07 レコードをファイルに書き出す」を参照してください。

Hint

レコードを絞り込んで一括削除する

一括削除機能が有効になっている場合、削除したいレコードを絞り込んだあと一括削除すると、絞り込んだ（表示した）レコードが削除されます。

絞り込み対象でなかった（表示しなかった）レコードは削除される対象にはなりません。

レコードを絞り込む手順は、次項を参照してください。

03-05

レコードを絞り込む

見たいレコードの見たい項目を絞り込んで表示

絞り込み条件を任意に設定し、kintoneのレコードを表示します。表示した絞り込み条件は名前を付けて保存し、レコード一覧画面の「一覧」からいつでも呼び出せます。よく使う絞り込みの条件や、ステータスや人ごとに分けた一覧を設定することで、仕事がスムーズにすすみます。

条件を設定して絞り込み、保存する

1 レコード一覧画面で、（絞り込む）アイコンをクリック。

2 「条件」でフィールドを選ぶ。＋をクリックすると条件を追加できる。

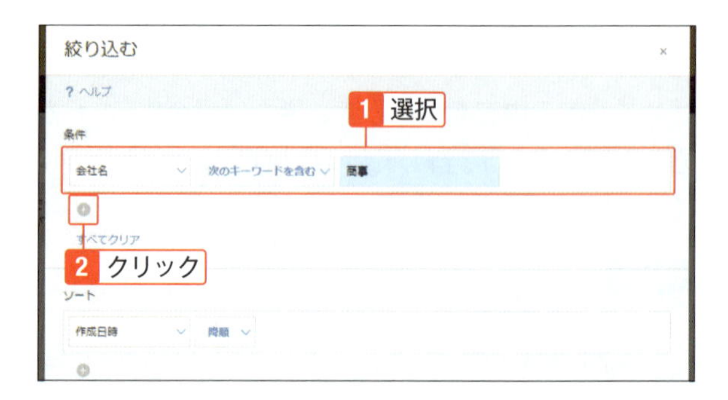

Hint

「条件」の詳細

文字列や数値で絞り込むフィールドには、「=（等しい）」「≠（等しくない）」「次のいずれかと等しい」「次のキーワードを含む」「次のキーワードを含まない」などが表示され、キーワードと組み合わせて条件を設定します。

日時で絞り込むフィールドには、等号不等号記号と組み合わせて細かく設定ができます。「日時を指定」ではカレンダー形式で日時を選んだり、「今日から」では、日数、週数、月数、年数を指定して、何日前か、何日後かなど絞り込みます。

ユーザー選択、組織選択、グループ選択のフィールドでは、設定時にアイコンをクリックして対象を選べます。

上記に加えて、「次のいずれかを含む」「次のいずれかを含まない」などで絞り込みすることがあります。なお、「すべてクリア」をクリックすると、入力した条件が消去されます。

Hint

空白も絞り込み対象にできる

「=(等しい)」「≠ (等しくない)」で絞り込みを設定する場合、絞り込み対象として「空白」を設定できます。未入力のフィールドを絞り込みたい場合に便利です。

3 複数の条件で絞り込む場合は、+ をクリック。手順2同様に絞り込み条件を設定し、「すべての条件を満たす」「いずれかの条件を満たす」のどちらかをクリック。

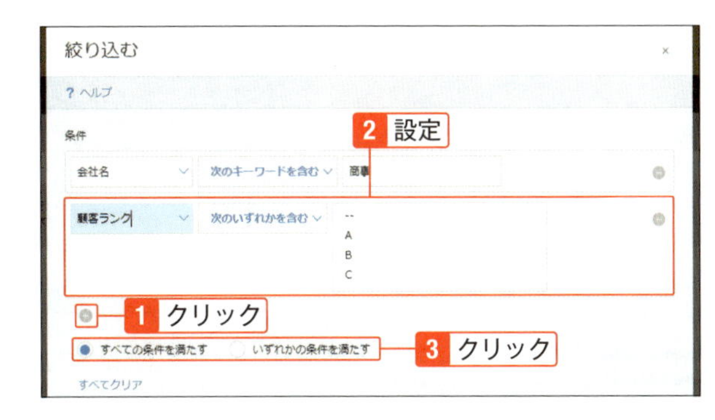

4 「ソート」で絞り込み結果の表示順を選ぶ。フィールドを選び、「降順」「昇順」のどちらかをクリックし、「適用」または「保存」をクリック。

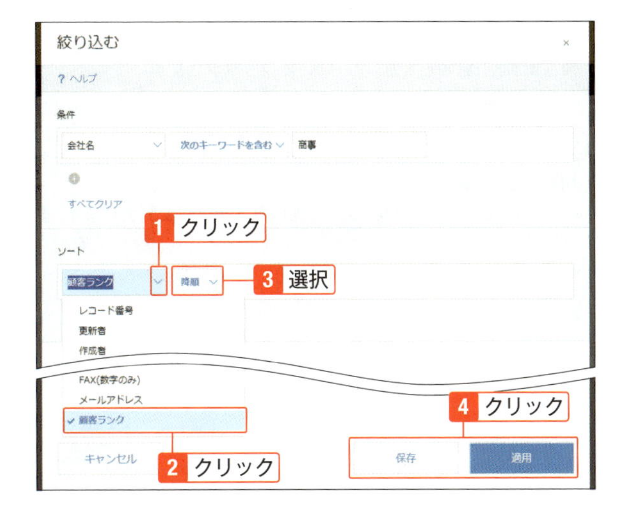

Hint

表示順をさらに設定する場合

絞り込み結果の表示をさらにソートするには、+ をクリックして手順4を繰り返します。ソート表示は上側から順に優先されます。

5 レコード一覧画面に戻る。

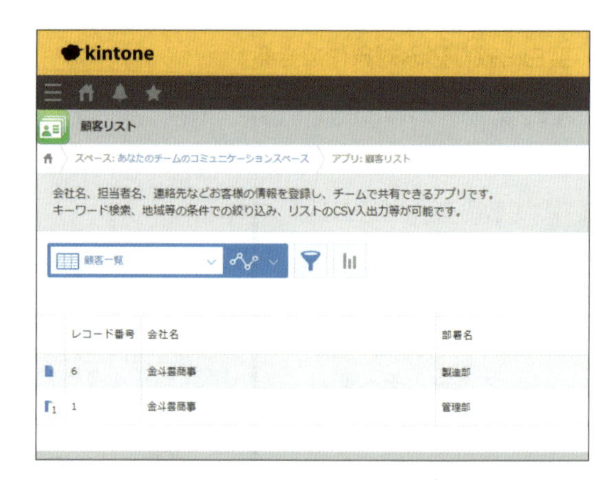

Hint

「適用」「保存」の詳細

「適用」をクリックすると、絞り込んだ条件でレコードが表示されます。

「保存」をクリックすると、「適用」をクリックしたときの処理に加えて、「一覧」に絞り込み条件を保存できます。一覧名を入力して「OK」をクリックします。

Check

「保存」の権限

「保存」後の一覧表示は、アプリを閲覧する人に公開されます。また、「保存」はアプリ管理権限のあるユーザーのみ操作できます。なお、モバイル版では「保存」が表示されません。

03-06

レコードをグラフで表示する

レコードのデータをグラフで見やすく表示

レコードデータから、抽出条件や表現方法を選んで様々な形のグラフや表を作成します。グラフの設定を保存すると、保存された条件のグラフをレコード一覧画面から表示できます。レコードのデータが変わっても、保存条件にあわせて最新のデータをグラフに反映します。

グラフの種類と使い分け

「グラフ」は、項目ごと集計値の「割合」や「変化」、「大きさ」を表現する場合、下記のように選びます。

●値の特性で使い分け

棒グラフ：項目ごと集計値を棒線で見る。
折れ線グラフ・面グラフ：集計値の経時「変化」(値の間は直線)を見る。
曲線グラフ・曲線面グラフ：集計値の経時「変化」(値の間は平滑曲線)を見る。
円グラフ：項目ごと集計値の、全体に対する「割合」を見る。

●合計の見せ方で使い分け

集合：「大きさ」を比べる。
積み上げ：全体に対する「割合」と、全体の「合計値」を比べる。
100％積み上げ：全体に対する「割合」を比べる。

「表」は、集計結果の差や変化よりも、結果の数字に着目する場合に使います。

表：フィールドの値を、行で集計。
クロス集計表：複数のフィールドの値や項目を、列と行で集計。

グラフの種類を選んで作成する

1 レコード一覧画面で、[集計する]（集計する）アイコンをクリック。

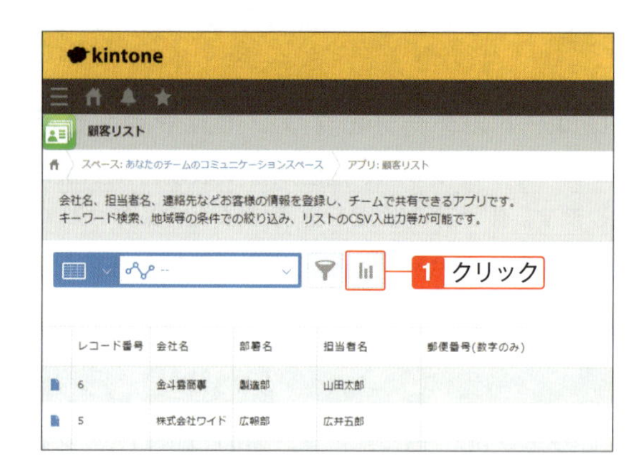

2 「グラフの種類を選んで作成」でグラフや表の種類を選ぶ。

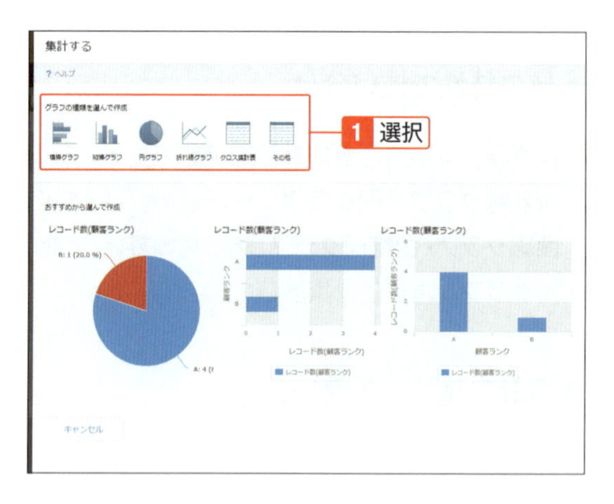

> **Hint**
> **おすすめのグラフを選んで作成**
> 「おすすめから選んで作成」の中に希望のグラフがあれば、グラフをクリックしてみましょう。そのグラフや表を作成する条件があらかじめ設定された設定画面が表示されます。

3 「グラフの種類」で、集計結果の表示方法を選ぶ。

4 「分類する項目」で、大項目、中項目、小項目のフィールドを3つまで選ぶ。[+]をクリックすると中項目、小項目を選べる。

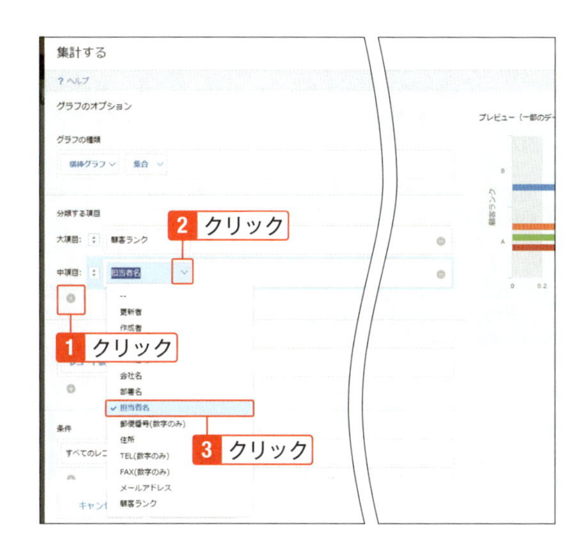

5 「集計方法」で、集計する対象を選ぶ。

6 「条件」で、絞り込む対象を選ぶ。

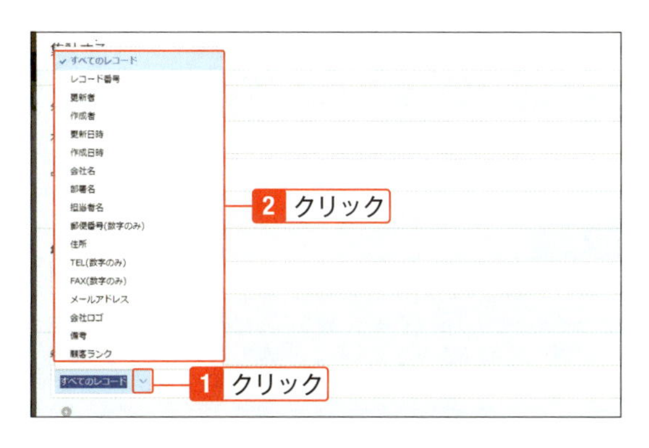

Hint

「条件」の詳細

文字列や数値で集計するフィールドには、「=(等しい)」「≠(等しくない)」「次のいずれかと等しい」「次のキーワードを含む」「次のキーワードを含まない」などが表示され、キーワードと組み合わせて条件を設定します。

日時で絞り込むフィールドには、等号不等号記号と組み合わせて細かく設定ができます。「日時を指定」ではカレンダー形式で日時を選んだり、「今日から」では、日数、週数、月数、年数を指定して、何日前か、何日後かなど絞り込みます。

ユーザー選択、組織選択、グループ選択のフィールドでは、設定時にアイコンをクリックして対象を選べます。

上記に加えて、「次のいずれかを含む」「次のいずれかを含まない」などで集計することがあります。

その他、「すべてクリア」をクリックすると、入力した条件が消去されます。なお、グラフ作成では、空白は集計対象にできません。

7 「ソート」で絞り込み結果の表示順を選ぶ。対象項目を選び、「降順」「昇順」のどちらかをクリック。

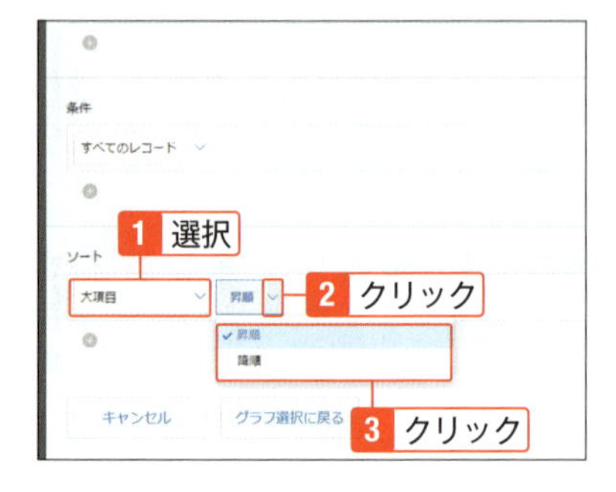

Hint

より深い階層の表示順を変える

絞り込み結果の表示をさらにソートするには、[+]をクリックして手順7を繰り返します。ソート表示は上側から順に優先されます。

8 画面右下の「適用」または「保存する」をクリックすると、グラフが表示される。

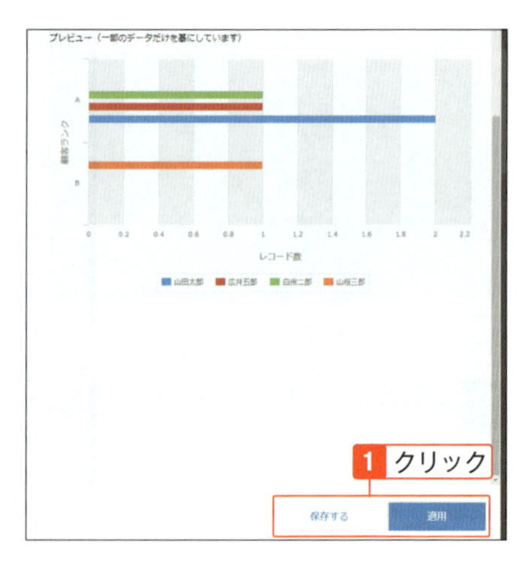

Check

「保存する」の権限

「保存する」後の一覧表示は、アプリを閲覧する人に公開されます。また、「保存する」はアプリ管理権限のあるユーザーのみ操作できます。なお、モバイル版では「保存する」が表示されません。

Hint

グラフの「適用」と「保存する」

「適用」をクリックすると、絞り込んだ条件でグラフが表示されます。

「保存する」をクリックすると、「適用」をクリックしたときの処理に加えて、「グラフ」に絞り込み条件を保存できます。グラフ名を入力して「OK」をクリックします。

グラフの一部を非表示にする

1 グラフの凡例で非表示にしたい項目をクリック。関連する項目がグラフから非表示にされる。もう一度クリックすると表示される。

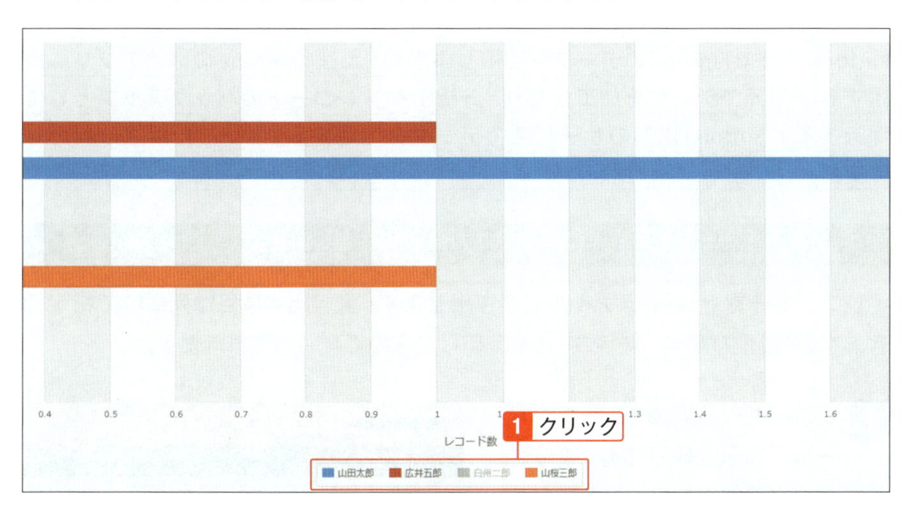

グラフから任意のレコード一覧を表示する

1 グラフの色つき部分をクリック。該当するレコードが絞り込まれ、一覧になって表示される。

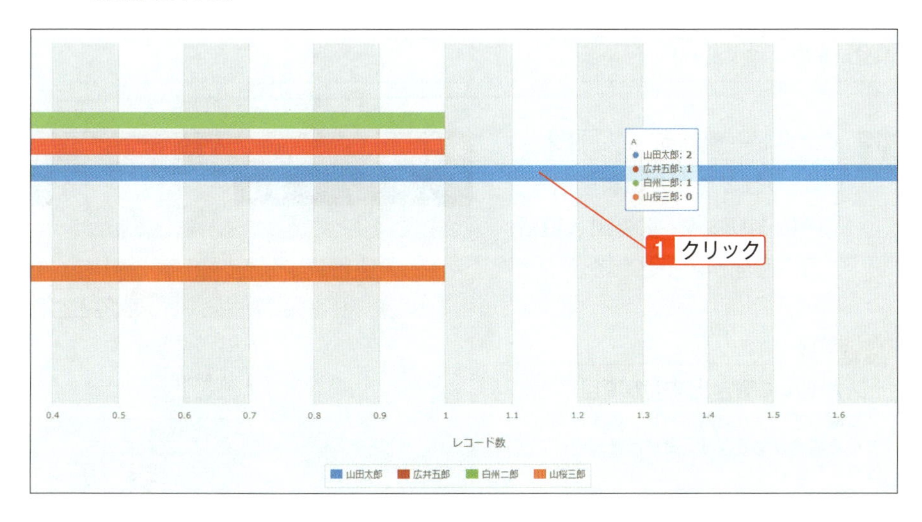

03-07

レコードをファイルに書き出す

レコードのデータをCSV形式のファイルでダウンロード

kintone内外でkintoneのデータを使用します。例えば「kintoneの他のアプリに使用する」「手元でデータを加工したり、分析する」「レコードのバックアップとして保存する」「kintone以外のサービスでデータを使用する」といった用途に利用します。

レコード一覧をファイルに書き出す

レコード一覧をCSVファイルに書き出せます。書き出す項目は列単位で指定できます。列の並び順や、文字コード、区切り文字の種類も指定できます。

1 レコード一覧画面で、レコード一覧の表示を絞り込む。絞り込んだ表示が書き出し対象になる（画面は「顧客一覧」を絞り込む例）。

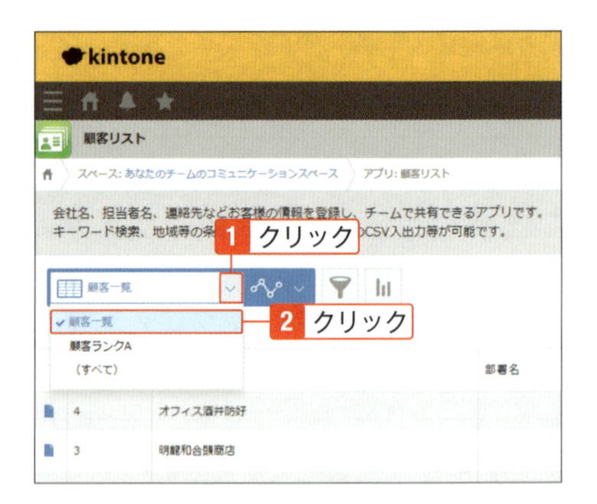

> **Check**
> **レコードを絞り込む**
> 手順については、「03-05 レコードを絞り込む」を参照してください。

2 レコード一覧画面で、…（オプション）、「ファイルに書き出す」と順にクリック。書き出し項目を選ぶ画面が表示される。

> **Check**
> **「ファイルに書き出す」の項目**
> 権限などにより表示されない設定になっている場合があります。設定は管理者にご確認ください。

3 ファイルの先頭行に項目名を書き出す場合は、「先頭行を項目名にする」にチェックを付ける。

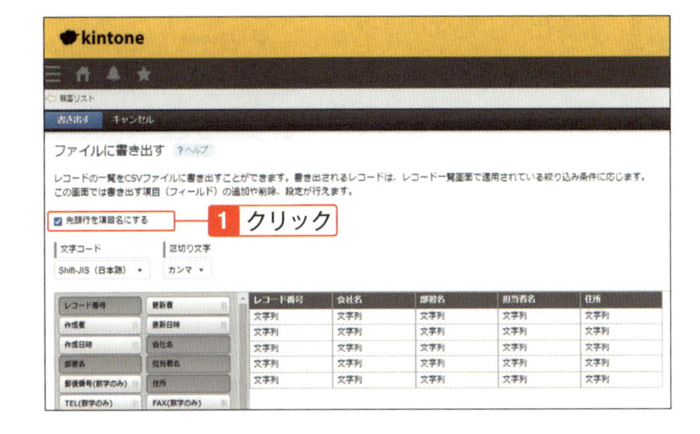

⚠ Check

CSVファイル読み込み後にフィールドがひも付けされる

項目名を書き出したCSVファイルは再度アプリにファイルを読み込む際に、ファイルの項目とアプリのフィールドが自動でひも付けされます。

4 書き出す項目を左側エリア（書き出せるフィールド一覧）から右側エリア（書き出すフィールド一覧）にドラッグ。

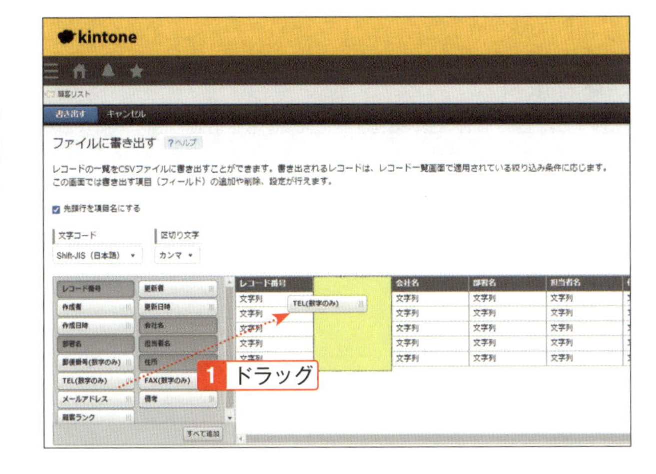

⚠ Check

書き出し項目の操作方法

ダウンロード後に文字化けしたり、意図した文字種になっていない場合は「文字コード」を変更します。

区切り文字を変更するときは「区切り文字」を変更します。

右側エリアのフィールドを削除する場合は、マウスをフィールドに重ねると表示される⚙（設定）から「削除」をクリックします。

左側エリアで「すべて追加」をクリックすると、左側から右側にフィールドがすべて追加されます。

列の表示順を変える場合は、右側エリアでフィールドを左右にドラッグします。

ユーザー、組織、グループのフィールドが右側エリアに含まれる場合は、出力オプション「ユーザー、組織、グループを表示名で出力する」にチェックを付け「表示名を列追加して出力」に設定すると、フィールドで持つユーザー、組織、グループの情報に加え、表示名の列を追加して書き出しされます。

リッチエディターのフィールドが右側エリアに含まれる場合は、「リッチエディターをテキスト形式で出力する」にチェックを付けて出力すると、HTMLタグの内容も含めて書き出しされます。

5 「書き出す」をクリック。出力されたファイルの画面が表示される。

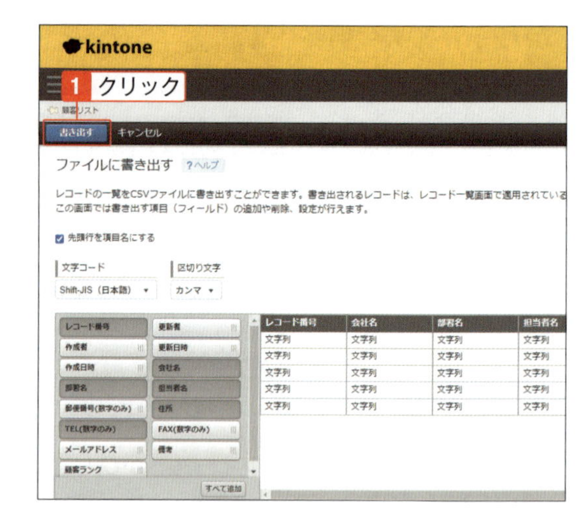

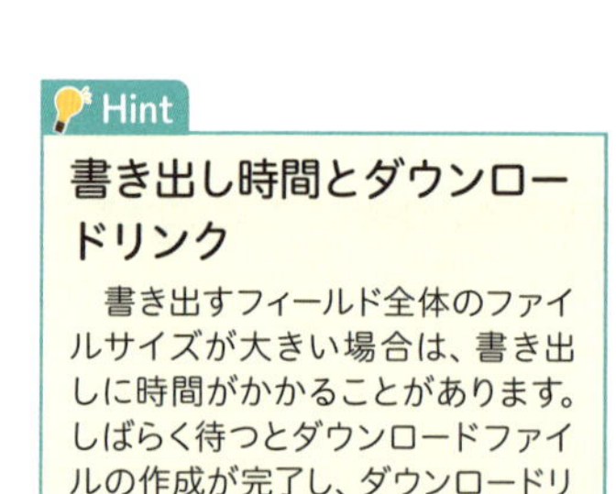

Hint 書き出し時間とダウンロードリンク

　書き出すフィールド全体のファイルサイズが大きい場合は、書き出しに時間がかかることがあります。しばらく待つとダウンロードファイルの作成が完了し、ダウンロードリンクが青字で表示されます。

6 ダウンロードリンクをクリック後、任意の場所に保存。ファイルがダウンロードされる。

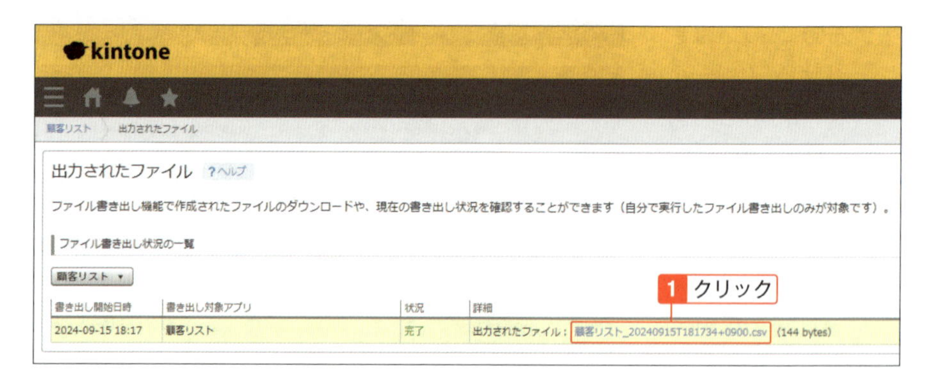

Hint 書き出し結果のメール通知が届くように設定する

　レコードのファイルへの書き出しを完了、失敗、キャンセルした時に、操作を行ったユーザー宛にメール通知が届くように設定できます。

　メール通知については「02-06 kintoneのメール通知とブックマークを活用する」を参照してください。

03-08

レコードをファイルから読み込む

レコードのデータとして上書きするデータが保存されたファイルを読み込む

レコードとして登録するデータが多くある場合に、ファイルからkintoneに一括でデータのアップロードができます。新規追加するだけでなく、すでにあるデータを上書きすることもできます。

レコードのデータとしてExcelファイルやCSVファイルを読み込む

レコードの読み込む項目や文字コード、区切り文字は読み込みを実行する前に選択します。

1 レコード一覧画面で、[…]（オプション）、「ファイルから読み込む」と順にクリック。「ファイルから読み込む」の画面が表示される。

Check

「ファイルから読み込む」の項目

権限などにより表示されない設定になっている場合があります。設定は管理者にご確認ください。

Hint

バックアップしておくのがおすすめ

慣れない間は操作を誤ることもあります。バックアップとして、ファイルからデータを読み込む前に登録済みのレコードを「ファイルに書き出し」しておくことをおすすめします。

2 「❶（ファイル指定）」では、「参照」をクリックしてファイルを指定し、「開く」をクリック。

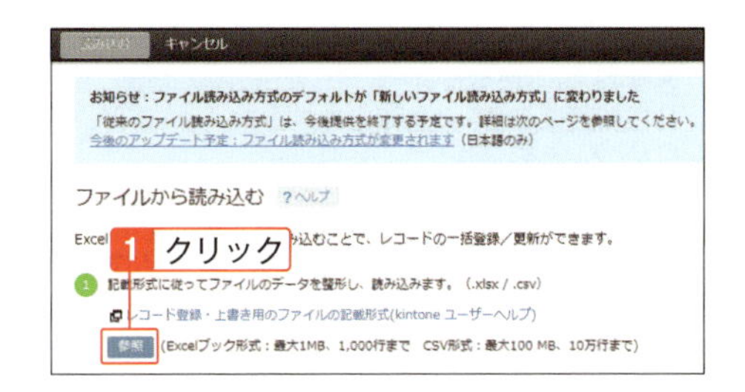

3 「❷（先頭行の指定）」では、読み込むファイルの先頭行がフィールド名（列のタイトル）であれば「はい」を、データであれば「いいえ」をクリックして選択する。

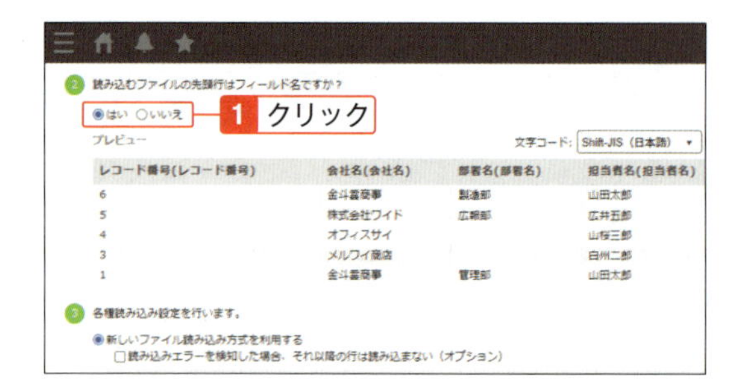

> **⚠ Check**
>
> **文字の読み込み**
>
> ファイルの内容は自動的に判断され、「はい」と指定される場合があります。
>
> 文字化けや読み込み文字がうまく分割されていなければ、「文字コード」「区切り文字」を選択して、読み込みたい状態にします。

4 「❸（アプリのフィールドと読み込むデータの列を対応付け）」で「アプリのフィールド」（左側）に「ファイルの例」（右側）を指定して対応付ける。

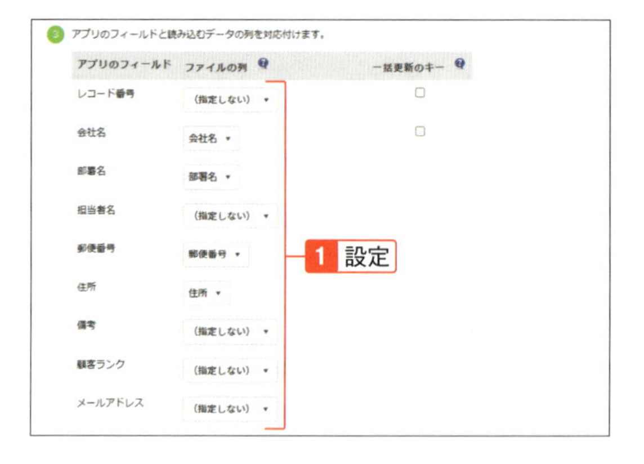

> **⚠ Check**
>
> **データのひも付け**
>
> 左右を対応付ける（そのフィールドに読み込む）場合はファイルの列（右側）を指定し、読み込まない場合は「（指定しない）」を選択します。
>
> 「一括更新のキー」にチェックを付けると、該当するフィールド（多くの場合はレコード番号）の値がファイル読み込み時に比較されます。
>
> フィールドの値と読み込むファイルの値が一致する場合、その行のデータを、値が一致したレコードに上書きします。値が一致しない場合は、その行のデータを新規レコードとして登録します。
>
> 「一括更新のキー」は同じ読み込みのタイミングでひとつだけ指定します。レコード番号や受注番号などフィールドの値が他と重複しない（一意の値/ユニークな）フィールドを指定します。
>
> 「一括更新のキー」を指定できるフィールドは、「レコード番号」「文字列（1行）」「数値」「日付」「日時」「リンク」です。
>
> 入力必須となっているアプリのフィールド（赤い「*」が付いたフィールド）には、データを新規レコードとして登録する場合、必ずファイルの列を指定します。なお、登録済みレコードに上書きする場合でも、該当フィールドに値が未登録のレコードがある場合は、ファイルの列を指定してください。
>
> 誤って上書きしてしまわないように、値を更新する必要がないフィールドは意識的に「（指定しない）」を選択しておくことをおすすめします。

5 「❹（読み込み設定）」で読み込めない行が含まれていた場合に、読み込みを継続するか中止するかを決める。

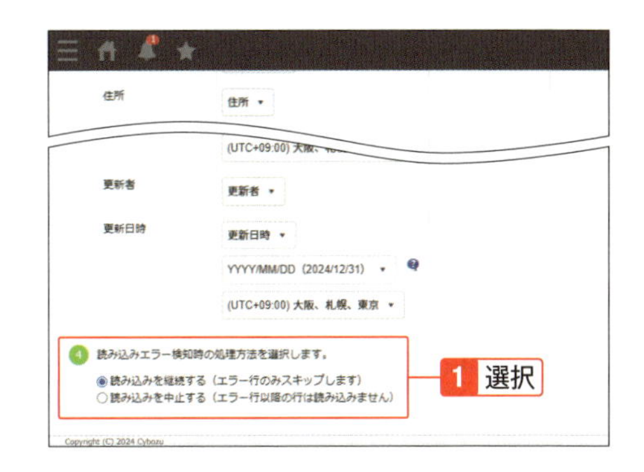

Check

読み込めない行が含まれていた場合

「読み込みを中止する（エラー行以降の行は読み込みません）」にチェックを付けると、読み込めない行以降のデータは読み込みません。

Check

読み込めなかった原因を知る

読み込み後に表示される「読み込まれたファイル」画面で、読み込まれなかった行数を確認できたり、該当する行と読み込まれなかった原因を、CSV形式でダウンロードできます。

6 画面上部「読み込む」をクリック。インポート開始のメッセージが表示されるので「OK」をクリック。

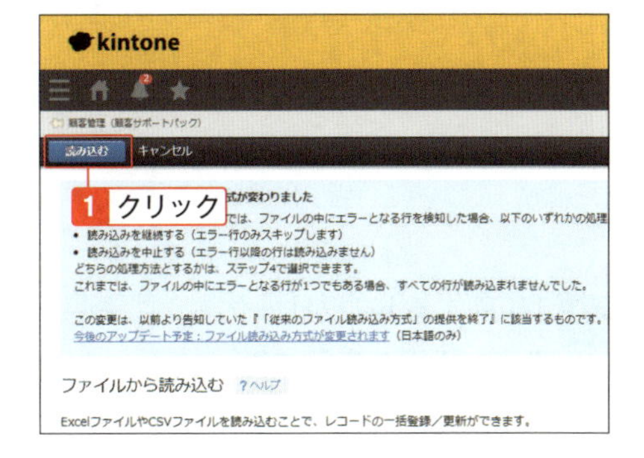

Check

エラーメッセージが表示された場合

エラーメッセージが表示された場合は、メッセージの内容を確認して対応しましょう。

Hint

読み込みの制限

ファイルの読み込みには時間がかかることがあります。

また、ファイルからデータを読み込んでいる間、kintoneの画面やAPIを利用した、レコードの登録・更新ができない場合があります。

03-09

レコードを印刷する

レコード詳細やレコード一覧を印刷

レコード詳細画面を印刷できます。レコード一覧画面は、Webブラウザーの機能を使って印刷できます。

レコード詳細画面を印刷する

1 レコード詳細画面で、…（オプション）、「レコードを印刷」と順にクリック。印刷用の画面が表示される。

2 「印刷する」をクリック。以降、画面の表示に従って出力する。

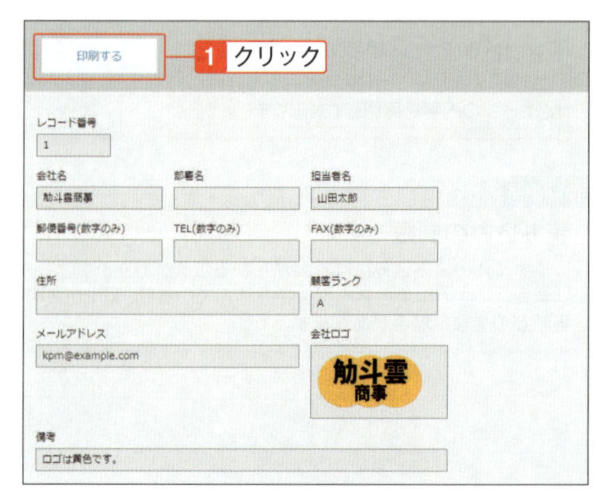

Hint

日付などを非表示にする

印刷プレビューの画面で、詳細設定の「ヘッダーとフッター」のチェックを外すと、印刷時にヘッダーとフッターに表示されるページ名やURL、日付を非表示にできます。

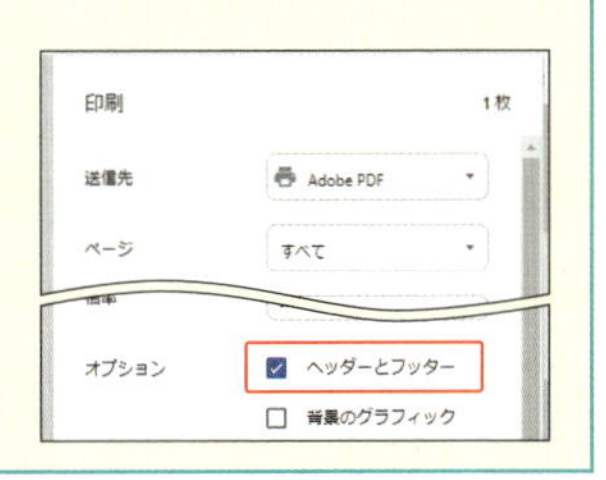

レコード一覧画面を印刷する

レコード一覧画面を印刷する場合は、Webブラウザーの印刷機能を利用します。ここでは、Google Chromeでの操作を例として説明します。

1 Webブラウザーの「三点リーダ」⋮をクリックして、「印刷」をクリック。

2 出力したいサイズや枚数などを設定して、「印刷」をクリック。

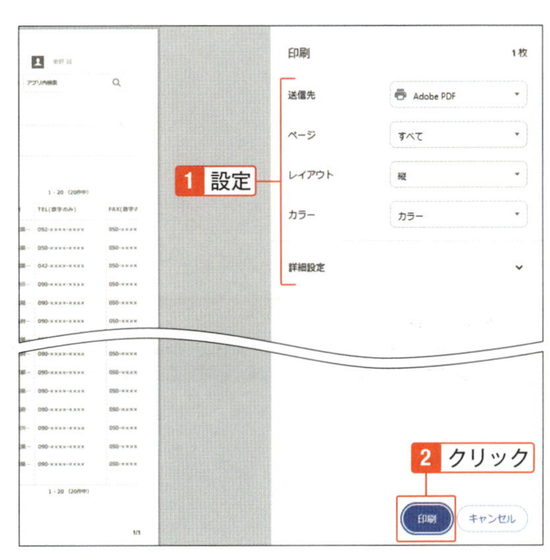

Hint

フィールドのタイトル

フィールドのタイトルは、すべてのページに印刷されます。

Hint

細かなカスタマイズは？

帳票出力に対応したプラグインなどを導入すると、文字やレイアウトの調整、多様な出力形式を選べるなど標準機能よりも細かく帳票をカスタマイズできます。

アプリをお気に入りに追加する

ポータルからアプリを見つけやすくする

アプリをお気に入りに追加すると、ポータルでアプリ選択時に「最近開いたアプリ」や「作成したアプリ」と同じように、「お気に入りのアプリ」として絞り込んで表示することができます。さらに、「お気に入りのアプリ」の表示順は変更できるので、作業順や部署順にアプリを並べたりもできます。

アプリをお気に入りに追加する

1 レコード一覧画面やレコード詳細画面で、(お気に入り)をクリックして表示。お気に入りのアプリに追加され、ポータルで「お気に入りのアプリ」を選ぶと、お気に入りに設定したアプリが表示されるようになる。

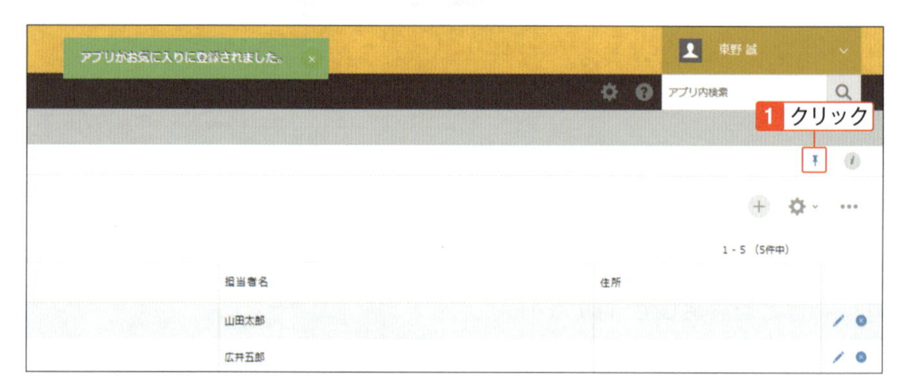

Check

お気に入りの解除

(お気に入り)を再度クリックすると、お気に入りから解除されます。

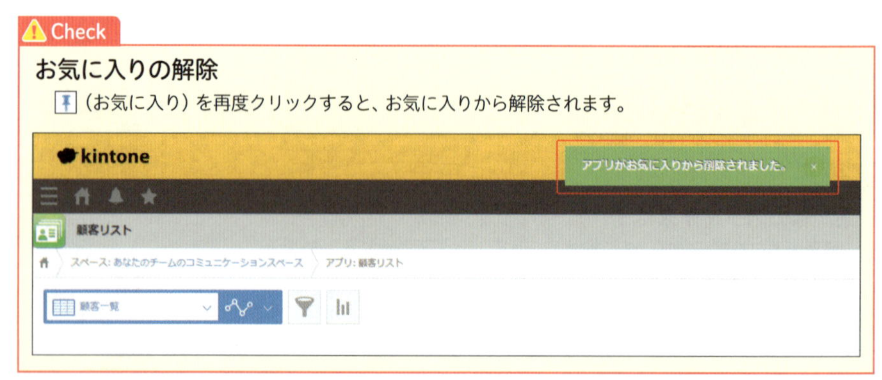

お気に入りのアプリの表示順を変更する

お気に入りに追加したアプリはポータルに表示されます。「お気に入りのアプリ」の表示順は変更できます。

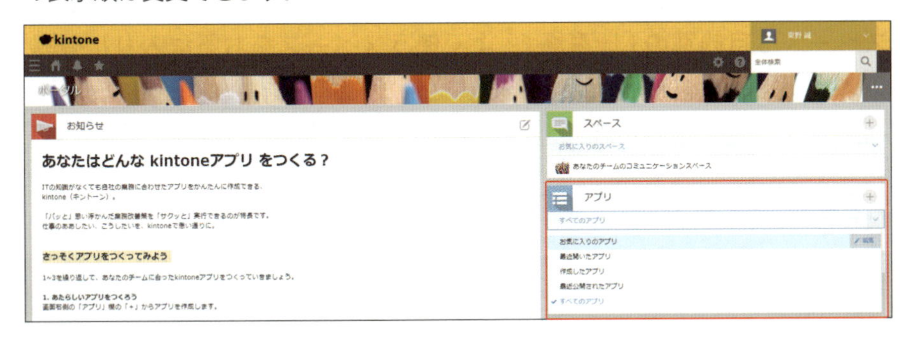

1 アプリエリアのプルダウンで、「お気に入りのアプリ」の［編集］（編集）をクリックすると、お気に入りアプリの表示順を変更する画面が表示される。

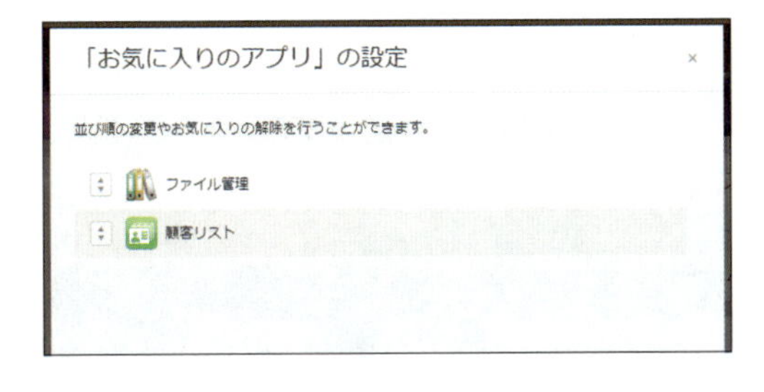

2 アプリの表示順を変更し、「保存」をクリック。「お気に入りのアプリ」の表示順が変更される。

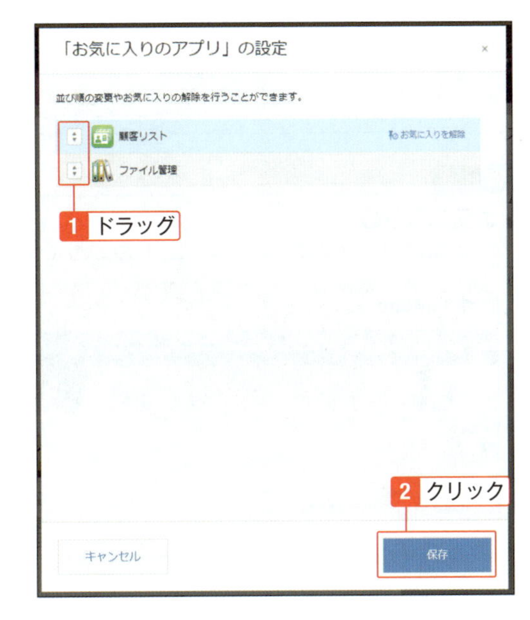

Hint

お気に入りは自分専用

「お気に入りのアプリ」の表示はログイン中のユーザーに紐付いて表示され、他のユーザーには見えません。

03-11

スペースをお気に入りに追加する

スペースは目的別の「仕事場」 よく使うスペースをお気に入りに登録

スペースをお気に入りに追加すると、ポータルでスペース選択時に「最近開いたスペース」や「作成したスペース」と同じように、「お気に入りのスペース」として絞り込んで表示することができます。さらに、「お気に入りのスペース」の表示順は変更できるので、作業順や部署順にスペースを並べたりもできます。

スペースをお気に入りに追加する

1 スペース表示中に、「お気に入り」をクリックして「お気に入り済み」を表示。お気に入りのスペースに追加され、ポータルで「お気に入りのスペース」を選ぶと、お気に入りに設定したスペースが表示されるようになる。

Hint

お気に入りの解除

「お気に入り済」を再度クリックすると、お気に入りから解除されます。

お気に入りのスペースの表示順を変更する

お気に入りに追加したスペースはポータルに表示されます。「お気に入りのスペース」の表示順は変更できます。

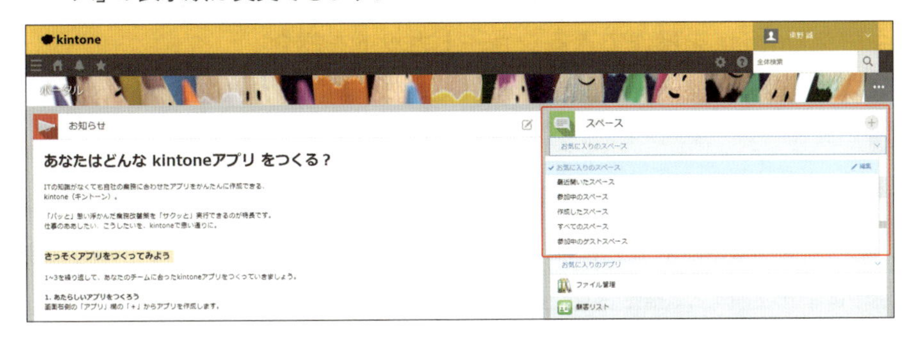

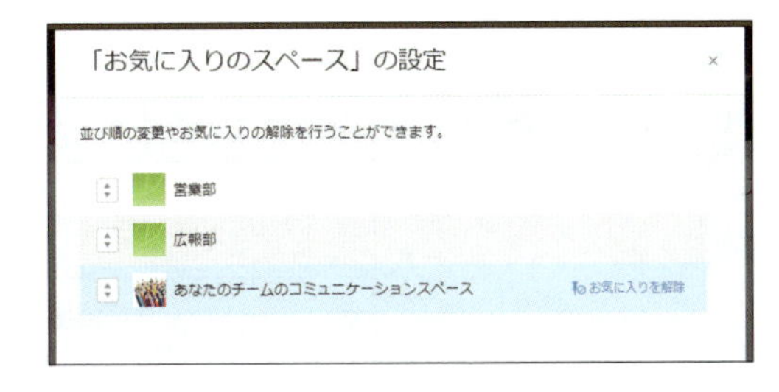

1 スペースエリアのプルダウンで、「お気に入りのスペース」の ✎ 編集 （編集）をクリックすると、お気に入りスペースの表示順を変更する画面が表示される。

2 スペースの表示順を変更し、「保存」をクリック。「お気に入りのアプリ」の表示順が変更される。

Hint

お気に入りは自分専用

お気に入りスペースの表示はログイン中のユーザーに紐付いて表示され、他のユーザーには見えません。

03-12

ショートカットキー一覧

キーでkintoneを操作できるショートカットを紹介

アプリを便利に使えるショートカットキーがあります。マウスでボタンを押すより素早く画面を操作して、アプリを使いこなしましょう。

ショートカットキーの一覧

レコード一覧画面と、レコード詳細画面の主なショートカットキーです。画面表示中にキーを押すと、指定された画面を表示したり、アプリ内編作に移動します。

画面	キー	意味	実行できる操作
レコード一覧／詳細／編集	/		検索キーワードを入力する
	?		「ショートカットキーの一覧」画面の表示/非表示を切り換える
	c	Create	レコードを追加する
	e	Edit	選択したレコードを編集する
	j		次のレコードを選択する
	k		前のレコードを選択する
レコード一覧	enterまたはo	Enter	選択したレコードの詳細を表示する
	n	Next	次のページを表示する
	p	Previous	前のページを表示する
レコード詳細／編集	Ctrl+s	Save	変更を保存する
	esc	Escape	編集をキャンセルする
	g のあとに a		レコード一覧に戻る
	g のあとに i		絞り込み結果に戻る

※テキストボックス内などが選択されていると、動作しない場合があります。

Chapter

04

kintoneでコミュニケーションする

kintoneでは、さまざまな場面でコミュニケーションができます。レコード、スレッド、ピープルなどで「@」を付け（メンション）、送信先を指定すると相手にメッセージを通知したり、届いた通知からメッセージを直接開いて、そのままやりとりを継続できます。この章では、kintoneでのやりとりの方法を解説します。

04-01

コミュニケーションのための機能とは

レコード、ピープル、スレッドでやりとり。通知メールも届く

kintoneではレコード、スレッド、ピープルなどで連絡し、その内容を共有できます。特定のユーザーと非公開でメッセージのやり取りもできます。連絡があったことは、kintoneにログインしていなくてもメールで通知を受けとれます。

kintoneは「テキストコミュニケーション」が中心

コミュニケーションの手法にはオンラインや対面のミーティング、チャットやメールなど様々な種類があり、目的に合わせて最適なツールを選びますが、kintoneでは文字で伝える手法が多く使われます。

全社向けなど広く伝えたい場合は「お知らせ掲示板」「スペースの本文」で、特定の相手やメンバー間で伝える場合は「レコード」「スレッド」「ピープル」で利用できます。

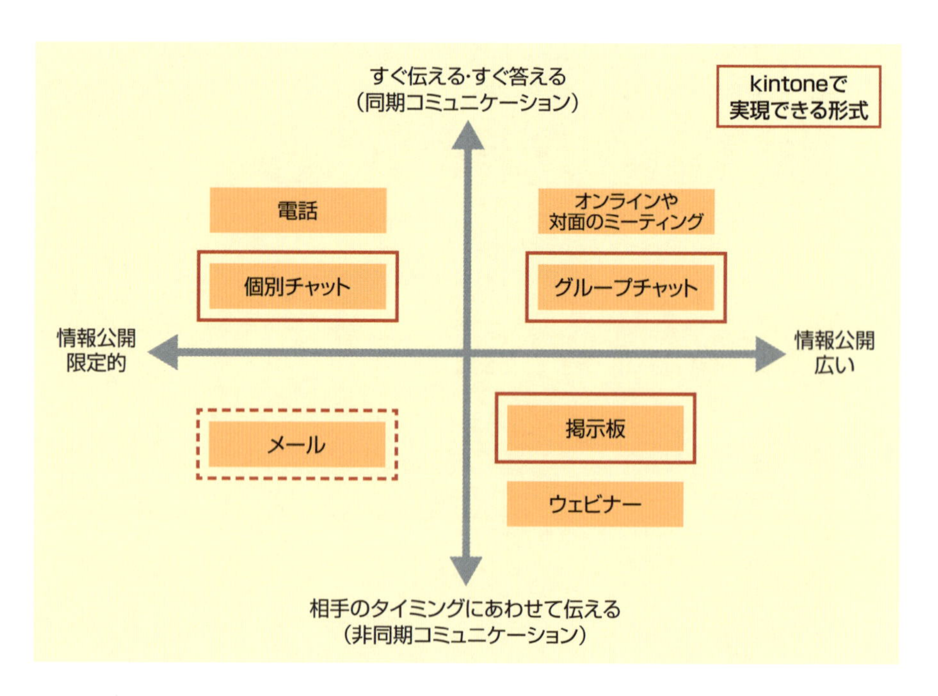

kintoneで利用できるコミュニケーション

kintoneでは、下記のコミュニケーション機能が利用できます。

- **レコード（投稿、返信、メンション、いいね）**
- **スレッド（投稿、返信、メンション、いいね、フォロー、スレッド作成）**
- **ピープル（投稿、返信、メンション、いいね、非公開メッセージ）**
- **お知らせ掲示板、お知らせ**

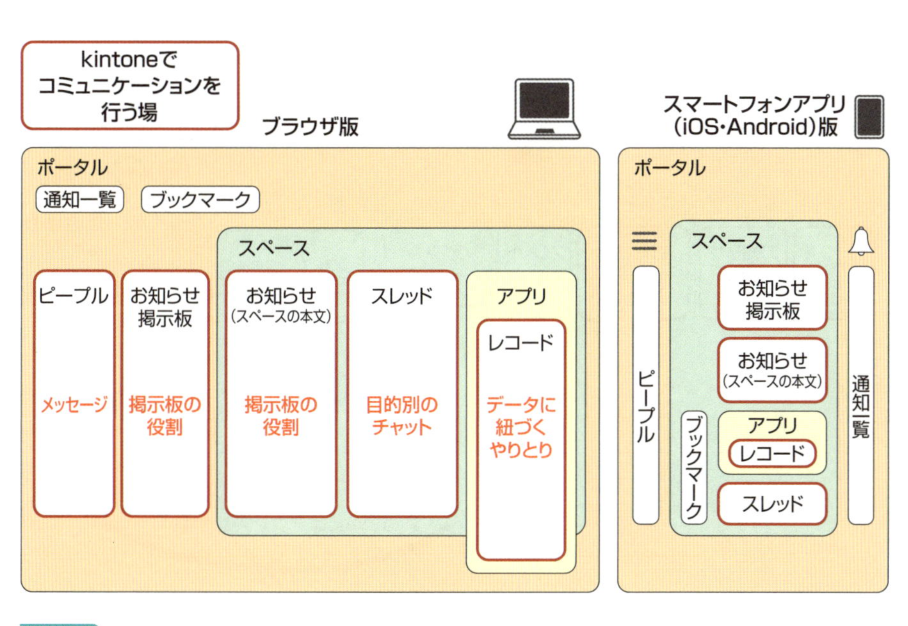

Hint

円滑なコミュニケーションのために一言加える

例えば、上長承認などの経路設定を行うと申請をボタン操作で完了できるようになりますが、ボタン操作だけでは伝わらない背景などあるかも知れません。一言コメントを付け加えたりするようにすれば、円滑なコミュニケーションが期待できます。

kintoneの公開範囲

kintoneは、初期状態ではすべての機能にアクセスできます。kintoneの公開範囲は組織内に限定され、ログインしていない人からはkintoneを閲覧することはできません。管理者の権限により「ポータル」「スペース」「アプリ」「レコード」「スレッド」など『場』の利用を制限できます。また、「公開」「非公開」などの制限を設定することができます。

また、組織外の人とやりとりする場合には「ゲストスペース」も利用できます。

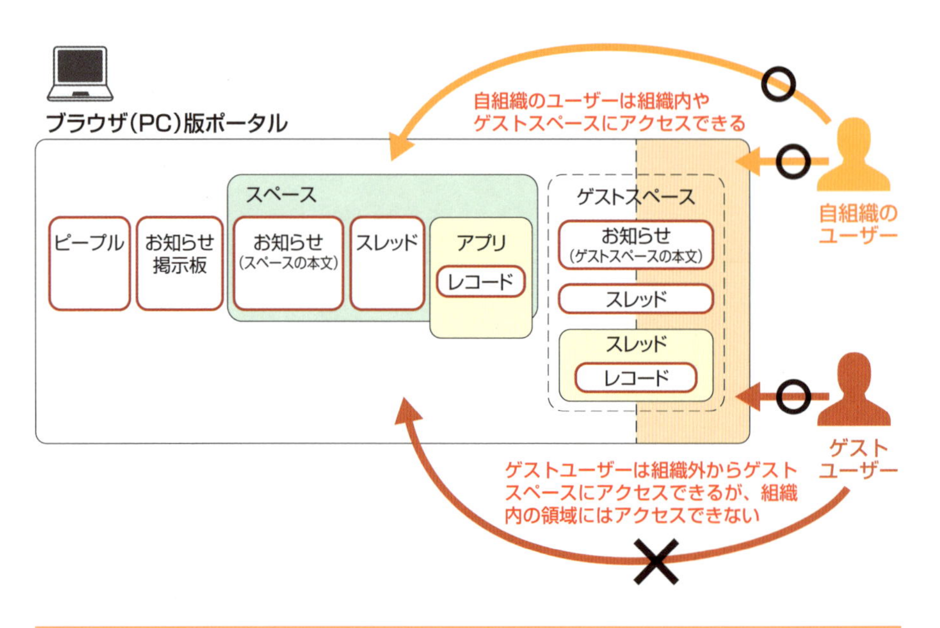

kintoneの権限設定は「組織やグループを活かす」

『場』の利用とあわせて、「ユーザー」「組織」「グループ」ごとに権限を設定することもできます。

例えば、スペースでは「参加メンバーだけにこのスペースを公開する」項目で、組織やグループごとに閲覧制限を設定すれば、そのスペースに参加するユーザーだけが閲覧や、コメントのやりとりができます。

例）複数の部長、課長がいる組織

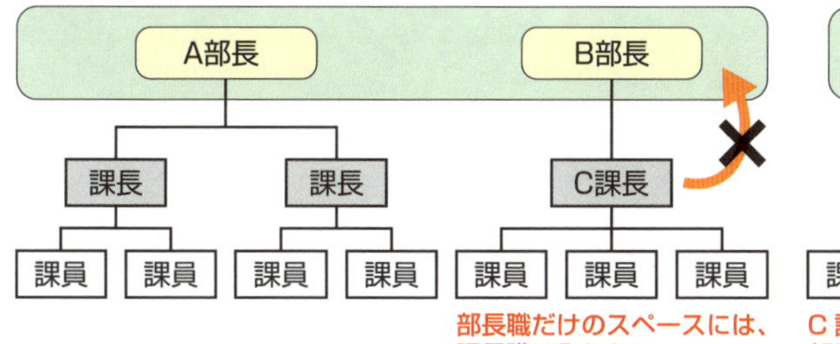

部長職だけのスペースには、
課長職は入れない

部長職だけのスペース

B部長

C部長

C課長

課員　課員　課員

C 課長が部長になったら
部長職だけのスペースに
入れる

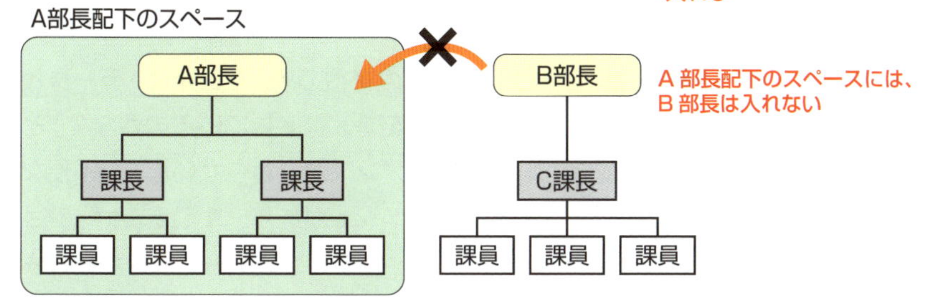

A 部長配下のスペースには、
B 部長は入れない

Hint

将来の手間を減らせるようにしくみをつくる

例えば、部長職だけのスペースを作っておいたり、課内のメンバーだけが参加できるスペースを設定することもできます。

また、参加できる人を「部長」のグループに設定しておくと、部長となる人が入れ替わってもスペースの設定は変えず、部長になった人だけが参加できるように設定できます。

ビフォー：メンバーを個別に指定

異動が多いとスペースの設定変更が面倒

アフター：参加できる人を「部長」のグループに設定しておくと…

誰かが移動してもあて先や設定を変えることなく「部長」だけがスペースに入れたり、宛先として最新の「部長」役職のメンバーに一括送信ができたりする

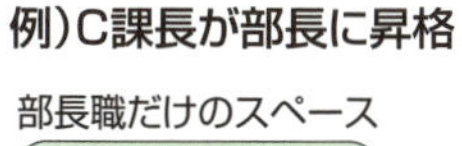

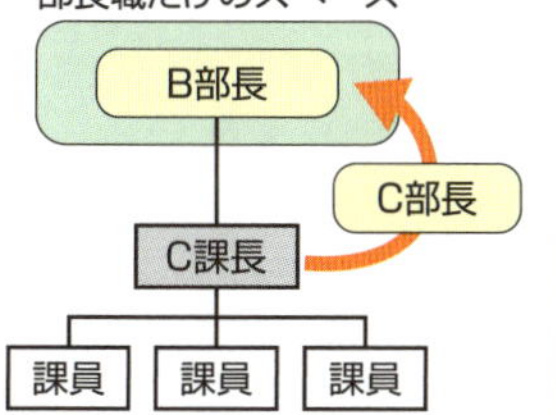

グループには、メンバーを設定する方法が異なる
「静的グループ」と「動的グループ」がある

静的グループの例:
メンバーに「C部長」を
割り当てる

A部長
B部長
C部長

動的グループの例:
「部長職」が自動的に
メンバーになる

A部長
B部長
C部長

静的グループでは、メンバーの変更が必要。動的グループでは役職に応じてのメンバーが変わるため、人事異動のたびにグループの設定を見直す必要がなくなる

04-02 レコードにコメントや返信、いいねする

データに紐付けてコメントをやりとりできる

レコードのデータごとにコメントのやりとりができます。コメントはメンションを組み合わせることで、コミュニケーションの途中でも必要なタイミングで他の方がディスカッションに加わったり、登録や更新に気づきやすくなります。

レコード詳細画面でコメントを投稿、返信する

データとコメントの距離が近いことがkintoneの特徴です。たとえば、データとコメントが分散していると「どこのデータのことをコメントしているのかな？」と迷ったり、データだけが送られてきた場合はニュアンスが伝わらないなど、不便なことがあります。kintoneだとデータのそばにコメントがあり、コミュニケーションの相手も同様にコメントを返信でき、データごとのコミュニケーションが統合され、自部署、他部署関わらずやりとりの履歴を一元管理できます。

1 任意のアプリをクリック後、コメントを書き込むレコード左端の青いアイコン（レコードの詳細を表示する）をクリック。

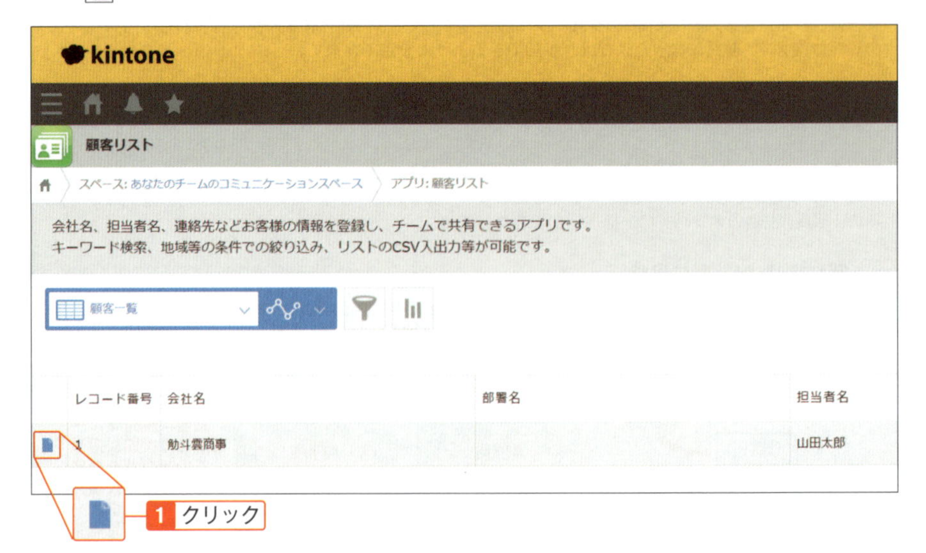

2 コメント欄にメッセージを入力後、「書き込む」をクリック。メンションを付けてメッセージを入力すると、指定した送信先にコメントが届く。

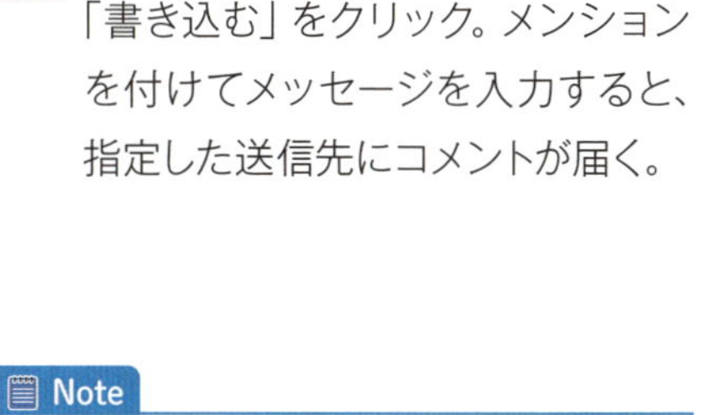

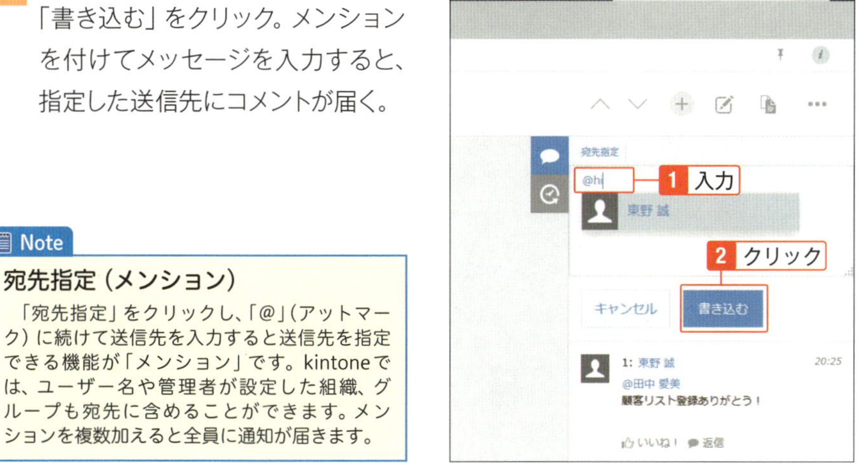

Note

宛先指定（メンション）

「宛先指定」をクリックし、「@」（アットマーク）に続けて送信先を入力すると送信先を指定できる機能が「メンション」です。kintoneでは、ユーザー名や管理者が設定した組織、グループも宛先に含めることができます。メンションを複数加えると全員に通知が届きます。

Hint

「*** 件の新着コメントがあります」の通知

「コメントの入力中に他のユーザーによって新しいコメントが追加されました。」通知をクリックするとコメント欄を更新して他のユーザーのコメントを表示します。

Check

コメント

一度書き込んだコメントは、あとから編集できません。書き直す場合は一度削除します。

レコードのコメント欄はレコード詳細画面を新しく開くごとにコメント欄が開いた状態で表示されます。

「高度な設定」で「レコードのコメント機能を有効にする」のチェックを外すとコメント欄を非表示にできます。「07-08 高度な設定」を参照してください。

コメント欄左側の青いアイコンをクリックすると、コメント欄を非表示/表示できます。

コメント欄の幅は境界線をドラッグして変更できます。

コメントにいいねする

書き込まれたコメントに「いいね！」すると、そのコメントに対して肯定的な意思を示すことができます。また、そのコメントを読んだことを伝える目的としても使用できます。

「いいね！」をクリックすると、コメントを書き込んだユーザーに通知が送信されます。

「いいね！」は、レコードのコメントのほか、ピープルやスレッドの投稿に対しても使用できます。

1 レコードのコメントにポインタを重ね、「いいね！」 いいね！ をクリック。「いいね！」は、コメントや投稿のすぐ下に表示される。

Check

いいね！

「いいね！」を別の言葉に変更することはできません。

04-03

通知を見る

連絡や更新情報を通知で確認する

kintoneには、アプリ、スペース、ピープルなどの更新を指定したユーザーなどに通知できます。ここでは、kintoneの通知機能の詳細、通知をメールで受信する設定、デスクトップ通知の設定などを説明します。

通知内容を確認する

通知が届いたら、通知一覧にお知らせが届きます。通知ページで設定できる「あとで読む」にマークを付けた通知はマークを外すまで閲覧できます。

●ポータルでの通知および表示

「通知」アイコン🔔をクリックすると「通知ページ」が開きます。

通知は送信後70日間は閲覧でき、日数が超えた通知は消去されます。

また、通知の表示がまとめられる場合があります。なお、kintoneのユーザー以外には通知は届きません。

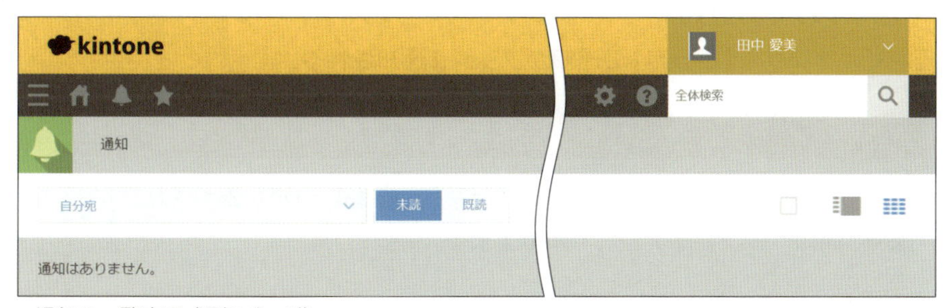

▲通知の一覧表示（通知ページ）

▲通知のプレビュー表示（通知ページ）

●ポータル以外での通知

メール：「自分宛」または「すべて」の通知を受信できる

デスクトップ通知：Google ChromeまたはMicrosoft Edgeの場合は、デスクトップ通知を利用できる

●モバイルでの通知

モバイルアプリで「自分宛」の通知がプッシュ通知される

通知ページで通知内容を確認する

ブラウザ版の場合、左上から右方向に時系列の降順に通知が表示されます。また、通知ページでは次のことができます。

- **通知を一覧で表示する：一覧を全体で確認する場合に使用する**
- **通知の詳細を表示する：多くの通知を連続して確認する場合に使用する**
- **未読の通知を既読にする／既読の通知を未読にする**
- **あとで読む：通知をあとで読む「リマインダー」（旗のアイコン）に設定した通知を表示する**
- **通知を絞り込む**

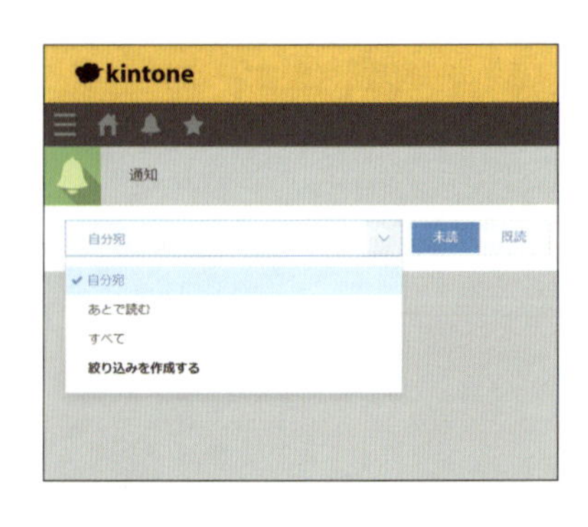

Check

通知について

通知の件名となるレコードタイトルは変更できます。レコードタイトルについては、「07-06 レコードのタイトル」を参照してください。
アプリのレコードが更新されたときに通知したい、アプリのリマインド通知を設定したい、という場合は「アプリの通知設定」で設定ができます。「07-03 通知」を参照してください。

通知の一覧表示と詳細表示を切り替える

1 通知ページの画面で、右上の「一覧表示」と「詳細表示」をクリックして切り替える。

未読と既読の表示を切り替える

1 通知ページの画面で、画面左上の「未読」「既読」をクリックして切り替える。

Hint

「あとで読む」を一括で設定

画面右上のチェックボックスにチェックを付けると「既読と未読の切替」や「あとで読む」を一度に設定できる状態になります。操作するにはチェックボックスにチェックを付けた後、表示をクリックします。

「あとで読む」を設定する

通知を後で確認する「あとで読む」を設定できます。「あとで読む」を設定すると通知のドロップダウン「あとで読む」で表示できます。

1 通知ページの画面で、通知表示右上にポインタを重ねると表示される「あとで読む」をクリックすると、通知が「あとで読む」に設定される。

2 通知ページの画面左上、通知のドロップダウンから「あとで読む」をクリック。「あとで読む」に設定した通知が一覧で表示される。

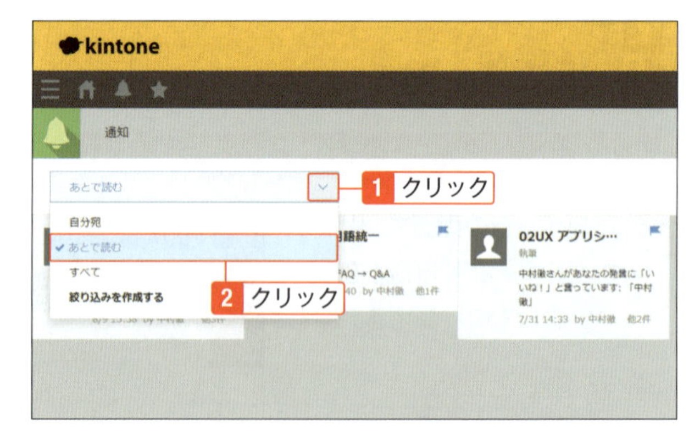

通知の絞り込み条件を切り替える

通知の絞り込み条件を「自分宛」「すべて」「絞り込みを表示する」で切り替えます。

「よく使う条件を設定して使いたい」「優先して確認したい通知がある」「特定の場所（アプリ、スペース、ピープル、メッセージ、送信者）からの通知を表示や除外したい」などの場合に絞り込み条件を作成できます。

通知の絞り込みを作成する

1 通知ページの画面左上、通知のドロップダウンから「絞り込みを作成する」をクリック。

2 「絞り込みの設定」ウィンドウで、各項目を設定し、「保存」をクリック。

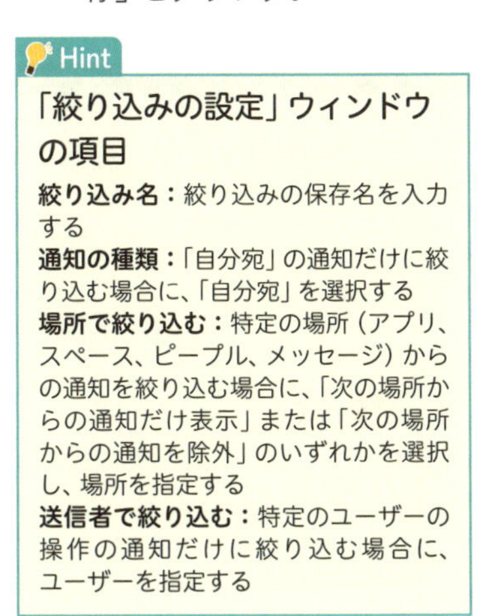
Hint

「絞り込みの設定」ウィンドウの項目

絞り込み名：絞り込みの保存名を入力する
通知の種類：「自分宛」の通知だけに絞り込む場合に、「自分宛」を選択する
場所で絞り込む：特定の場所（アプリ、スペース、ピープル、メッセージ）からの通知を絞り込む場合に、「次の場所からの通知だけ表示」または「次の場所からの通知を除外」のいずれかを選択し、場所を指定する
送信者で絞り込む：特定のユーザーの操作の通知だけに絞り込む場合に、ユーザーを指定する

3 作成した絞り込みが追加される。

Hint

通知の絞り込みの編集

作成した絞り込みは、「編集」をクリックすると絞り込みの編集ができます。「削除」をクリックすると絞り込みを削除できます（さらに「削除する」をクリックすると絞り込みが削除されます）。

通知が届くように個人設定を変更する

kintoneを利用し始める段階で、通知が届くように設定を確認、変更しておきましょう。

1 ポータル右上の⚙（設定）をクリック後、「個人設定」をクリック。

2 「メール通知」「デスクトップ通知」の各項目を必要に応じて変更する。

Check

通知設定の項目

メール通知

- 受信する、受信しない
- メール通知の対象：自分宛の通知のみ、すべての通知
- メール通知の形式：HTML形式、テキスト形式

デスクトップ通知

- 有効にする、無効にする

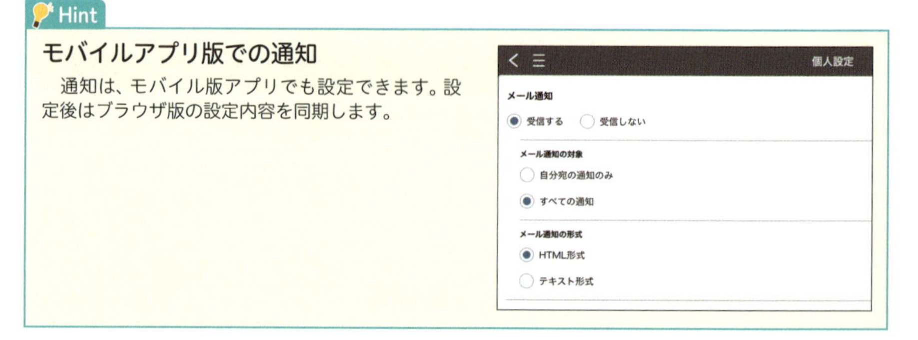

Hint

モバイルアプリ版での通知

通知は、モバイル版アプリでも設定できます。設定後はブラウザ版の設定内容を同期します。

Check

メールで通知されるための設定

kintone全体では、通知に関わる設定がいくつかあります。利用目的に合わせて設定します。

- **「cybozu.com共通管理者」システムメールの設定をする**
- **「cybozu.com共通管理者または各ユーザー」通知を受信するユーザーのメールアドレスの設定をする**
- **「システム管理者」メール通知機能を有効にする**
- **「アプリ管理者」必要に応じて、アプリごとの通知設定をする**
- **「利用者」個人設定で設定する**

04-04

自分のプロフィール情報を設定する

kintoneに表示されるプロフィールの情報を更新する

kintoneには個人単位で表示される「ピープル」の機能があります。
自分のプロフィールにプロフィール情報や写真を載せたり、ピープルにメモを残すことで組織内で共有され、コミュニケーションのきっかけになります。また、相手にメッセージを送信したり、任意のユーザーをフォローすることでそのユーザーの情報が届くようになります。ここではピープルの活用も含めて使い方を解説します。

「ピープル」機能でできることの例

- プロフィール写真を掲載する。
- テキスト形式でのやりとり（公開のメッセージ）：組織での部署や自分の関わり方などを掲載する。
- テキスト形式でのやりとり(非公開の個人メッセージ)：メールのように使用する。
- 他の人をメンションしてコミュニケーションのきっかけにする。
- 他の人をフォローして、発信する情報が通知で届くようにする。

自分のプロフィールを確認、変更する

組織内で閲覧される自分のプロフィール情報を確認、変更できます。

たとえば、大きな組織ではまだ会ったことがない人ともkintone内ではじめてコミュニケーションをする場面もあると思います。コミュニケーションが円滑に進むように、あなたの情報を掲載してみましょう。

1 画面上部「ユーザー名」右側のプルダウンをクリックして、「アカウント設定」をクリック。

2 プロフィール情報の画面が表示される。情報を入力する場合は、タブや項目を選び、「変更」をクリック。

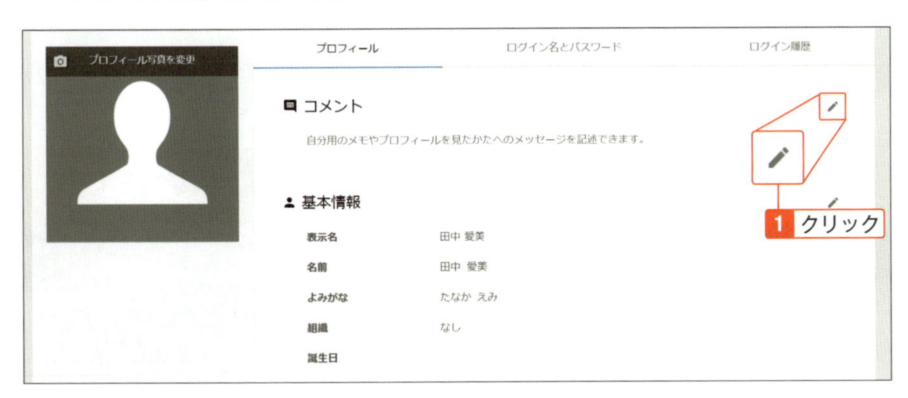

> **Check**
>
> **プロフィール情報**
>
> プロフィール情報の画面には、cybozu.comに登録されたプロフィール情報（プロフィール、ログイン名とパスワード、ログイン履歴のタブ）が表示されます。

3 内容を入力する。

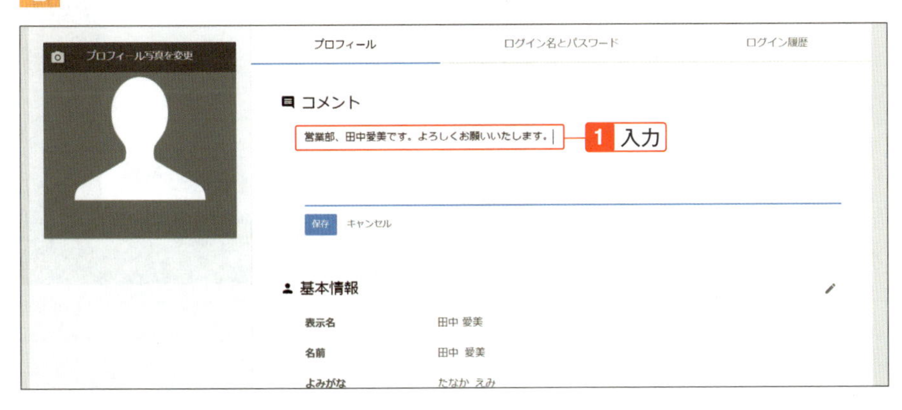

> **Check**
>
> **プロフィール情報の詳細**
>
> **プロフィール：**コメント、基本情報、連絡先情報、その他の項目を変更できる。変更後は「保存」をクリックすると保存される
> **ログイン名とパスワード：**新しいパスワードを二箇所に入力して「変更」をクリックするとパスワードを変更できるが、ログイン名はこの画面では変更できない
> **ログイン履歴：**有効なセッションやログイン履歴を確認できる

プロフィールのカバー画像を変更する

自分のプロフィール上部に表示されるカバー画像を変更できます。

1 画面上部「ユーザー名」をクリックして表示された画面で📷（カバー画像を設定する）をクリック。

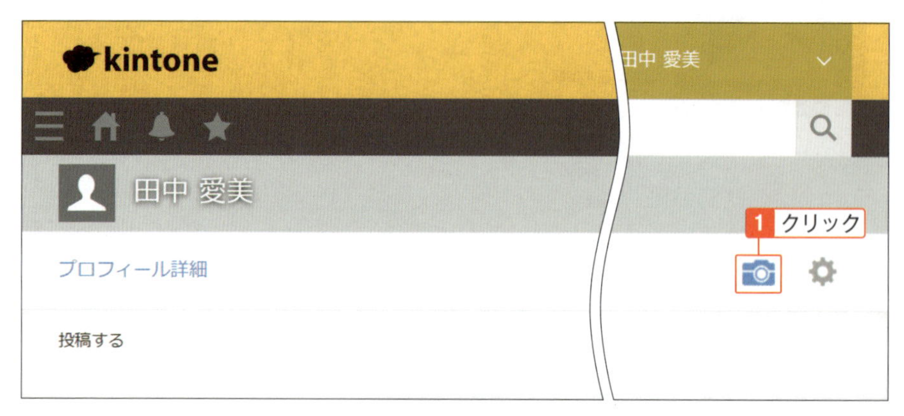

2 「参照」をクリックしてファイルをアップロード。「保存」をクリックすると設定される。

04-05 ピープルでメッセージをやりとりする

ピープルで任意のユーザーにメッセージを投稿したり、他のユーザーをフォローする

ピープルで任意のユーザーにメッセージを投稿し、テキストメッセージ中心でやりとりします。メンションを使ってやりとりすると、そのユーザーに通知が届きます。また、任意の人のピープルをフォローしておくと、その人がピープルを更新すると自分に通知が届きます。また、自分のアカウントが宛先指定（メンション）されるとフォローしていなくても通知が届きます。

ピープルでkintoneのユーザーを確認、メッセージを投稿する

自分の、また、任意の人のピープル画面でも、任意のユーザーとメッセージのやりとりができます。

自分のアカウントをフォローしていない人にはメンションしない限り通知は届きませんが、他の人はあなたの投稿の閲覧はできます。

1 ピープルの表示を「すべてのピープル」、または「フォローしているピープル」に切り替える。

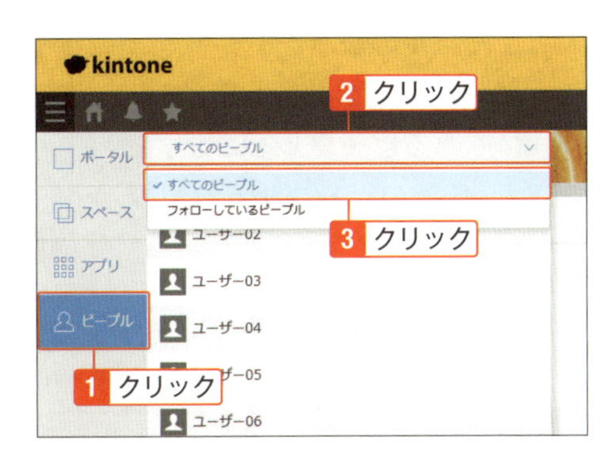

Hint

通知の範囲

「通知」には、ポータルや通知ページの「すべて」に届く通知と、「自分宛」に届く通知があります。通知については、「04-03 通知を見る」を参照してください。

2 任意のユーザーをクリック。クリックしたユーザーのプロフィールなどを確認できる。

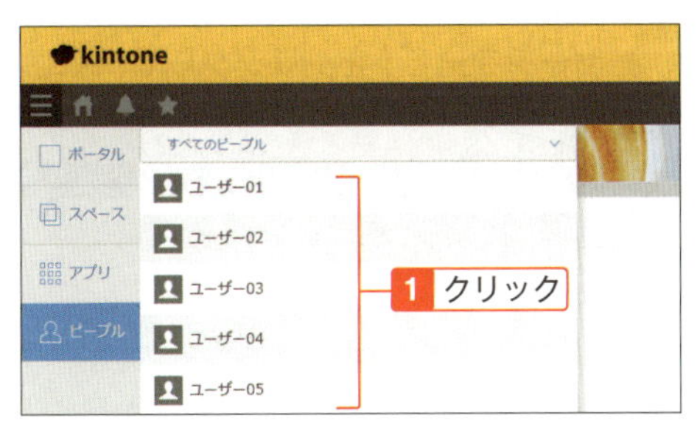

3 メッセージを投稿する場合は、任意のユーザーや組織にメンションを加え、メッセージを入力後、「書き込む」をクリック。メンションしたユーザーにメッセージが届く。

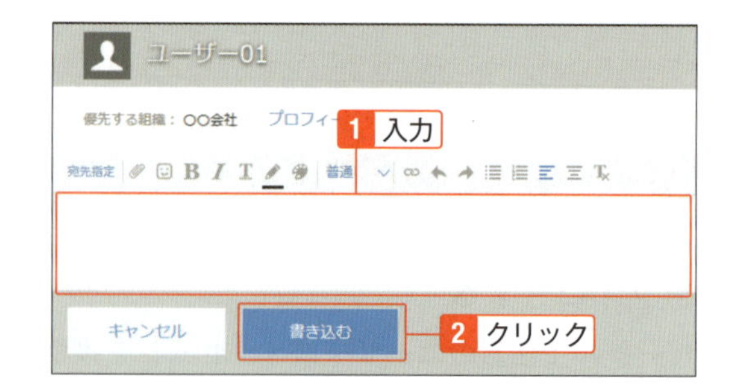

Note

宛先指定（メンション）

「宛先指定」をクリックし、「@」（アットマーク）に続けて、送信先の文字列（kintoneではユーザー名や組織、グループの名前など）を入力して送信することをメンションと言います。ピープルでのやりとりの途中で「あの人にもコメントしてほしい」「あの人に知らせたい」場合に、メンション先を複数加えると加えた人にも通知が届くようになります。

任意の人に個人メッセージを送信する

ピープルのメッセージとは異なり、他の人に見られない、任意のユーザーにのみ届くメッセージを送信できます。

1 ピープルの表示を「すべてのピープル」、または「フォローしているピープル」に切り替え、任意のピープルをクリック。

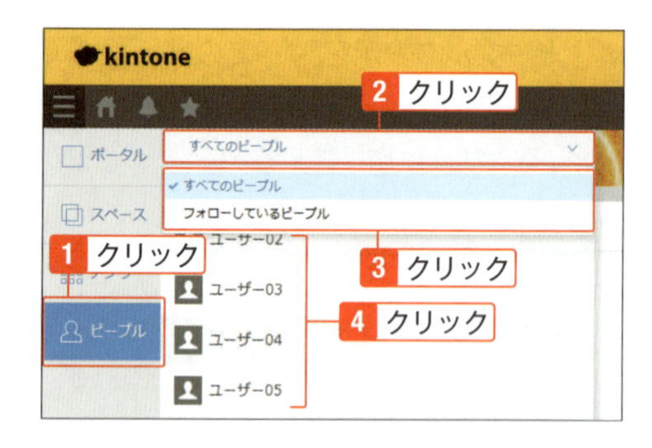

2 選択したピープルの画面で、右端の「個人メッセージ」をクリック後、「メッセージを送る」をクリックして、個人メッセージを送信する。

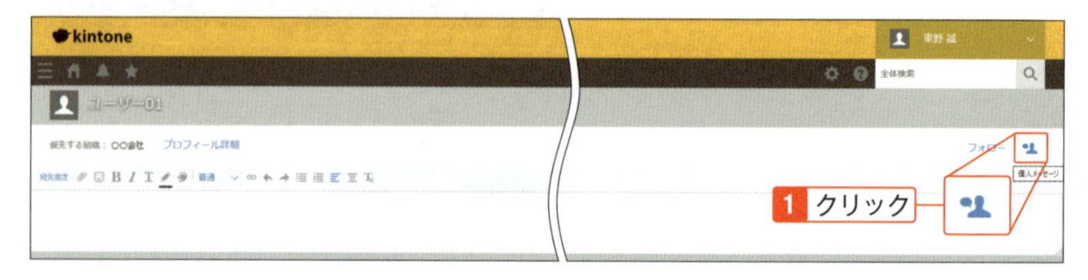

任意のユーザーをフォローする

任意のユーザーが更新した情報を受け取りたい場合にフォローします。フォローすると、情報が更新された場合に通知が届くようになります。

1 ピープルの表示を「すべてのピープル」に切り替え、任意のピープルをクリック。

2 選択したピープルの画面で右側の「フォロー」をクリックすると、フォローした人が情報を更新した場合に通知が届く。

Hint

フォローすると

ピープルのユーザーを絞り込む「フォローしているピープル」項目に、フォローしたユーザーが表示されるようになります。

スペースのスレッドに投稿する

話題ごとのスレッドにみんなで投稿。効率良くコミュニケーションできる

スペース内に参加したユーザーでコメントのやりとりがスレッド単位でできます。コメントはメンションを組み合わせることで、コミュニケーションの途中でも必要なタイミングで他の方がディスカッションに加わったり、ファイルを送信する際もメンションを付けることで登録や更新に気づきやすくなります。

スレッド画面でコメントを投稿、返信する

話す内容を決めてスレッドを立ち上げることでコミュニケーションが明確になり、ゴールまで最短距離でやりとりができます。スペースに入ることができる人はスレッドを制限なく見られます。

スレッドを制限するには、スペースに入れる人を制限します。

1 表示するスレッドがあるスペースをクリック。

2 表示するスレッドをクリック。

3 スレッド画面でコメントを投稿する場合は、任意のユーザーや組織にメンションを加え、コメントを入力後、「書き込む」をクリック。メンションしたユーザーにコメントが届く。

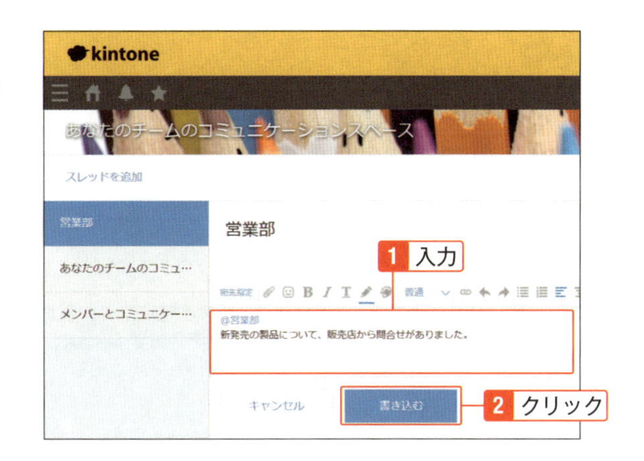

Check

スレッドは目的に合わせて作成するもの

スレッド作成については「04-08 スレッドを作成する」を参照してください。

Hint

スレッドに新着コメントが追加されたと通知されたら

「コメントの入力中に他のユーザーによって新しいコメントが追加されました。」の通知をクリックすると、コメント欄を更新して他のユーザーのコメントを表示します。

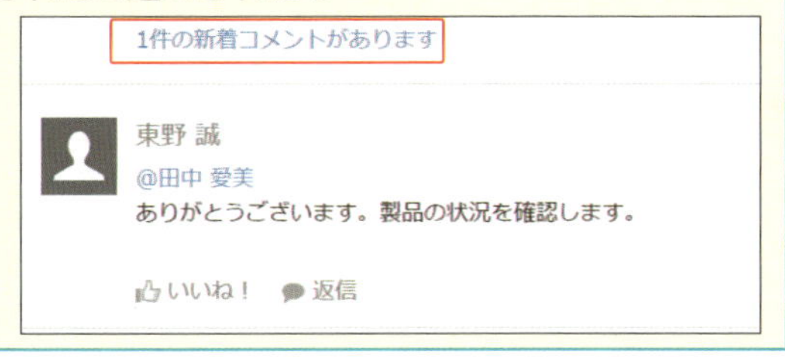

Hint

コメントの運用

一度書き込んだコメントは、あとから編集できません。書き直す場合はコメントを一度削除します。

スレッドの利用ルールを決めるとコミュニケーションがスムーズになることがあります。「いいね！」を付けたらスレッドを読んだことにする」「目的に合わせたスレッドにコメントを書く」など、利用ルールだけのスレッドを立ち上げておくのも良いでしょう。

スレッド欄のコメントにいいねする

書き込まれたコメントに「いいね！」［いいね！］をクリックすると、そのコメントに対して肯定的な意思を示すことができます。また、そのコメントを読んだことを伝える目的としても使用できます。

1 コメントに「いいね！」をクリック。「いいね！」は、コメントのすぐ下に表示される。

Check

「いいね！」について

「いいね！」をクリックすると、コメントを書き込んだユーザーに通知が送信されます。「いいね！」を別の言葉に変更することはできません。

Check

スレッドでできる機能

- **返信、全員に返信**

「返信」をクリックすると、そのコメントを書き込んだユーザーが宛先に指定された状態で、コメントを返信できます。「全員に返信」をクリックすると、そのコメントを書き込んだユーザー、およびそのコメントの宛先のユーザー・組織・グループが宛先に指定された状態で、コメントを返信できます。

- **アクション**

コメントを、指定したアプリのレコードに転記できる「アクション」機能を利用できます。ゲストスペースでは、スレッドアクションは利用できません。アクションについては、「08-05 スレッドを利用する」を参照してください。

- **リンク**

「リンク」をクリックすると、選んだスレッドへのリンクが表示されます。反転された文字をコピーし、任意のコメントでペーストするとリンクを貼り付けられます。

- **削除**

「×削除」、「削除する」とクリックすると、そのコメントが削除されます。

04-07 スレッドをフォローする

スレッドの更新情報を受け取るように設定できる

任意のスレッドをフォローしておくと、スレッドを更新すると自分に通知が届きます。また、自分のアカウントがメンションされるとフォローしていなくても通知が届きます。

任意のスレッドをフォローする

任意のスレッドで更新した情報（個別メッセージを除く）をすべて受け取りたい場合にフォローします。フォローを外すとメンションで届けられる情報が届くようになります。

1 フォローするスレッドがあるスペースをクリック。

2 フォローするスレッドをクリック。

3 「フォロー」をクリックすると、スレッドで情報を更新した場合に通知が届く。

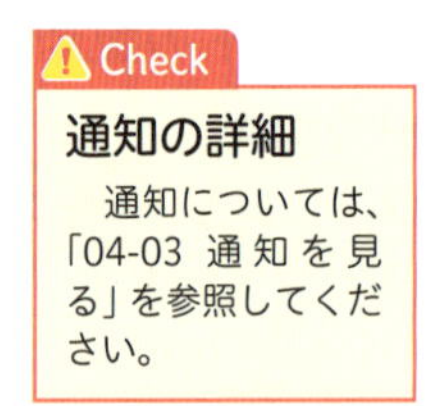

通知の詳細

通知については、「04-03 通知を見る」を参照してください。

スレッド名やサイドパネルを隠す、または表示する

任意のスレッドで入力や閲覧をする場合、スレッド名やサイドパネルを隠すことができます。

1 スレッド名やサイドパネルを隠したいスレッドがあるスペースをクリックし、スレッドを選択して表示。

2 「サイドパネルを非表示する」または「サイドパネルを表示にする」をクリック。サイドパネルが非表示または表示になる（ここでは例としてサイドパネルを非表示にする）。

04-08

スレッドを作成する

目的別や場面別、メンバー別など、目的に合わせてスレッドを作成する

組織内のコミュニケーションをスムーズに進めるために、スレッドを作成できます。目的別にスレッドを作成するとコミュニケーションが散漫になりにくく、課題が解決しやすくなります。また、目的別のスレッドと共に話の内容を限定しない、気軽に書き込めるスレッドも併用すると新たなコミュニケーションが生み出す場になるかも知れません。

スレッドを作成する

スレッドを任意に作成します。

1 スレッドを追加するスペースをクリックし、スレッドを選択して表示。

2 「スレッドを追加」をクリック。

Check

スレッドが追加できないスペース

スペースの設定で「スペースのポータルと複数のスレッドを使用する」にチェックが付いていないスペースでは、スレッドを追加できません。「08-01 スペースを作成する」を参照してください。

3 「スレッドのタイトル」を入力し、「スレッドを作成」をクリック。入力したスレッドのタイトルでスレッドが作成される。

スレッド数に制限はありませんが多すぎると探せなくなるものなので、番号を付けたり、共通のキーワードを入力すると使いやすくなります。

Check

スレッドの基礎情報を入力する

必要に応じて作成時に本文を入力したり、アプリやリンクを設定します。

Check

スレッドの通知

スレッドの作成を「自分宛」通知で送信するには、「スレッドの作成をスペース参加メンバーに「自分宛」で通知する」にチェックを付けます。

このチェックを付けずにスレッドを作成すると、スレッド作成の通知は「すべて」通知として送信されます。

Hint

スレッドの編集

「スレッド本文の編集」や「スレッドの削除」は、スレッドを作成したユーザーと、スペース管理者が操作できます。

Chapter

05

アプリを作る

kintoneでは、さまざまな方法でアプリを簡単に作成できます。サンプルアプリを選んで作成したり、ExcelやCSVファイルを読み込んでアプリを作成したり、はじめからアプリを作成したりできます。アプリ名やアプリアイコン、フィールドなども自由に設定できます。この章では、アプリの作成方法を解説します。

05-01

アプリを作成する方法

アプリをさまざまな方法ですぐに作成できる

会社や部署などでの業務をスムーズに進めるために、業務に合わせてアプリを作成できます。サンプルアプリやExcelファイルをもとにアプリを作成したり、何もないところからフィールドを配置してアプリを作成できます。

業務で使うアプリの作成例

●データの一元管理

これまでファイルにバラバラで管理していたデータも、kintone1つにデータを集約できます。kintoneなら、用途別にアプリを作成し、作成したアプリ同士のデータの参照や関連づけができます。

例：

- 社員名簿
- ファイル管理
- 顧客管理
- 日報
- 案件管理
- FAQ

●進捗管理・ワークフロー

ワークフローを使ってレコードごとに、今どの工程で誰が担当になっているかを進捗管理できます。

例：

- 交通費申請
- タイムカード
- タスク管理

●集計・レポート

アプリに蓄積したデータを集計すると、状況が見える化できて分析がしやすくなります。

例：

- 受注管理
- 売上管理
- アンケート

ポータルやスペースにアプリを追加

アプリは、kintoneのポータルまたはスペース内に追加できます。ここではポータルに追加する方法を説明しますが、業務で利用するときは、業務のためのスペースを作成し、そのスペース内にアプリを追加するといいでしょう（※スペースの作成については、Chapter08を参照）。アプリの作成は、kintoneアプリストアから行います。kintoneアプリストアでは、すぐに使える無料のアプリを入手できます。パーツを組み合わせて新しくアプリを作成することもできます。

Hint

kintoneの30日間無料お試し

kintoneは、30日間の無料試用版があります。試用期間中は、kintoneスタンダードコースのすべての機能を利用できます。この章以降は、30日間の無料試用版など自分でアプリやスペースを作成できる環境でお試しください。30日間の無料試用版の取得については、「09-02 お試しを申し込む」を参照してください。

アプリを作成する

1 ポータルで「アプリ」の[+]（アプリを作成する）をクリック（スペースの「アプリ」の[+]（スペース内アプリを作成）をクリックしても同様）。kintoneアプリストアが表示される。

Check

アプリの[+]アイコンが表示されず、アプリを作成できない場合

アプリの作成権限がないと、アプリの[+]アイコンが表示されず、アプリを作成できません。管理者がポータルやスペースでのアプリの作成を制限していて、アプリの[+]アイコンが表示さないこともあります。本書のデモ環境では、デモユーザーはアプリの作成権限がなく、アプリを作成できません。本書を参考にアプリの作成をする場合は、30日間試用版など自分がアプリを作成できる環境で、操作をしましょう。

kintoneアプリストア

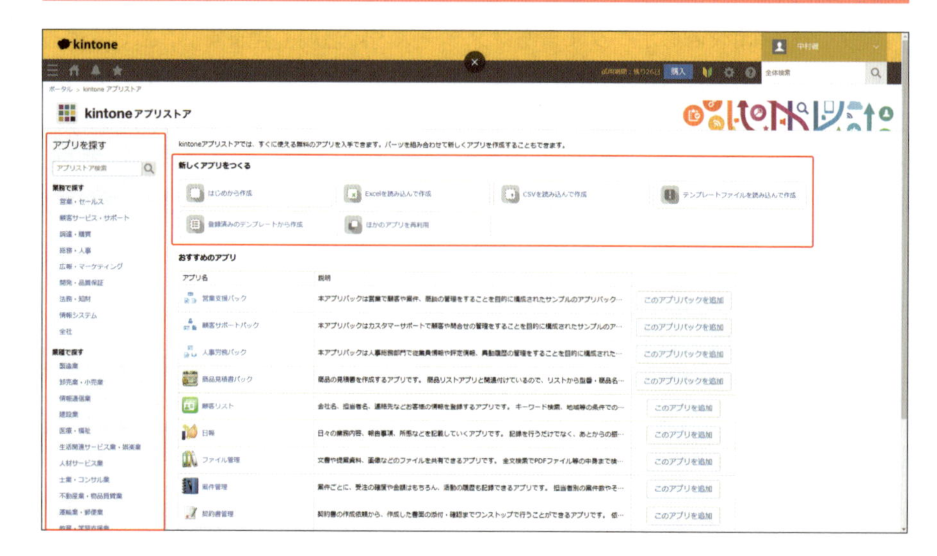

●「アプリを探す」

左パネル、または「おすすめのアプリ」欄からサンプルアプリを探して、アプリを追加できます。「05-02 サンプルアプリを選んで作成」を参照してください。画面左上の「アプリストア検索」に任意の文字を入力してアプリを探すこともできます。

●「新しくアプリをつくる」

業務に合わせて自由にアプリを作成できます。「05-03 データを読み込んでアプリを作成」、「05-04 はじめから作成」、「05-05 ほかのアプリをもとに作成」を参照してください。

Hint

アプリを作成するコツ

kintoneはアプリをすぐに作成できます。自由度の高い業務アプリを構築できますが、ある程度大きな業務システムの構築においてkintoneをうまく活用するためには、「自由になんでもあり」ではなく「コツ」があります。この「経験者が持つコツ」を44のパターンとそれに紐づくパターン実践ガイドとしてまとめたものがkintone SIGNPOST（キントーンサインポスト）です。SIGNPOSTとは「道しるべ」を意味します。「kintoneで継続的な業務改善をするための道しるべ」であるkintone SIGNPOSTで、アプリを作成するコツをつかみましょう。

kintone SIGNPOSTは、https://kintone.cybozu.co.jp/kintone-signpost/ から表示できます。

05-02

サンプルアプリを選んで作成

そのまま使えるサンプルアプリを追加する

kintoneには、さまざまな目的ですぐに使えるサンプルアプリが、アプリストアに100種類以上用意されています。サンプルアプリを追加してそのまま使うことも、項目や設定を変更して使うこともできます。ここでは例えば、日常業務で使えそうなサンプルアプリをさがして、追加して、使ってみましょう。

サンプルアプリを追加する

ここでは、サンプルアプリの「日報」を追加してみましょう。文章だけでなく、写真や資料のファイルを添付するなどできめ細やかな正確な日常業務の情報を会議などで提出できます。また相談や質問などの連絡を、日報を書いた当日のデータと紐付けてやりとりができます。

1 ポータルまたはスペースの「アプリ」の＋をクリックして、kintoneアプリストアを表示。アプリストアの「おすすめのアプリ」欄で、「日報」の「このアプリを追加」をクリックし、「追加」をクリック。

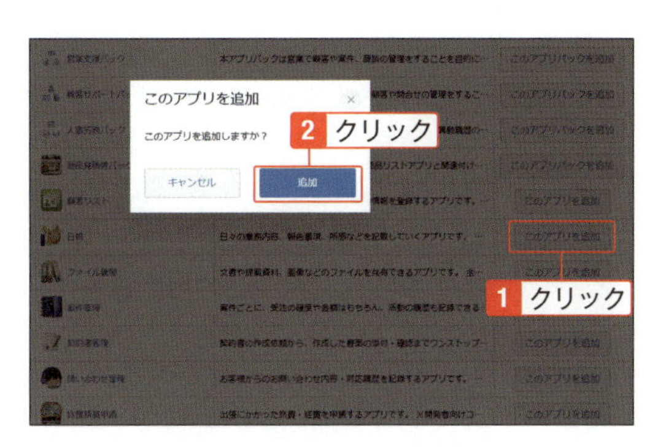

2 「日報」アプリが追加される。アプリの「日報」をクリックすると、「日報」アプリが表示される。

Hint

アプリストアでのサンプルアプリの探し方

はじめは「おすすめのアプリ」に表示されているサンプルアプリや、アプリパックを追加してみましょう。サンプルデータが用意されているものもあります。自分の業務にあったアプリを探すには、左側の「業務で探す」や「業種で探す」を利用しましょう。該当する業務や業種をクリックすると、該当するアプリが表示されます。画面左上の「アプリストアを検索」から任意の文字を入力して検索することもできます。例えば「顧客」と入力して検索し、顧客のデータを管理するアプリにはどのようなサンプルアプリがあるかを確認してみましょう。顧客についての情報を共有することは重要ですから、顧客を管理するアプリは、効果を実感しやすいでしょう。自分の業務に関連するキーワードを入力して検索してみてもいいでしょう。

サンプルのアプリパックを追加する

アプリストアには、サンプルの複数のアプリをまとめたアプリパックが用意されています。ここでは「営業支援パック」を追加してみましょう。営業で顧客や案件、商談の管理を目的に構成されたサンプルのアプリパックで、3つのアプリで構成されています。それぞれのアプリはアプリ間を連携する機能が設定されています。アプリやアプリパックを追加する前に、その名称をクリックして、内容を確認することができます。

1 ポータルまたはスペースの「アプリ」の[+]をクリックして、kintoneアプリストアを表示。「おすすめのアプリ」欄の「営業支援パック」をクリック。

2 「営業支援パック」の説明やスクリーンショットを確認できる。「このアプリパックを追加」をクリックして、「追加」をクリック。サンプルデータが不要な場合は、「サンプルデータを含める」のチェックをはずしてから追加する。

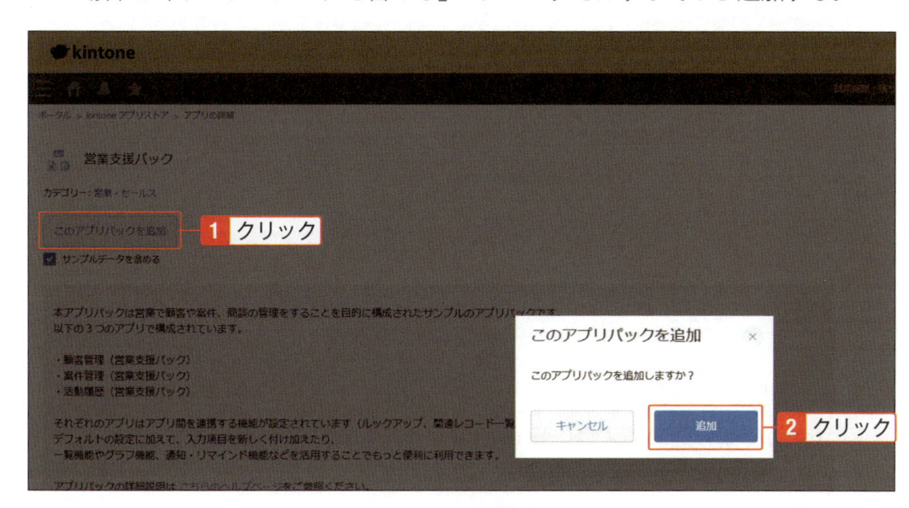

3 「顧客管理（営業支援パック）」「案件管理（営業支援パック）」「活動履歴（営業支援パック）」の3つのアプリが追加される。それぞれのアプリをクリックすると、利用できる。

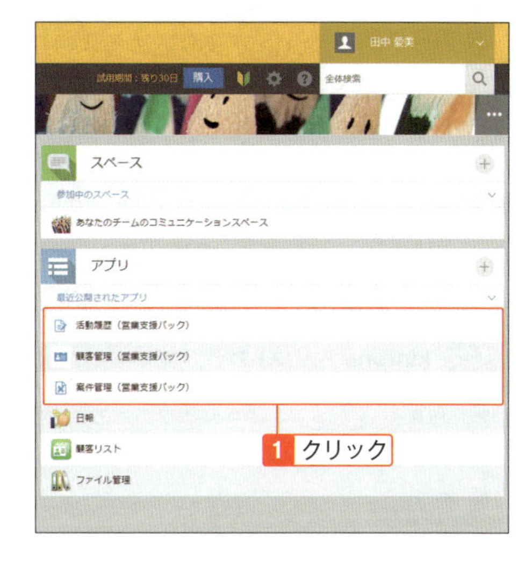

Check

追加したアプリが不要なら削除する

アプリは、アプリ数の上限（スタンダードコースの場合は1,000個）まで自由に追加できますが、利用しないアプリは削除しましょう。アプリの削除については、「07-11 アプリの削除」を参照してください。

Hint

追加したアプリを変更する

サンプルアプリを、業務に合わせてより使いやすくなるように変更できます。追加したアプリを開いて、右上の歯車の形の「アプリの設定を変更する」アイコンをクリックして、アプリの設定画面を表示して、アプリを修正できます。アプリの設定や修正については、「05-06 アプリ名やアプリアイコンを設定」以降の内容を参照してください。

05-03

データを読み込んでアプリを作成

ExcelやCSVファイルからデータの読み込みと同時にアプリを作成

手元にあるExcelやCSVのファイルを元に、アプリを作成できます。アプリの作成と同時にファイル内のデータをアプリに追加できます。ExcelやCSVのデータを、アプリに移行することができ便利です。

Excelファイルを読み込んで新しいアプリを作成

Excelファイルからアプリを作成する流れは、下記の通りです。

❶ **業務で利用しているExcelファイルやそのコピーファイルを手元に用意する**
❷ **kintoneで読み込めるようにExcelファイルを整形し、保存する**
❸ **ウィザードに従って、ファイルを読み込む**

あらかじめkintoneで読み込めるようにExcelファイルを整形しておくことと、ファイルを読み込むときに適切なフィールドタイプを選択することがポイントです。

1 ポータルまたはスペースの「アプリ」の[+]をクリックして、kintoneアプリストアを表示。「Excelを読み込んで作成」をクリック。

2 「作成を開始する」をクリック。

3 「Excelファイルを開いて、内容を整形してください。」の各項目に従い、Excelファイルを整形し保存する。「すべてにチェックを入れる」をクリック。「アップロードへ進む」をクリック。

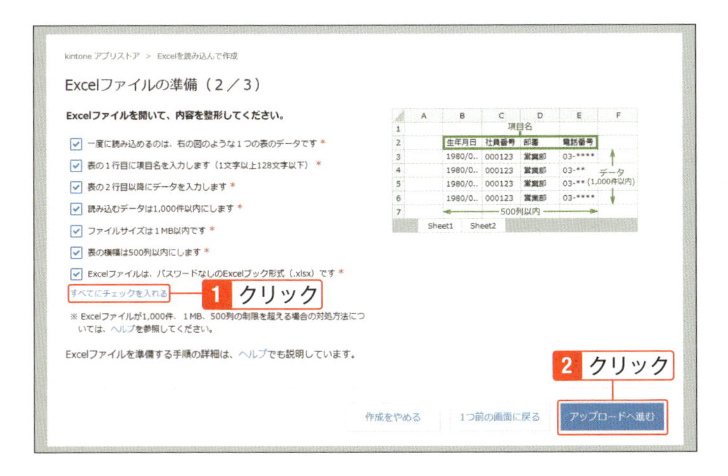

4 「参照」をクリックしてファイルを選択する。ここでは例として、教材の「[サンプル]案件管理.xlsx」を選択。

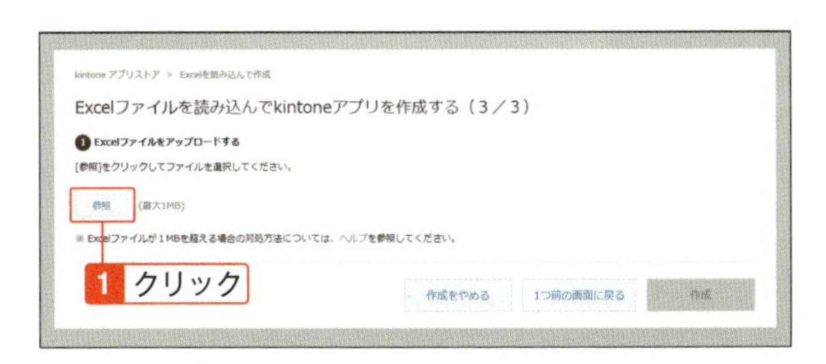

5 「❸ アプリの作成を開始する」の「フィールド名(項目名)」に応じて「フィールドタイプ」を選択する。例えば、「会社名」から「先方担当者」までの項目のフィールドタイプを「文字列(1行)」にする。

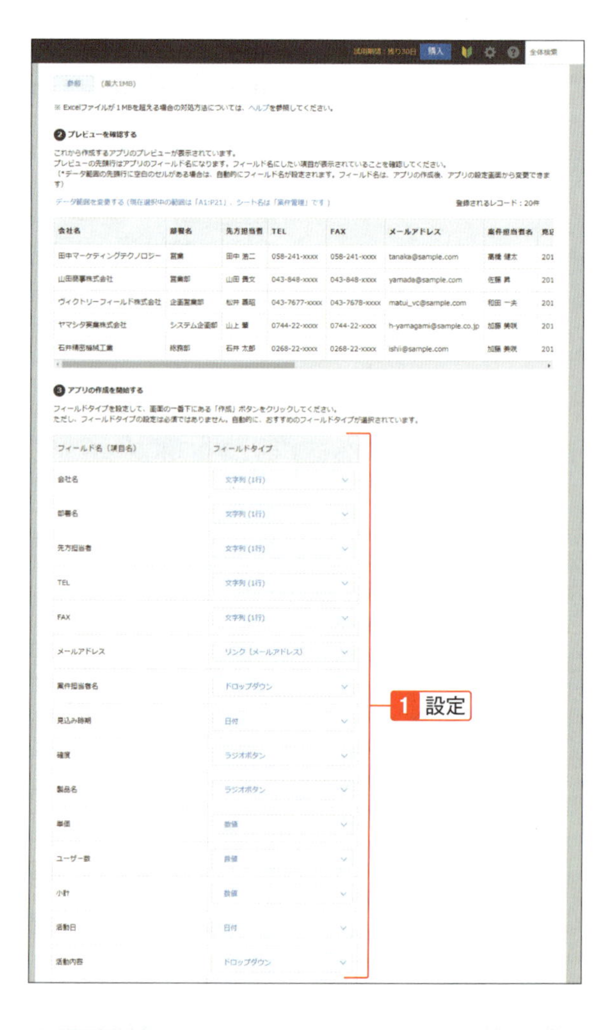

6 画面下部の「作成」をクリックし、「OK」をクリックする。

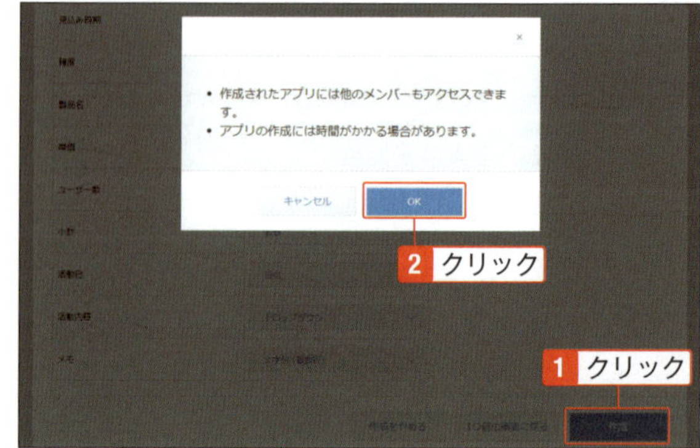

7 アプリが追加された。「レコードの読み込み」の通知が届くので、通知のアイコンをクリックし、表示される通知を既読にする。

Hint

CSVを読み込んでアプリを作成

CSVファイルを読み込んでアプリを作成できます。アプリストアで「CSVを読み込んで作成」をクリックし、画面の指示に従って作成します。Excelファイルのデータが1,000件、あるいは、ファイルサイズが1MBの制限を超える場合は、Excelファイルを読み込んでアプリを作成することができません。CSVファイルでは、10万件、ファイルサイズ100MBまでのデータを読み込んでアプリを作成できます。Excelファイルが制限を超える場合は、CSVファイル形式で保存しなおして、CSVを読み込んでアプリを作成しましょう。

Hint

アプリ名やフォームのレイアウトを変更する

ファイルを読み込んでアプリを作成すると、読み込んだファイル名がそのままアプリ名になります。また、レコード追加画面やレコード詳細画面でのフィールドは読み込んだファイルの列の順に縦に1列に並んで表示されます。フィールドの順番を変更したり横に並べたりして、使いやすくしましょう。追加したアプリを開いて、右上の歯車の形の「アプリの設定を変更する」アイコンをクリックして、アプリの設定画面を表示して、アプリを修正できます。アプリの設定や修正については、「05-06 アプリ名やアプリアイコンを設定」以降の内容を参照してください。

Check

あとで「フィールドタイプ」を変更したい場合

アプリを作成した後で、フィールドのデータを残したままでフィールドタイプを変更することはできません。フィールドタイプを変更したい場合は、いったんそのフィールドを削除して、別のフィールドタイプの新しいフィールドを追加します。ただ、フィールドを削除すると、そのフィールドのデータも削除されるため、追加した新しいフィールドのデータは空になるため、再度データを読み込む手間がかかります。読み込み時に適切なフィールドタイプを選択するように気をつけましょう。

05-04

はじめから作成

業務に合わせて自由にフィールドを配置してアプリを作成

すぐに使えそうなサンプルアプリがなかったり、元になるExcelデータがなければ、「はじめから作成」を利用しましょう。業務に合わせて、必要な項目をドラッグアンドドロップで追加して簡単にアプリを作れます。

1レコードで管理するデータを決める

自社の業務にあわせて、アプリを自由に作成できます。アプリを作成する前に、そのアプリを利用する業務の流れを確認し、アプリ作成の目的を明確にしておきましょう。そして、データがどのまとまりで1つのレコードになるかを考えます。

例：

- 顧客管理の場合は、1社ずつの顧客情報
- 日報管理の場合は、社員1人の1日分の報告
- 交通費申請の場合は、社員1人の1か月分の交通費

1レコードに管理するデータが決まったら、どのような入力項目が必要かを考えます。

この1レコードの入力項目を、フォーム作成時に1つずつフィールドとして配置します。

アプリをはじめから作成する

アプリをはじめから作成すると、業務に必要なデータに応じたフィールド選択してドラッグアンドドロップで配置できます。例えば、取引先の会社名、住所、電話番号を共有するための「取引先」アプリを作成してみましょう。

1 ポータルまたはスペースの「アプリ」の[+]をクリックして、kintoneアプリストアを表示。「はじめから作成」をクリック。

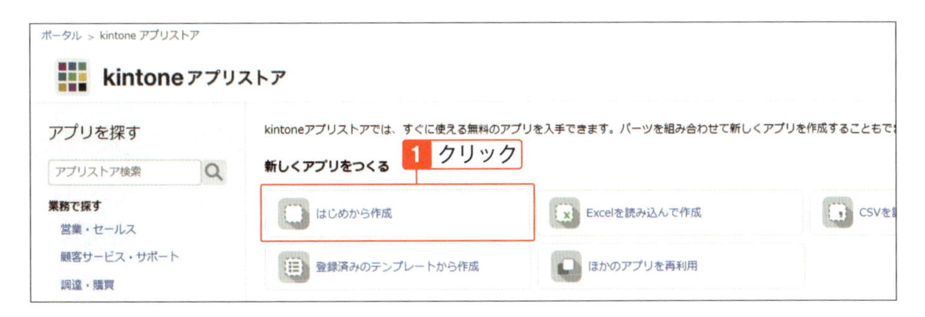

2 新しいアプリの作成画面が表示される。アプリ名の入力欄に「取引先」と入力。

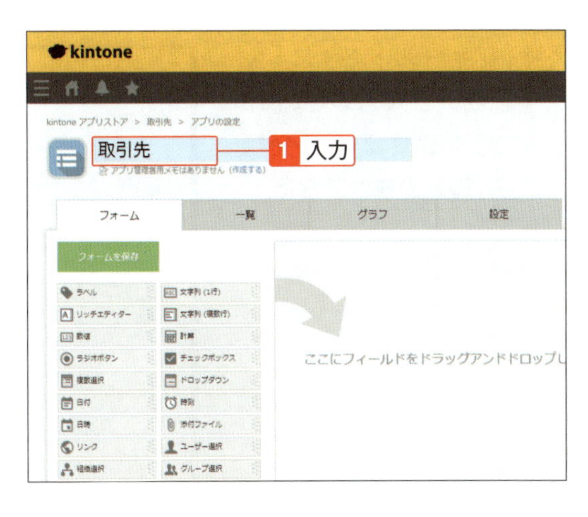

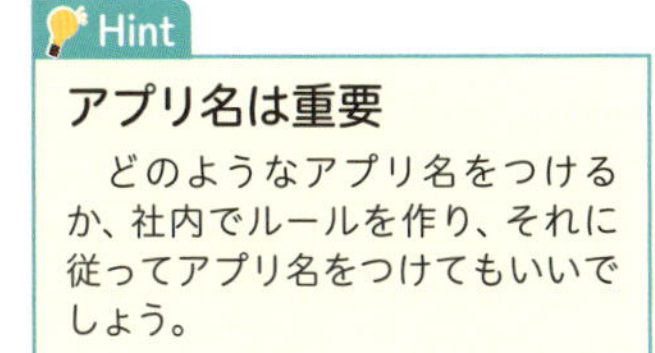

Hint

アプリ名は重要

どのようなアプリ名をつけるか、社内でルールを作り、それに従ってアプリ名をつけてもいいでしょう。

3 画面左側の項目（フィールド）一覧から、まず会社名の入力欄として「文字列（1行）」というフィールドを右側のエリアにドラッグアンドドロップ。

4 配置した文字列（1行）フィールドの右上にマウスポインタをあわせ、表示される「設定」をクリック。

5 「フィールド名」に「会社名」と入力して、「保存」をクリック。「会社名」の入力欄ができた。

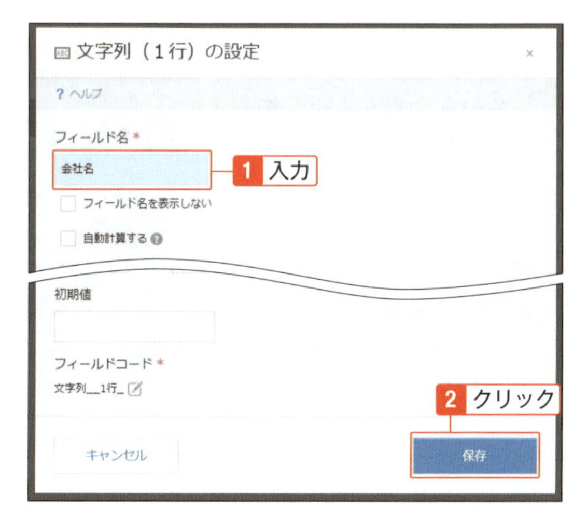

6 手順3~5を繰り返し、2つの文字列(1行) フィールドをドラッグアンドドロップで配置して、フィールド名をそれぞれ「住所」と「電話番号」に設定する。必要に応じて各フィールドの位置や幅をドラッグアンドドロップで調整する。

7 すべての入力欄ができたら、画面左上の「フォームを保存」をクリック。

8 画面右上の「アプリを公開」をクリックし、確認画面で「OK」をクリック。アプリを公開すると、ほかのユーザーも使用できるようになる。

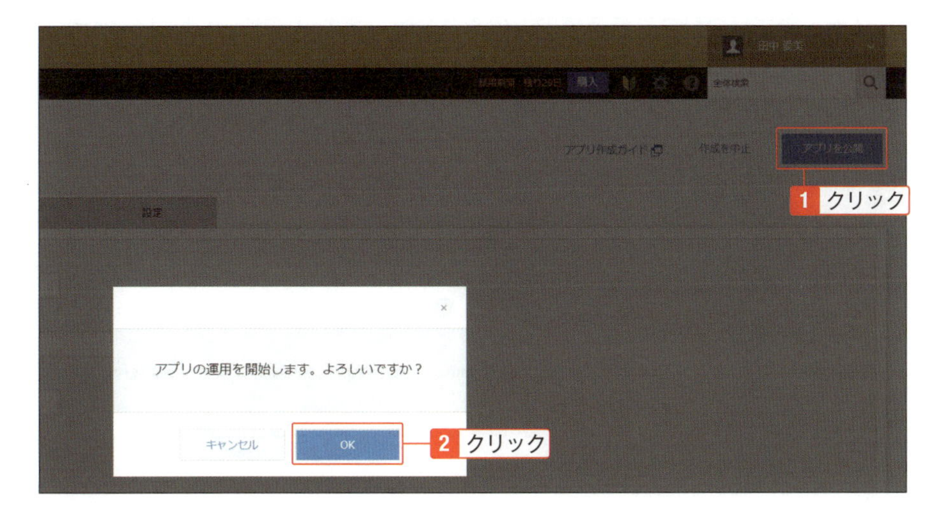

Check

アプリアイコンも設定しよう

アプリアイコンもアプリを区別する上で重要です。アプリアイコンの設定については、「05-06 アプリ名やアプリアイコンを設定」を参照してください。

Check

アプリの作成を中止するには

画面右上の「作成を中止」をクリックして、アプリの作成を中止できます。作成を中止すると、アプリが破棄され、あとからアプリの作成を再開できません。

05-05

ほかのアプリをもとに作成

アプリの設定をコピーして別のアプリを作成

すでにあるアプリの設定をコピーして、別のアプリを作成できます。一つのkintone環境内でアプリをコピーすることも、別のkintoneの環境にアプリを作成することもできます。テスト環境で検証したアプリを本番環境で公開したり、部署ごとに少しずつ異なるアプリを作りたい場合などに、便利です。

ほかのアプリを再利用（アプリのコピー）

作成済みのアプリを再利用して、新しいアプリを作成できます。一つのkintoneの環境の中でアプリをコピーでき、フォームや一覧などの設定が引き継がれるため、1からアプリの設定を行う手間を省くことができます。データはコピーされません。ほかのアプリを再利用して作成するには、コピー元のアプリの管理権限が必要です。アプリの管理権限については、「07-02 アクセス権」を参照してください。

1 ポータルまたはスペースの「アプリ」の＋をクリックして、kintoneアプリストアを表示。「ほかのアプリを再利用」をクリック。

2 再利用するアプリの「アプリを再利用」をクリック。アプリがコピーされる。コピーされたアプリの設定画面に移動し、アプリ名やフォーム設定などの修正が行える。アプリを公開すると、ほかのユーザーも使用できるようになる。

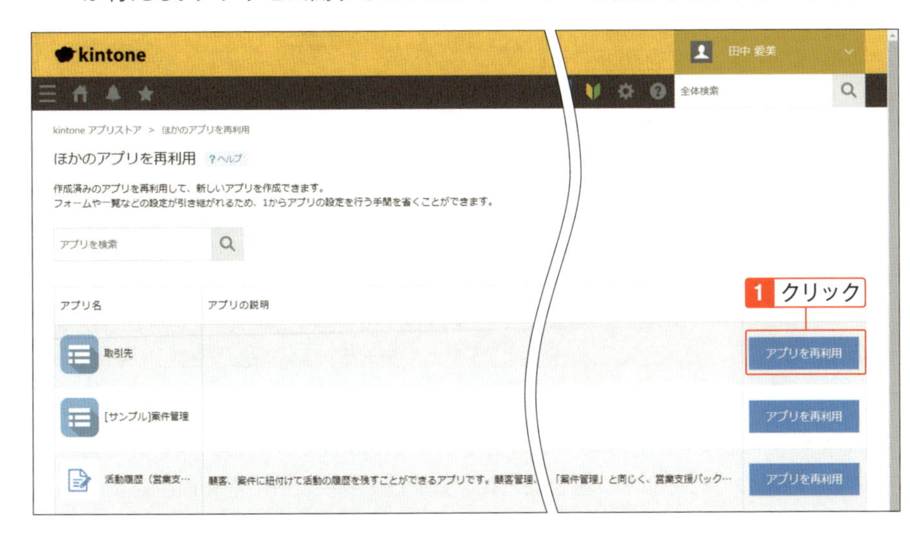

テンプレートファイルを読み込んで作成

kintoneから書き出したアプリのテンプレートファイルを読み込んで、アプリを作成します。別のkintoneの環境にアプリを作成できます。アプリのテンプレートファイルの書き出しについては、「07-10 運用管理」や「10-02 アプリを管理する」を参照してください。

1 ポータルまたはスペースの「アプリ」の＋をクリックして、kintoneアプリストアを表示。「テンプレートファイルを読み込んで作成」をクリック。

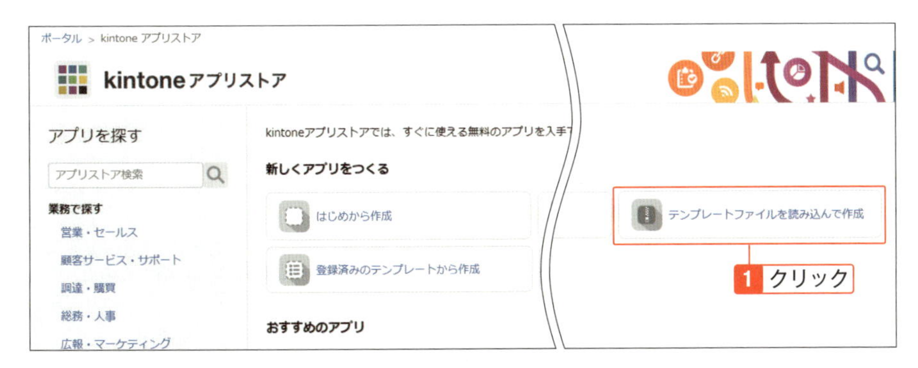

2 「参照」をクリックして、読み込むテンプレートファイルを指定する。例えば、教材の「[サンプル]見積書.zip」を選択する。「アプリを作成」をクリックすると、テンプレートファイルをもとにアプリが作成される。

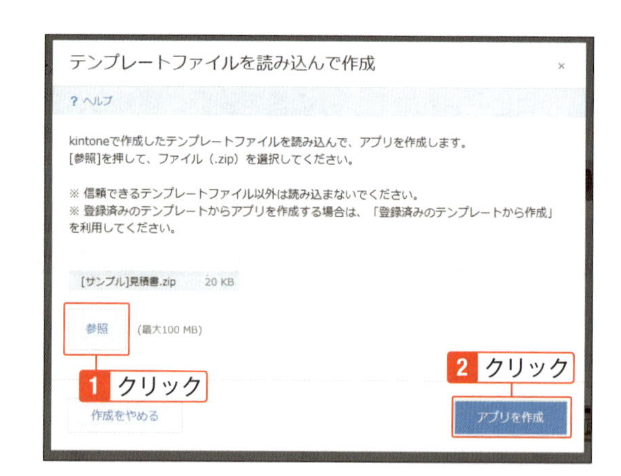

登録済みのテンプレートから作成

kintoneに登録されているアプリテンプレートを元に、新しいアプリを作成できます。たとえば、ひな型となるアプリをもとに、各部署で設定を少しずつ変更してアプリを活用してもらいたい場合などに、アプリテンプレートをkintoneに登録しておくと便利です。「ほかのアプリを再利用」と異なり、アプリの作成権限があれば「登録済みのテンプレートから作成」ができます。

1 ポータルまたはスペースの「アプリ」の[+]をクリックして、kintoneアプリストアを表示。「登録済みのテンプレートから作成」をクリック。

Check

kintoneアプリストアの表示

kintoneシステム管理にアプリテンプレートが登録されていない場合、アプリストアに「登録済みのテンプレートから作成」メニューは表示されません。アプリテンプレートの登録については、「10-02 アプリを管理する」を参照してください。上は、「10-02 アプリを管理する」の「アプリテンプレートの管理」からアプリテンプレートを登録した後の画面です。

2 「アプリを作成」をクリックすると、テンプレートファイルをもとにアプリが作成される。

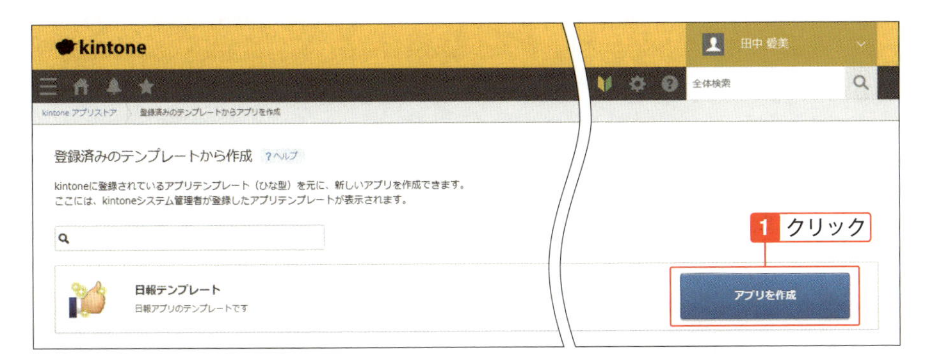

Hint

登録済みのテンプレート

「登録済みのテンプレートから作成」画面に、kintoneシステム管理者が登録したアプリテンプレートが表示されます。

Check

「ほかのアプリを再利用」とテンプレートからの作成の主な違い

「ほかのアプリを再利用」で、ほかのアプリを再利用して作成するには、コピー元のアプリの管理権限が必要ですが、コピー元のアプリの設定のほとんどを引き継いで新しいアプリを作成できます。

「テンプレートファイルを読み込んで作成」と「登録済みのテンプレートから作成」は、テンプレートファイルか登録済みのテンプレートがあれば作成できますが、コピー元のアプリの利用環境固有のユーザー、組織、グループの値やアクセス権など、引き継がれない設定があるので注意が必要です。

05-06

アプリ名やアプリアイコンを設定

わかりやすいアプリ名やアプリアイコンを設定する

同じようなアプリ名が並んでいたり、アプリアイコンが初期値のままだと、アプリの見分けがつきにくいでしょう。アプリの内容に応じたアプリ名やアイコンに変更してみましょう。わかりやすいアプリ名とアイコンを設定すると、パッと見て判断がつきやすいため、目的のアプリが見つけやすくなります。

アプリに名前を付ける

1 ポータルまたはスペースの「アプリ」の＋をクリックして、kintoneアプリストアを表示。「はじめから作成」をクリック。

2 アプリ名をクリックして、名前を入力。例えば、社員情報のアプリなら、「社員」と入力。

Hint

アプリの命名規則

ポータルやスペースの「すべてのアプリ」一覧では、名前順にアプリが表示されます。あらかじめアプリの命名規則（先頭に連番数字や共通文字を設けるなど）を定めておくと、「すべてのアプリ」一覧に表示されるアプリの並び順を整理しやすくなります。また、【利用部署】【利用用途】【利用状況】などをアプリ名に含めるとわかりやすくなります。

アプリアイコンを設定する

アプリアイコンはアプリごとに変えましょう。業務内容から連想されるイメージ画像や、アプリ名の文字をアイコンに入れた画像を設定すると、どんな業務のアプリかがより分かりやすくなります。アイコンはあらかじめ用意されているものから選ぶか、好きなアイコン画像をアップロードして設定します。

1 アプリアイコンをクリック。アイコンを変更できる。

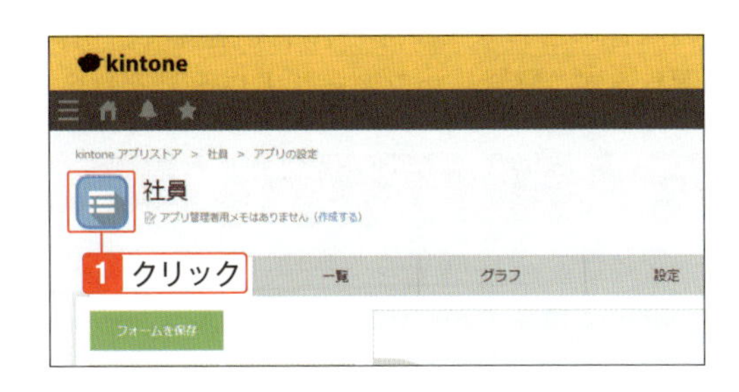

2 あらかじめkintoneに用意されているアイコンから選択するか、「参照」をクリックして任意の画像(png/jpg/gif/bmp)をアップロード。アイコンを変更したあとは、画面右下の「保存」をクリック。

3 アプリアイコンを設定できた。

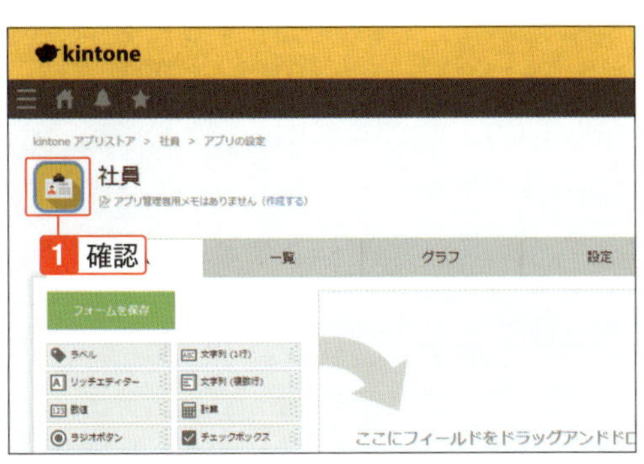

Hint

kintone無料アイコン

kintoneアプリ用のアイコンを無料で配布しているWebサイト「ICONE」では、kintoneで利用可能な業種別アイコンを入手したり、文字入れアイコンを自動で生成したりできます。

05-07

フォームにフィールドを配置する

入力するデータに合うフィールドを選ぶ

レコードを構成する1つ1つの項目を「フィールド」と呼びます。入力するデータの内容に合わせてフィールドを選んで、ドラッグアンドドロップでフォームに配置します。配置したフィールドにそれぞれ名前をつけ、設定します。

フィールドを追加

フォームを作成するときに、まず、1レコードにどのようなデータの項目があるかを考えます。データの項目が決まったら、入力する内容に合わせてフィールドの種類を選びます。フィールド一覧エリア（左側）からフィールドの種類を選択し、フォーム作成エリア（右側）にドラッグして配置します。データの内容に合わせてフィールドを使い分けることで、より業務で使いやすいアプリができます。

1 追加したいフィールドをドラッグして配置。例えば、前ページで作成した「社員」アプリに、文字列（1行）、日付、リンク、添付ファイルの各フィールドを配置。

2 フィールドにマウスポインタを合わせ、表示される「設定」をクリック。

3 フィールドの設定画面で、配置したフィールドごとに名前や設定を変更。「保存」をクリック。例えば、フィールド名を、氏名、入社年月日、メールアドレス、顔写真とする。

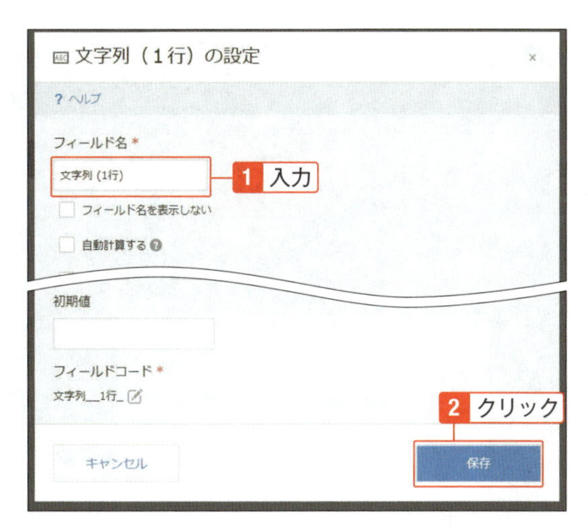

Check

フィールドの設定

表示される設定項目はフィールドのタイプによって異なります。たとえば、「リンク」フィールドでは入力値の種類を選択する必要があります。ここでは「メールアドレス」を選択します。

4 すべての入力欄ができたら、画面左上の「フォームを保存」をクリック。

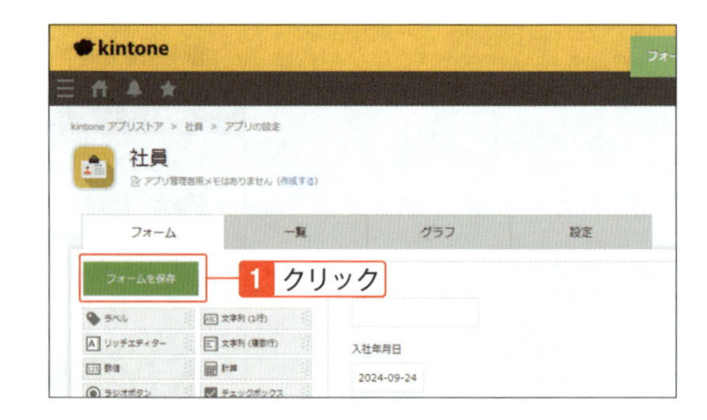

5 画面右上の「アプリを公開」をクリックし、確認画面で「OK」をクリック。アプリを公開すると、ほかのユーザーも使用できるようになる。

Check

不要なフィールドを削除

フォームの設定画面で、削除したいフィールド右上の⚙アイコンから「削除」をクリックでフィールドを削除できます。フィールドを削除すると、登録していたデータごと削除されます。

Hint

フィールドの位置やサイズを変更

フォームの設定画面で、フィールドをドラッグして配置したい場所に移動できます。フィールドの右端をドラッグして幅を変更できます。「文字列（複数行）」フィールドなどは、右下隅をドラッグして幅と高さを変更できます。

入力するデータの種類や目的に合わせたフィールドの例

1行のテキストを入力する場合：

- 文字列（1行）

複数行のテキストを入力する場合：

- 文字列（複数行）
- リッチエディター

数値を入力する場合：

- 数値

日付や時刻を入力する場合：

- 日時
- 日付
- 時刻

数値や日時を計算する場合：

- 計算

選択肢から選ぶ場合：

- ラジオボタン
- チェックボックス
- ドロップダウン
- 複数選択

URL、電話番号、メールアドレスを入力し、リンクを設定する場合：

- リンク

ファイルを添付する場合：

- 添付ファイル

テーブル（表）化する場合：

- テーブル

アプリ間で連携する場合：

- ルックアップ
- 関連レコード一覧

フォームを装飾する場合：

- ラベル
- スペース
- 罫線
- グループ

レコード情報を表示する場合：

- レコード番号
- 作成者
- 作成日時
- 更新者
- 更新日時

05-08

文字や数値のフィールド

文字列(1行)、文字列(複数行)、リッチエディター、数値、計算を利用

文字の入力は、その内容に応じて、文字列(1行)、文字列(複数行)、リッチエディターからフィールドを選択します。数値の入力は、数値フィールドを利用します。数値を元にした計算は計算フィールドを利用します。入力、表示する内容に適したフィールドを設定して利用しましょう。

1行の文字を入力する「文字列(1行)」

「文字列(1行)」フィールドは、文字を1行で入力する項目や、計算結果を文字で表示したい項目で使用します。たとえば、取引先アプリで会社名や住所など、文字を1行で入力するときに使用します。

また、計算結果が文字になるような計算式を設定したい場合にも使用します。たとえば、文字を結合する計算式を入力して、結合結果を表示する時に使用します。

1 「文字列(1行)」フィールドの設定画面を表示。

▼「文字列（1行）」フィールドの設定

フィールド名	フィールドの見出しを指定する
フィールド名を表示しない	「フィールド名を表示しない」にチェックを付けると、レコードの追加・編集・詳細画面で、フィールド名が表示されなくなる
自動計算する	「自動計算する」にチェックを付けると、計算式を設定できる（計算式については「06-05 日付や文字列を計算する」を参照）
必須項目にする	「必須項目にする」にチェックを付けると、そのフィールドへの入力が必須になる必須項目のフィールド名には、赤いアスタリスク(*)が表示される
値の重複を禁止する	「値の重複を禁止する」にチェックを付けると、他のレコードでそのフィールドに入力されている値と同じ場合にエラーになる。また、フィールドに入力できる。最大文字数が64文字になる
文字数	最小や最大の文字数を指定できる。指定した文字数を超える文字を入力すると、レコード保存時にエラーが表示される
初期値	入力項目の初期値を指定できる
フィールドコード	計算式やAPIで、このフィールドを指定するときに使用する。設定されているフィールドコードの初期値を変更できる

2 「文字列（1行）」フィールドの入力画面を表示。

複数行の文字を入力する「文字列（複数行）」

「文字列（複数行）」フィールドには、複数行の文字を入力できます。フィールド内で改行して入力できるため、入力内容が多い項目での利用に向いています。たとえば、日報アプリで報告内容を記入するための入力欄として使用します。

1 「文字列（複数行）」フィールドの設定画面を表示。

Hint

サイズを設定

「文字列（複数行）」フィールドや「リッチエディター」フィールドでは、入力欄の右端をドラッグして幅を変更できるだけでなく、下端をドラッグして高さも広げられます。

2 「文字列（複数行）」フィールドの入力画面を表示。

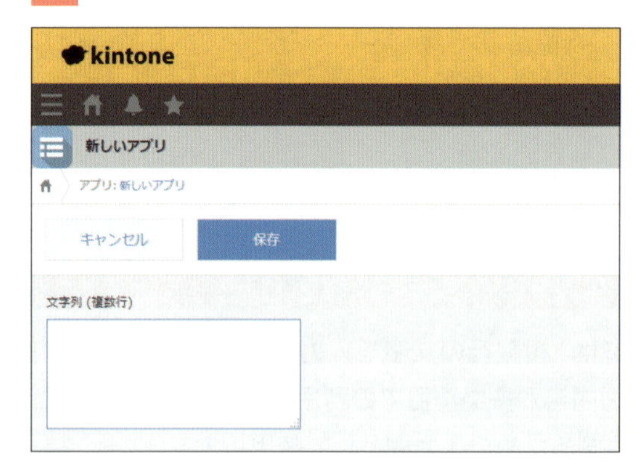

Hint

入力中にサイズを変更

入力中に欄の右下隅をドラッグして入力欄のサイズを変更できます。

書式設定をした文字を入力する「リッチエディター」

「リッチエディター」フィールドには、文字の入力と書式設定ができます。文字色、背景色、文字サイズの変更や、下線や箇条書きの設定などができます。たとえば、見出しをつけて強調したい場合や、箇条書きを使用したい場合に使用します。

1 「リッチエディター」フィールドの設定画面を表示。

リッチエディターの設定
? ヘルプ
フィールド名 *
リッチエディター
フィールド名を表示しない
必須項目にする
初期値
普通
フィールドコード *
リッチエディター
キャンセル
保存

2 「リッチエディター」フィールドの入力画面を表示。

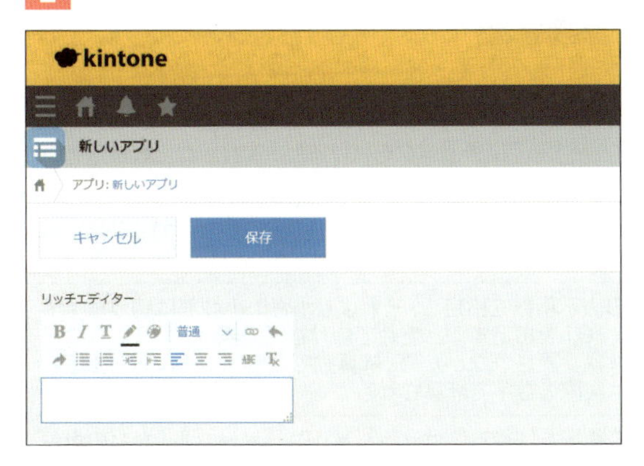

数値を入力する「数値」

「数値」フィールドには、数値を入力できます。数値以外は入力できません。数値をカンマ（,）区切りで表示したり、「¥（円）」マークなどの単位記号を設定したりできます。たとえば、単価や数量などの数値を入力するときに使用します。

1 「数値」フィールドの設定画面を表示（以下の表を参照）。

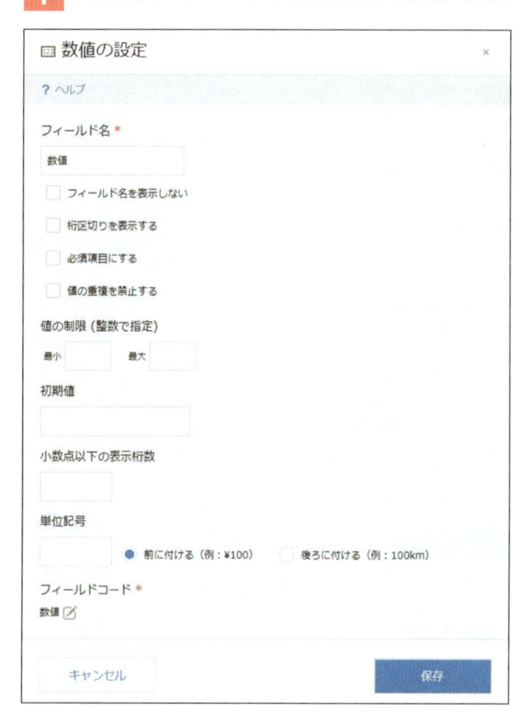

▼「数値」フィールドの設定

桁区切りを表示する	「桁区切りを表示する」にチェックを付けると、入力された数値がカンマ（,）区切りで表示される
値の制限	最小値や最大値を指定できる。指定した値を超えて入力すると、レコード保存時にエラーが表示される
小数点以下の表示桁数	小数点以下の表示桁数を指定し、それより小さい小数部は切り捨てて表示される。「0」を指定すると整数で切り捨てて表示される。レコードの数値自体は変更されないため、計算式で数値フィールドを指定している場合は実際の数字で計算される
単位記号	フィールドの前または後ろに付ける、「¥（円）」「メートル」などの単位記号を指定する

2 「数値」フィールドの入力画面を表示。

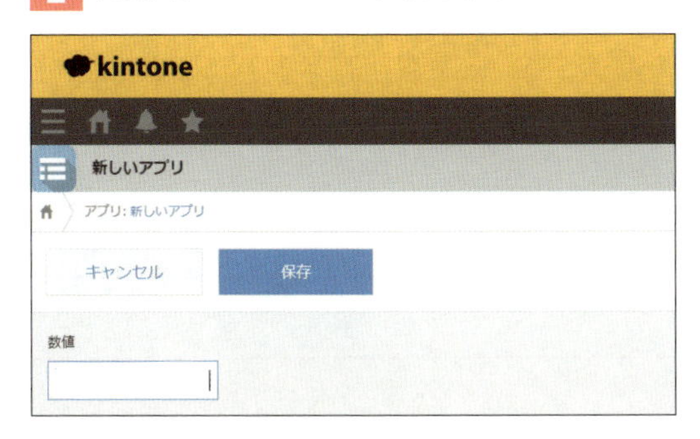

計算結果を表示する「計算」

「計算」フィールドは、掛け算や合計など、数値を計算するときに使用します。たとえば、単価と数量を掛けて金額を計算するときに使用します。自動で計算されるので、入力の負担を減らし、計算ミスも防げます。

1 「計算」フィールドの設定画面を表示。

⚠ Check

表示形式

計算結果の表示形式を選択します。

⚠ Check

計算式

計算したいフィールドのフィールドコードを使って計算式を指定します。計算式については、「06-04 数値を計算する」を参照してください。

⚠ Check

計算式を表示しない

「計算式を表示しない」にチェックを付けると、レコードの追加・編集画面で、計算式が表示されなくなります。

2 「計算」フィールドが配置されたレコード詳細画面を表示。

⚠ Check

計算結果が数値になるかどうか

計算結果が数値になる場合に「計算」フィールドを利用します。計算結果が文字列になる場合は、「文字列（1行）」フィールドを利用します。「文字列（1行）」フィールドの「自動計算する」にチェックを付けて、計算式を設定します。

05-09

選択肢のフィールド

ラジオボタン、ドロップダウン、チェックボックス、複数選択を利用

選択肢から選ぶフィールドを利用できます。あらかじめ決まった項目の中から選べるので、入力の負担が軽減します。入力ミスや変換ミスが無くなり、後からの集計もしやすくなります。選択肢から1つだけ選ぶときは、ラジオボタンまたはドロップダウンを設定します。選択肢から複数選ぶときは、チェックボックスまたは複数選択を設定します。

必ずどれか1つを選択する「ラジオボタン」

「ラジオボタン」フィールドは、選択肢の中からどれか1つを選ぶ必要があり、かつ項目をすべて画面上に表示させたいときに利用します。たとえば、ToDoアプリで優先度を「A」「B」「C」から選ぶときに使用します。

1 「ラジオボタン」フィールドの設定画面を表示。

◉ ラジオボタンの設定 ×
? ヘルプ
フィールド名 *
ラジオボタン
フィールド名を表示しない
項目と順番
sample1
sample2
並び
横 縦
初期値
sample1
フィールドコード *
ラジオボタン
キャンセル 保存

Check

項目と順番

選択肢の項目名を入力します。左側にある矢印アイコンをドラッグして項目の順番を変更できます。

Hint

複数の項目をまとめて追加

項目ごとに改行した文字をコピーして、「項目と順番」の入力欄にペーストすると、複数の項目をまとめて追加できます。

Check

並び

項目の並ぶ方向を「横」か「縦」で指定します。モバイル版の画面では、項目は縦並びで表示されます。

2 「ラジオボタン」フィールドの入力画面を表示（並びが「横」の場合）。

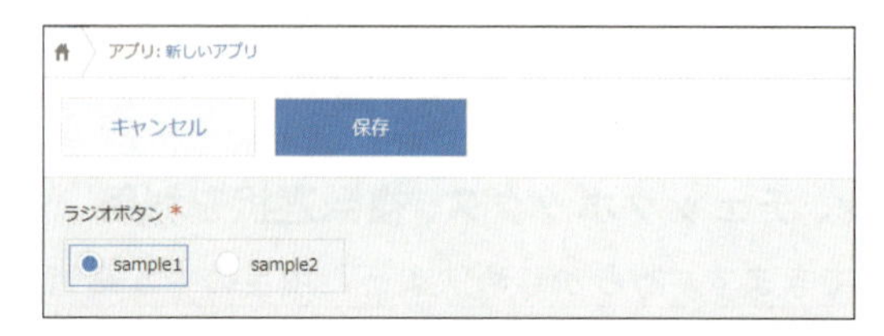

どれか1つを選択する「ドロップダウン」

「ドロップダウン」フィールドは、選択肢の中からどれか1つを選びます。何も選ばないこともできます。たとえば、見積アプリで「商品名」を1つ選ぶときに使用します。

1 「ドロップダウン」フィールドの設定画面を表示。

> **Hint**
> **選択肢が多い場合に省スペース**
> レコード追加または編集画面では、ドロップダウンリストは閉じた状態で表示されます。クリックすると選択肢の項目が表示され、その中から選択肢を1つ選べます。選択肢が多くてもフィールドを小さく表示させたい場合に便利です。

2 「ドロップダウン」フィールドの入力画面を表示。

チェックを付けて選ぶ「チェックボックス」

「チェックボックス」フィールドは、表示されている選択肢にチェックを付けて複数選べます。たとえば、アンケートアプリで、理由を複数選択してもらいたいときに使用します。

1 「チェックボックス」フィールドの設定画面を表示。

Hint

選択肢を1つだけ設定

選択肢を1つだけ設定して、その項目に当てはまっているかどうかをチェックするためのフィールドとして使う方法もあります。たとえば、ToDoアプリで、完了済かどうかをチェックするときに使用します。

2 「チェックボックス」フィールドの入力画面を表示。

クリックして選ぶ「複数選択」

「複数選択」フィールドは、表示されている選択肢をクリックして複数選べます。

1 「複数選択」フィールドの設定画面を表示。

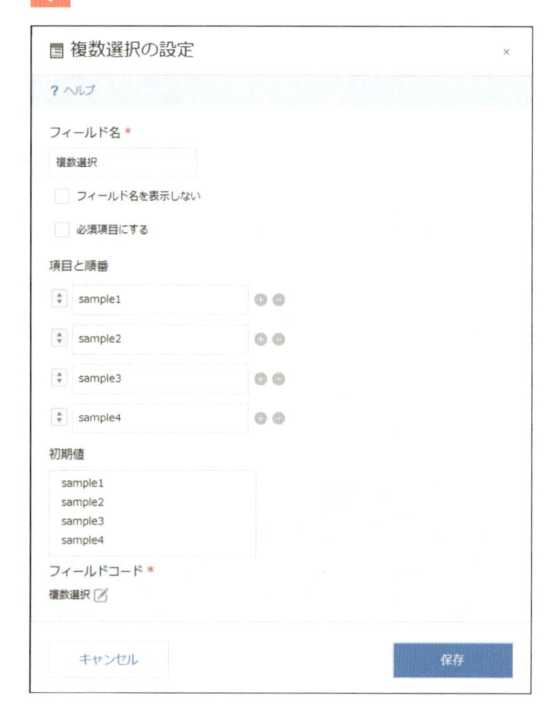

Hint

選択肢が多い場合に省スペース

レコード追加または編集画面では、選択肢の項目は縦に並びます。項目が多い場合はスクロールバーが表示され、一定の大きさで表示されます。そのため、選択肢が多くてもフィールドを小さく表示させたい場合に便利です。

2 「複数選択」フィールドの入力画面を表示。

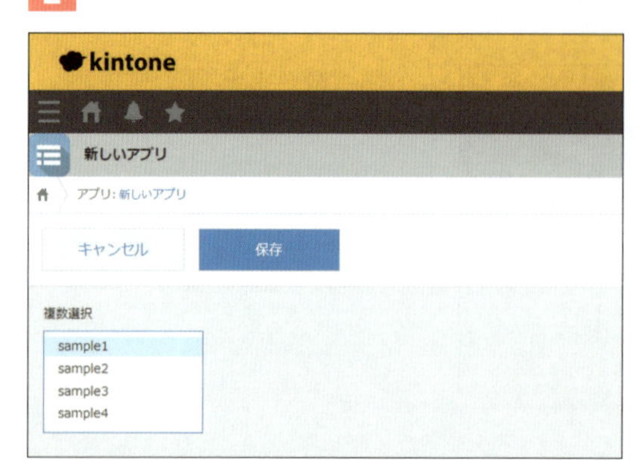

Hint

簡単に項目を追加する方法

選択肢のフィールド（ラジオボタン、ドロップダウン、チェックボックス、複数選択）の設定で、一番下の項目でEnterキーを押して、新しい項目行を追加できます。

また、複数行のテキストをコピーし、ドロップダウン設定の項目欄にペーストすると、テキスト１行分が１項目となって、複数の項目が一度に追加できます。

日付のフィールド

日付、時刻、日時を利用

日付や時刻、日時を入力することができる、日付、時刻、日時フィールドがあります。申請日や勤務時間など、日付や時刻を入力するときに使用します。

日付を入力する「日付」

「日付」フィールドは、日付を入力する項目で使用します。 たとえば、日報アプリで報告日を入力するときに使用します。

1 「日付」フィールドの設定画面を表示。

日付の設定
? ヘルプ
フィールド名 *
日付
フィールド名を表示しない
必須項目にする
値の重複を禁止する
初期値
レコード登録時の日付を初期値にする
フィールドコード *
日付
キャンセル
保存

> **Check**
> **初期値**
> レコード登録時の日付を初期値にする場合は、「レコード登録時の日付を初期値にする」にチェックを付けます。任意の日付を初期値にする場合は、「レコード登録時の日付を初期値にする」のチェックを外して、入力欄に日付を入力します。初期値を設定しない場合は、「レコード登録時の日付を初期値にする」のチェックを外して、日付の欄を空欄にします。

2 「日付」フィールドの入力画面を表示。

> **Hint**
> **日付を「年-月-日」形式で入力**
> レコード追加または編集画面で日付の入力欄をクリックすると、カレンダーが表示され、入力したい年月日をカレンダーから選べます。また、キーボードで直接年月日を入力できます。

時刻を入力する「時刻」

「時刻」フィールドは、時刻や時間の長さを入力する項目で使用します。 たとえば、勤怠管理アプリで、出勤時刻や退勤時刻、休憩時間の長さを入力するときに使用します。

1 「時刻」フィールドの設定画面を表示。

2 「時刻」フィールドの入力画面を表示。

Hint

時刻（時間:分）を入力

レコード追加または編集画面で時刻の入力欄をクリックすると、30分単位の時刻がドロップダウンリストで表示され、入力したい時刻を選択できます。また、キーボードで直接時刻を入力できます。

日付と時刻を入力する「日時」

「日時」フィールドは、日時フィールドは、日付と時刻を両方記録したいときに使用します。日付（年-月-日）と時刻（時間:分）の両方を入力します。たとえば、問い合わせ管理アプリで、問い合わせの受付日時を登録するときに使用します。

1 「日時」フィールドの設定画面を表示。

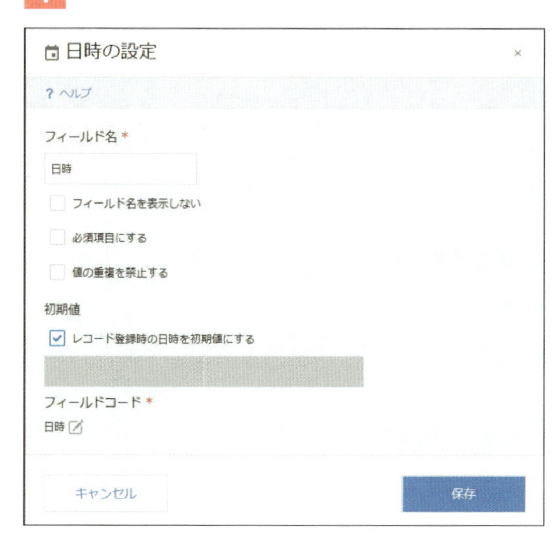

2 「日時」フィールドの入力画面を表示。

> ⚠ Check
> ### タイムゾーン
> 日時フィールドは、ユーザーのタイムゾーンに沿って表示されます。

> ⚠ Check
> ### 日付や時刻の表示形式
> kinotne では、日付は西暦の「年-月-日」のようにハイフンをはさんだ形式、時刻は「時間:分」のようにコロンをはさんだ形式で表示されます。日付や時刻をそれ以外の表示形式を指定して表示するには、DATE_FORMAT 関数を使用します。DATE_FORMAT 関数については「06-07 その他の関数を挿入する」を参照してください。

添付ファイルやリンクのフィールド

添付ファイル、リンクを利用

レコードに画像やファイルを添付するには、添付ファイルフィールドを利用します。Webサイトのアドレス、電話番号、メールアドレスを入力してリンクに変換するには、リンクフィールドを利用します。

画像やファイルを添付する「添付ファイル」

「添付ファイル」フィールドは、画像やファイルを添付できます。

1 「添付ファイル」フィールドの設定画面を表示。

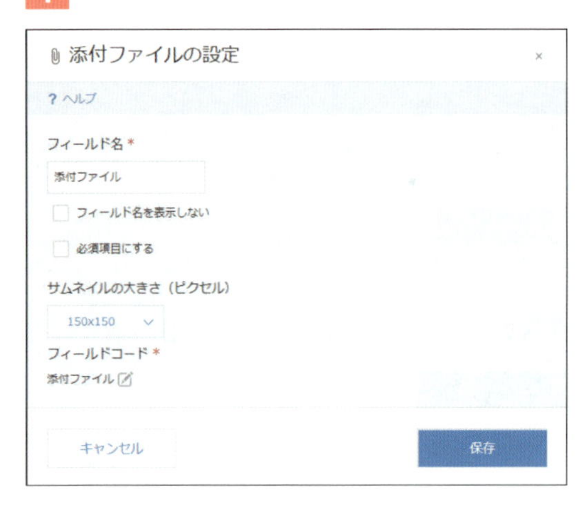

Check

サムネイルの大きさ

次の条件を満たす画像ファイルを添付すると表示される、サムネイルの大きさを選択します。

- **サイズ：10MB以内**
- **画素数：5,000万画素以内**
- **形式：bmp、gif、jpg、png**

サムネイルが表示されないファイルの場合、ファイル名とファイルサイズが表示されます。
レコード一覧画面では、画像ファイルのサムネイルが50x50（ピクセル）の大きさで表示されます。

2 「添付ファイル」フィールドの入力画面を表示。

Hint

ファイルの添付

ファイルを添付するには、「参照」をクリックして、ファイルを選択します。「参照」にファイルをドラッグアンドドロップして、添付することもできます。Excel、Word、PDFファイルなど、ファイルの種類を問わず添付できます。複数のファイルを添付できます。ファイルサイズの上限は、1ファイルにつき最大1GBです。

3 「添付ファイル」フィールドが配置されたレコード詳細画面を表示。

Check

画像ファイルとその他のファイル

画像ファイルを添付した場合は、サムネイル（縮小画像）が表示されます。サムネイルをクリックすると、画像が拡大表示されます。その他の添付ファイルは、ファイル名とファイルサイズが表示されます。ファイル名をクリックするとダウンロードできます。

文字列をリンクに変換する「リンク」

「リンク」フィールドは、Webサイトのアドレス、電話番号、メールアドレスをリンクとして入力できます。

1 「リンク」フィールドの設定画面を表示。

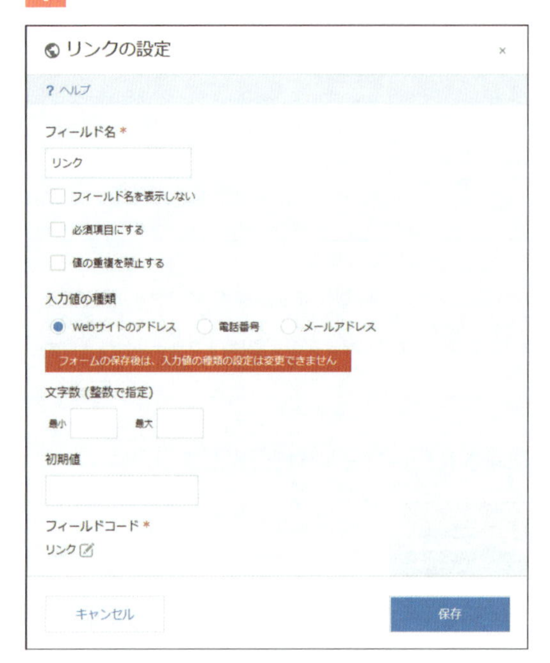

Check

入力値の種類

入力値の種類を選択します。

Check

リンクをクリック

表示されたリンクをクリックすると、設定された「入力値の種類」に応じて、Webページや関連するサービスが開きます。

- **「Webサイトのアドレス」をクリックすると、別タブでページが開く**
- **「電話番号」を（スマートフォンなどで）クリックすると、電話アプリが起動して、電話の発信画面が開く**
- **「メールアドレス」をクリックすると、メールアプリが起動して、メールの送信画面が開く**

2 「リンク」フィールドが配置されたレコード詳細画面を表示。

05-12

ユーザーを選ぶフィールド

ユーザー選択、組織選択、グループ選択を利用

kintoneに登録されているユーザーや、組織、グループを選ぶフィールドを利用できます。ユーザー選択、組織選択、グループ選択は、一覧の絞り込みやグラフ、プロセス管理やアクセス権、通知など、他の機能と組み合わせて活用できます。一覧やグラフの編集についてはChapter06、プロセス管理やアクセス権、通知についてはChapter07を参照してください。

kintoneに登録されているユーザーを選ぶ「ユーザー選択」

「ユーザー選択」フィールドは、kintoneのユーザーを選択します。たとえば、案件管理アプリで、担当者を設定するときに使用します。ユーザーは複数選択できます。

1 「ユーザー選択」フィールドの設定画面を表示。

ユーザー選択の設定 ×
? ヘルプ
フィールド名 *
ユーザー選択
フィールド名を表示しない
必須項目にする
選択肢を指定する
初期値
フィールドコード *
ユーザー選択
キャンセル 保存

Check

選択肢を指定する

「選択肢を指定する」にチェックを付けて、選択肢として表示するユーザーを指定します。選択肢には、ユーザー、組織、またはグループを指定できます。

Hint

ログインユーザー

初期値に「ログインユーザー」を指定すると、レコードの追加画面で、レコードを追加しているユーザーがユーザー選択フィールドに自動で入力されます。たとえば、案件管理アプリの案件担当者に、登録しているユーザーが自動で入力され手間が省けます。

2 「ユーザー選択」フィールドの入力画面を表示。

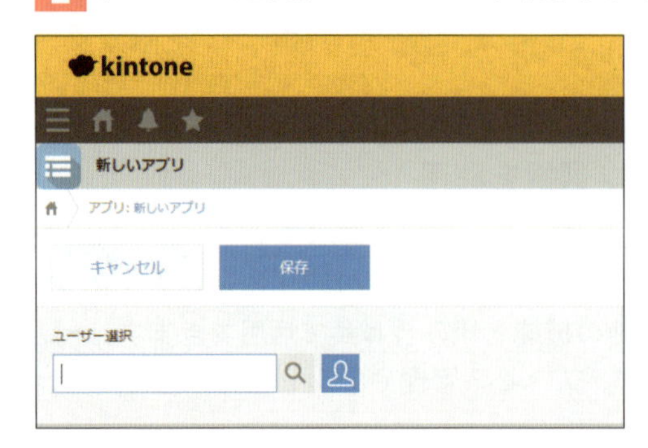

> **Check**
> **ユーザーを選択**
> 選択肢を指定しない場合、レコードの追加または編集画面では、ログイン名や表示名を検索して選択するか、フィールドの右側にある「組織やグループから選択」アイコンをクリックして、「ユーザーを選択」ダイアログを表示し、組織やグループの中から選択します。選択肢が指定されている場合は、選択肢からユーザーを選択します。

kintoneに登録されている組織を選ぶ「組織選択」

「組織選択」フィールドは、kintoneに登録されている組織を選択します。たとえば、案件管理アプリで、担当組織を設定するときに使用します。組織は複数選択できます。

1 「組織選択」フィールドの設定画面を表示。

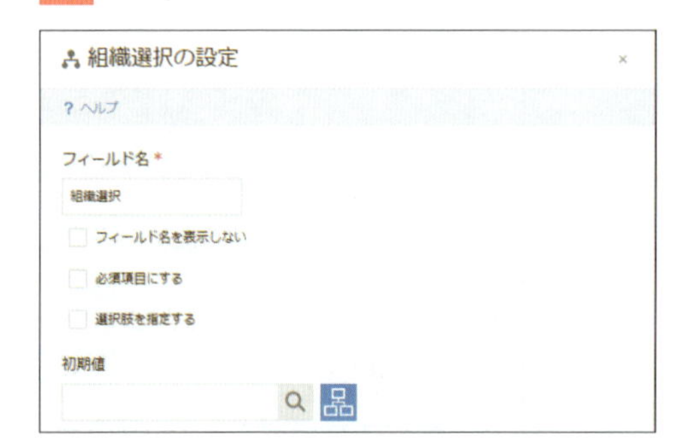

> **Check**
> **ゲストスペースでは使用不可**
> ゲストスペース内のアプリでは、組織選択フィールドとグループ選択フィールドを使用できません。ゲストスペースについては、「08-07 ゲストスペースを利用する」を参照してください。

2 「組織選択」フィールドの入力画面を表示。

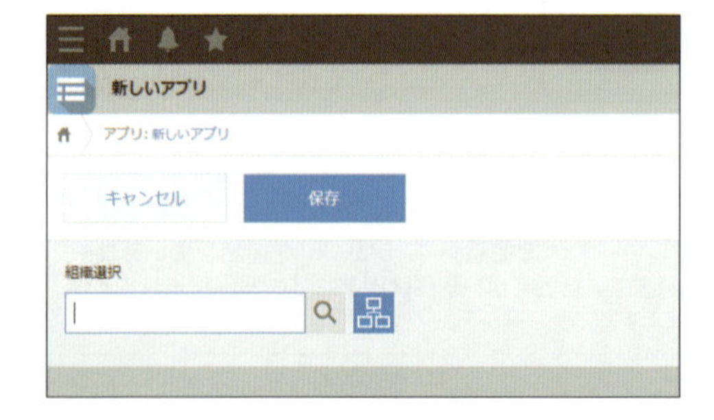

> **Check**
> **組織を選択**
> 選択肢を指定しない場合、レコードの追加または編集画面では、組織名や組織コードを検索して選択するか、フィールドの右側にある「組織の一覧から選択」アイコンをクリックして、「組織を選択」ダイアログを表示し、組織の中から選択します。選択肢が指定されている場合は、選択肢から組織を選択します。

kintoneに登録されているグループを選ぶ「グループ選択」

「グループ選択」フィールドは、kintoneに登録されているグループを選択します。たとえば、案件管理アプリで、担当グループを設定するときに使用します。グループは複数選択できます。

1 「グループ選択」フィールドの設定画面を表示。

2 「グループ選択」フィールドの入力画面を表示。

Check

グループを選択

選択肢を指定しない場合、レコードの追加または編集画面では、グループ名やグループコードを検索して選択するか、フィールドの右側にある「グループの一覧から選択」アイコンをクリックして、「グループを選択」ダイアログを表示し、グループの中から選択します。選択肢が指定されている場合は、選択肢からグループを選択します。

見やすくするフィールド

ラベル、スペース、罫線、グループを利用

ラベル、スペース、罫線、グループを利用して、フォームを見やすくできます。フォームに見出しや説明文を追加したり、配置を整えたりして、データを入力しやすくしましょう。

見出しや説明文を表示する「ラベル」

「ラベル」フィールドは、フォームに見出しや説明文を表示できます。見出しの文字の大きさや色を変更して強調したり、入力するデータの説明や関連ページへのリンクを掲載したりできます。たとえば、ファイルを添付するフィールドの近くに配置して、提出期限や参考ファイルへのリンクを掲載できます。

1 kintoneアプリストアから「おすすめ機能体験パック」を追加し、「休暇申請（おすすめ機能体験パック）」アプリ（以下、アプリ名の「（おすすめ機能体験パック）」は省略）を開く。⚙（アプリを設定）をクリック。「ラベル」フィールドの設定画面を表示。装飾付きの文字を入力できる入力欄が表示される。

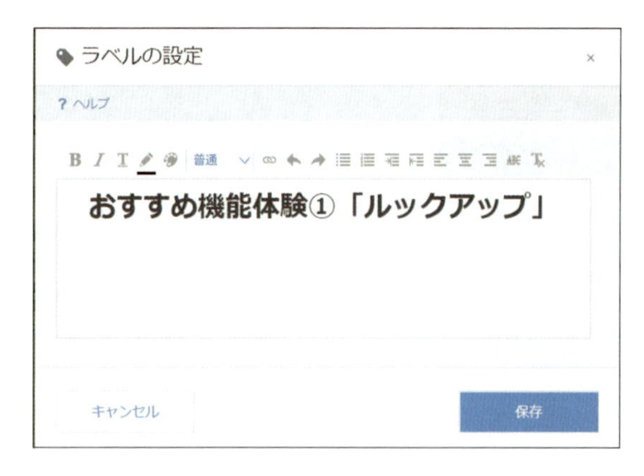

Hint

ラベルの設定

文字色、背景色、文字サイズの変更や、下線や箇条書きの設定などができます。

2 「休暇申請」アプリのレコード追加画面を表示。「おすすめ機能体験①」、「体験方法」などのラベルフィールドが配置されている。アプリの説明を非表示にするために、[i]をクリック。

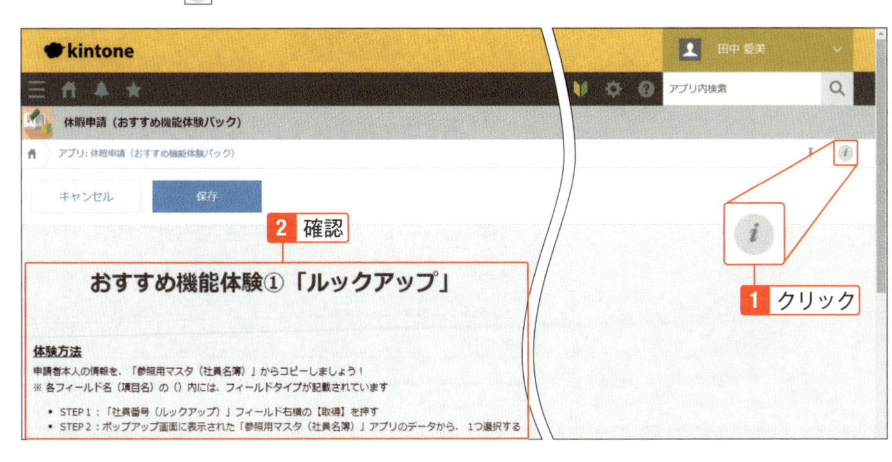

Hint

アプリの説明

[i]をクリックして、アプリの説明を非表示にしたり、表示したりできます。

空白を追加する「スペース」

「スペース」フィールドで、フォームに空白を追加できます。フォームにフィールドを追加すると、上から順に左詰めで配置されます。フォームの上側や左側に余白を追加したい場合や、フィールドの上下または左右の間隔を空けて配置を整えたい場合に、「スペース」フィールドを使用します。

1 「休暇申請」アプリの「スペース」フィールドの設定画面を表示。フォームに配置した「スペース」フィールドの右端や下端をドラッグして、サイズを変更できる。

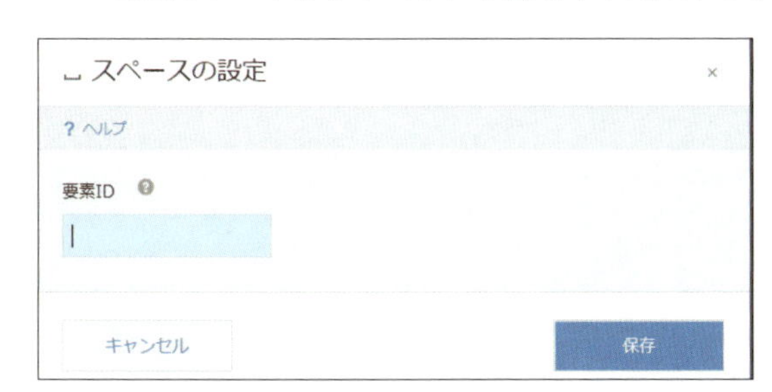

Check

要素ID

カスタマイズ機能で、スペースフィールドを使用する場合に指定します。カスタマイズ機能については、「07-09 カスタマイズ、サービス連携」を参照してください。

05 アプリを作る

2 「休暇申請」アプリのレコード追加画面を表示。「おすすめ機能体験①」の上下や「申請日」の下側などにスペースフィールドが配置されている。

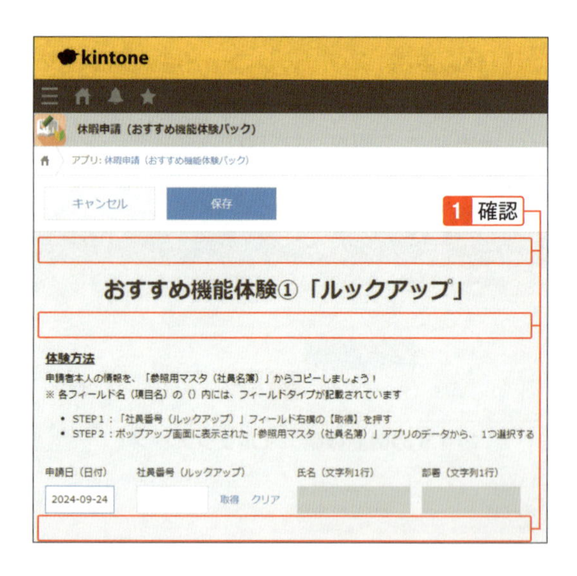

フィールドとフィールドの間を区切る「罫線」

「罫線」フィールドで、フォームに区切り線を追加できます。フィールドとフィールドの間を区切ることができて見やすくなります。

1 フォームの「おすすめ機能体験②」の上側に「罫線」フィールドが配置されている。右端をドラッグして、罫線の長さを変更できる。設定画面はない。

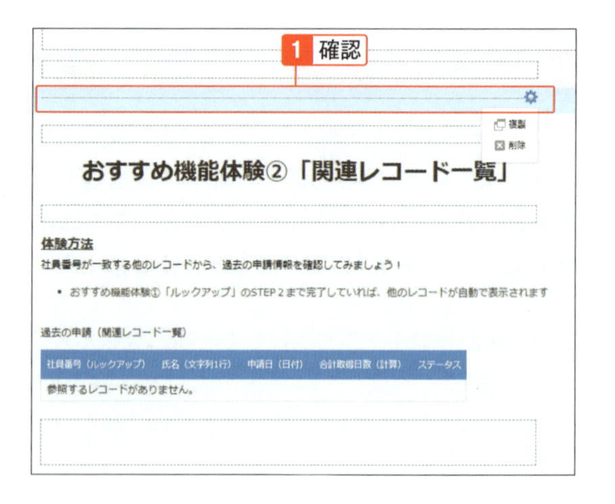

2 「旅費精算申請」アプリのレコード追加画面を表示。それぞれの「おすすめ機能体験」の区切りに罫線フィールドが配置されている。

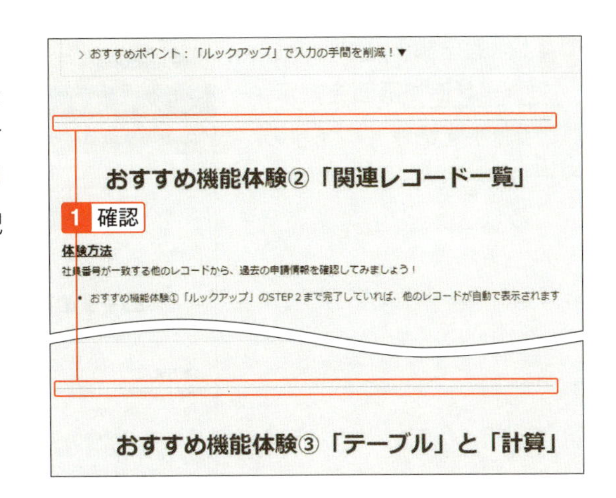

フィールドをまとめて整理する「グループ」

「グループ」フィールド内に他のフィールドを入れて、グループごとに折りたたんで非表示にしたり、展開して表示したりできます。フィールドの数が多い場合に、フィールドを用途ごとに追加して折りたたんでおくと、フィールドが整理されて見やすくなります。

1 「休暇申請」アプリの「グループ」フィールドの設定画面を表示。

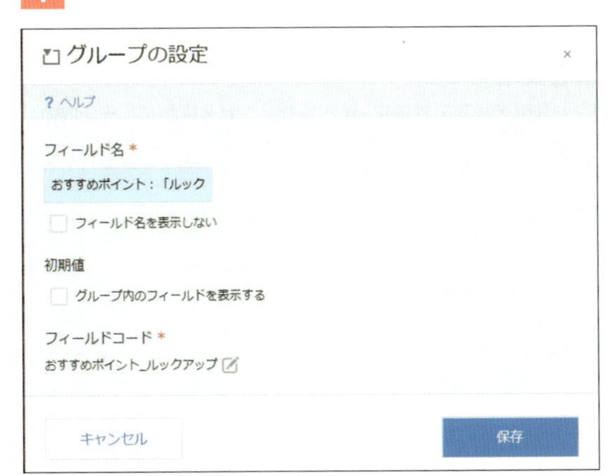

Check

グループの設定方法

アプリのフォーム設定画面にて「グループ」フィールドを追加し、まとめたいフィールドをドラッグ＆ドロップで追加し設定します。

Check

初期値

グループフィールドの初期表示を折りたたんだ状態にするか、展開した状態にするかを設定します。展開した状態にしたい場合は、「グループ内のフィールドを表示する」にチェックを付けます。

2 「休暇申請」アプリのレコード追加画面を表示。「おすすめポイント」のグループフィールドをクリック。

Hint

グループフィールドにアクセス権を設定

グループフィールドにフィールドのアクセス権を設定できます。設定したアクセス権がグループ内のフィールドに一括で適用されます。たとえば、グループ内に配置したラベルに記載した説明を一部のユーザーのみに表示できます。フィールドのアクセス権については、「07-02 アクセス権」を参照してください。

05-14

アプリ連携や繰り返しのフィールド

ルックアップ、関連レコード一覧、テーブルを利用

他のアプリからデータを取得（コピー）するには、ルックアップを利用します。関連するレコードを一覧で表示するには、関連レコード一覧を利用します。1つのレコード内で、表の形式で繰り返し入力・表示するには、テーブルを利用します。

「おすすめ機能体験パック」で体験

おすすめ機能体験パックの休暇申請アプリで、ルックアップ、関連レコード一覧、テーブルを使ってみましょう。

1 前節「05-13 見やすくするフィールド」で追加した「休暇申請（おすすめ機能体験パック）」アプリ（以下、アプリ名の「（おすすめ機能体験パック）」は省略）を開き、＋（レコードを追加する）をクリック。

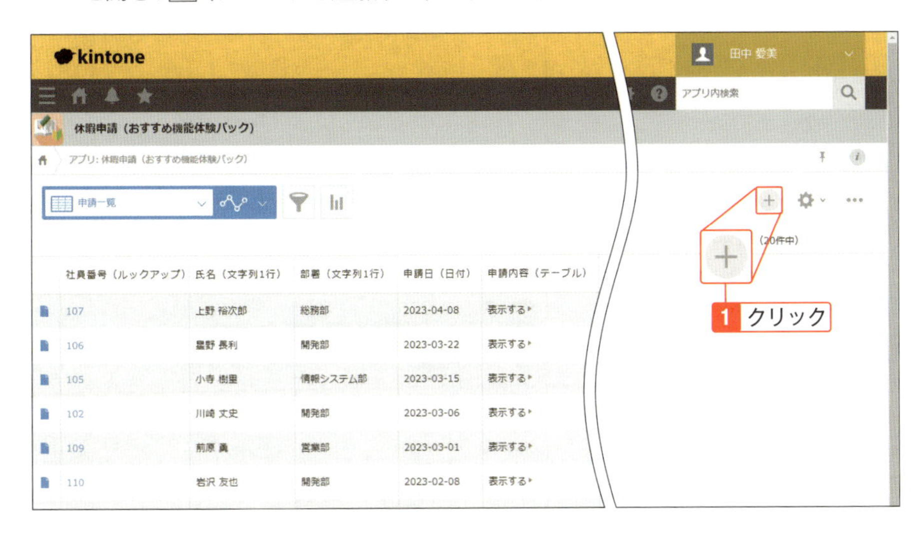

ルックアップを利用

ルックアップを利用して、申請者本人の情報を「社員名簿」アプリからコピーしましょう。ルックアップの設定については、「06-08 ルックアップを利用する」を参照してください。

1 「社員番号（ルックアップ）」フィールド右横の「取得」をクリック。

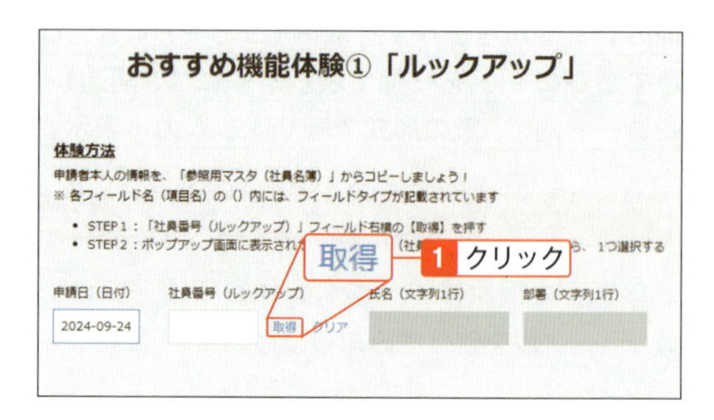

2 ポップアップ画面に表示された「社員名簿」アプリのデータから、1つ「選択」をクリック。

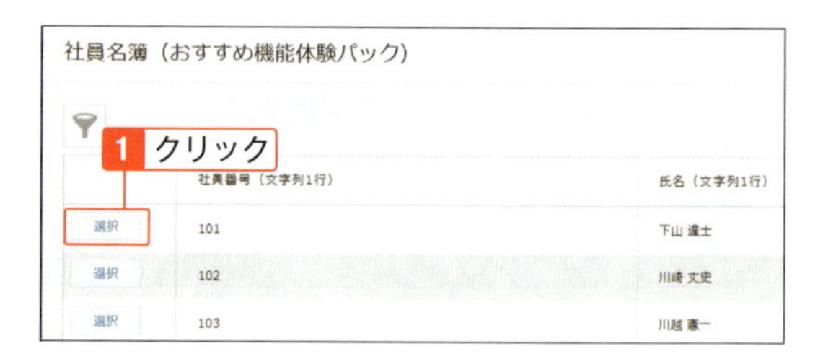

3 社員名簿の社員番号、氏名、部署の値が取得された。

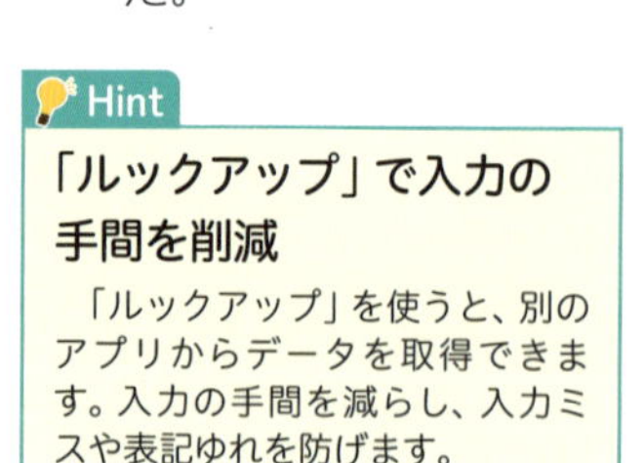

Hint

「ルックアップ」で入力の手間を削減

「ルックアップ」を使うと、別のアプリからデータを取得できます。入力の手間を減らし、入力ミスや表記ゆれを防げます。

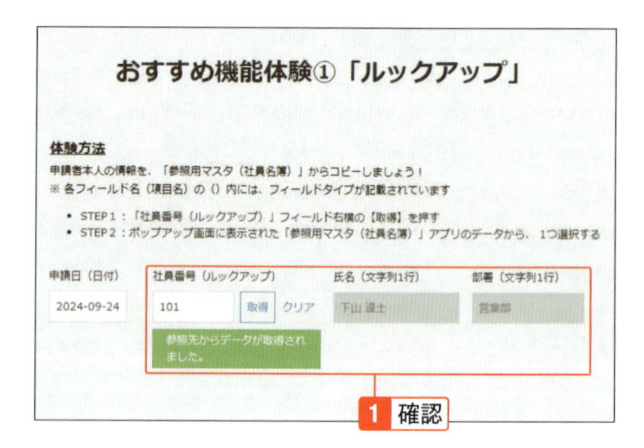

Hint

キーワードを入力して取得

キーワードを入力して「取得」をクリックすると、一致するレコードの候補のみに絞り込むことができます。一致するレコードが1つであればそのままレコード情報が取得されます。一致するレコードが複数あるときは、一致するレコードの候補のみが一覧で表示されます。「クリア」をクリックしてデータをクリアした後、「101」と入力して「取得」をクリックしてみましょう。

Hint

「グループ」フィールド

「おすすめポイント：「ルックアップ」で入力の手間を削減！▼」は「グループ」フィールドです。クリックするとその内容が表示されます。

関連レコード一覧を利用

関連レコード一覧を利用して、社員番号が一致する他のレコードから、過去の申請情報を確認してみましょう。関連レコード一覧の設定については、「06-09 関連レコード一覧を利用する」を参照してください。

1 レコード詳細画面で「過去の申請（関連レコード一覧）」フィールドを表示。「社員番号（ルックアップ）」で選択された社員の過去の申請レコードが一覧で表示される。

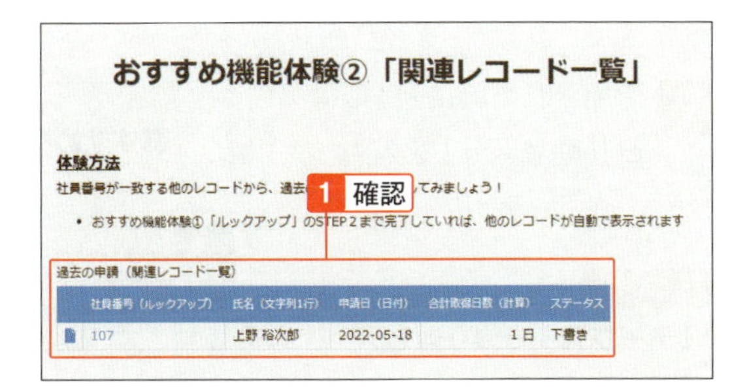

Check

「関連レコード一覧」で条件に一致したレコードを一覧表示

「関連レコード一覧」を使うと、同じアプリまたは別のアプリ内の、条件に一致したレコードを一覧で表示できます。別の場所から情報を探したり、転記したりする手間がなくなります。左端の［アイコン］（レコードの詳細を表示する）アイコンをクリックすると、そのレコードを開けます。

テーブルを利用

テーブルを利用して、複数の休暇申請をまとめて入力しましょう。テーブルの設定については、「06-03 テーブルを配置する」を参照してください。

1 レコード追加画面で「申請内容（テーブル）」の「取得日」「勤怠区分」を入力。右横の「＋」をクリック。

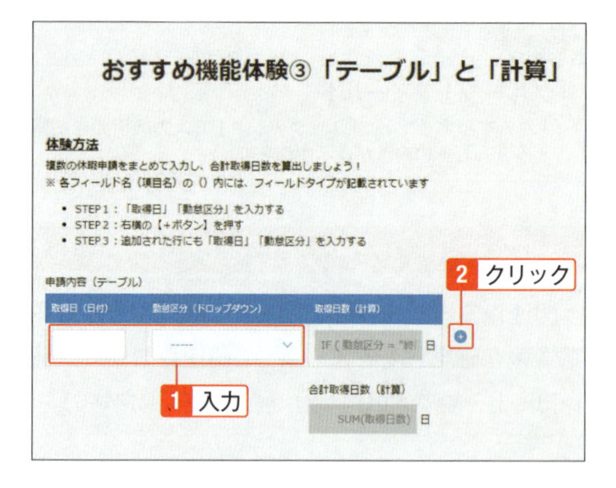

2 追加された行にも「取得日」「勤怠区分」を入力。

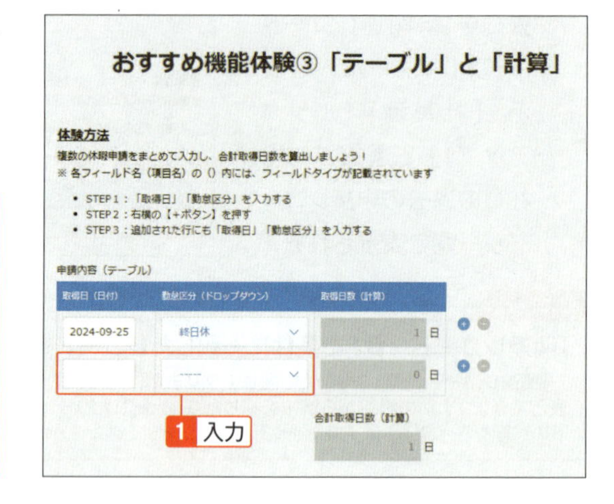

> **Check**
>
> **「テーブル」で繰り返し入力**
>
> テーブルの右横にある「＋」と「－」で行を追加・削除し、複数の入力内容を1つのレコードで管理できます。たとえば、注文管理アプリで、注文によって異なる商品名や注文数を、必要な数だけ行を追加して入力できます。

> **Hint**
>
> **計算**
>
> おすすめ機能体験③の「テーブル」と「計算」のうち、「計算」では取得日数や合計取得日数を計算しています。日数の計算については「06-05 日付や文字列を計算する」、合計の計算につては「06-06 SUM関数やIF関数を挿入する」を参照してください。

05-15

レコード情報のフィールド

レコード番号、作成者、作成日時、更新者、更新日時を利用

レコード番号、作成者、作成日時、更新者、更新日時は、レコード情報を表示するフィールドです。レコードを登録、更新すると自動入力されます。フォームに配置して情報を表示できます。

作成順に連番が付与される「レコード番号」

「レコード番号」フィールドは、レコードごとに別の番号が付与されます。レコードを区別するために利用できます。たとえば、申請アプリで、申請番号を表示するフィールドとして使用します。

1 「05-02 サンプルアプリを選んで作成」で追加した「顧客管理（営業支援パック）」アプリの設定で「レコード番号」フィールドの設定画面を表示。

レコード番号の設定
? ヘルプ
フィールド名 *
レコード番号
フィールド名を表示しない
フィールドコード *
レコード番号
キャンセル
保存

Check

「レコード番号」フィールド

「レコード番号」フィールドは、レコードに自動で付与される番号で、変更できません。レコードを作成した順に連番が付与されます。削除したレコードのレコード番号は欠番になります。

2 (すべて) のレコード一覧画面で「レコード番号」を表示。

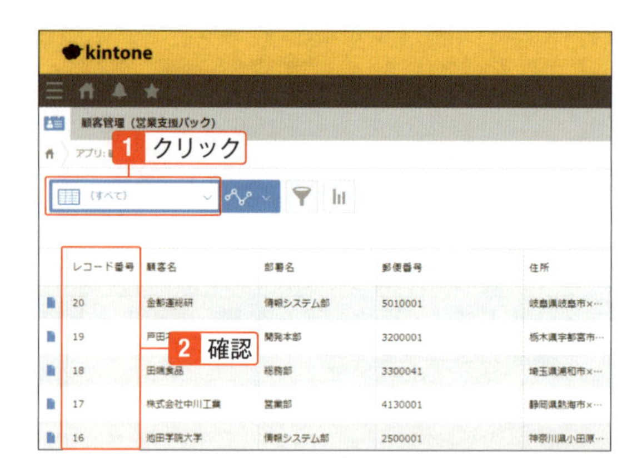

Hint

レコード番号の確認方法

レコード番号は、レコードの一覧画面で「(すべて)」を選択すると表示されます。フォームにレコード番号フィールドを配置して、レコード詳細画面に表示される値を確認することもできます。

Hint

レコード番号を「一括更新のキー」に利用

アプリから書き出したファイルを元に、データを追加・修正してから、同じアプリに読み込むことで、登録済みのデータを利用して、レコードをまとめて登録・更新できます。登録済みのレコードにデータを上書きする場合は、「一括更新のキー」となるフィールドを指定します。「一括更新のキー」には、同じアプリ内でほかのレコードと値が重複しないフィールドを指定します。レコード番号は、レコード作成時に自動的に番号が割り当てられ、ほかのレコードとは値が重複しません。そのため、「一括更新のキー」としてよく利用されます。ファイルからの読み込みは、「03-08 レコードをファイルから読み込む」を参照してください。

Check

アプリコード機能を使用している場合のレコード番号

アプリコード機能を使用している場合、アプリを識別するためのコードと番号の組み合わせがレコード番号になります。たとえばアプリコードに「app」を設定すると、レコード番号は「app-1」のようになります。アプリコードの設定については、「07-08 高度な設定」を参照してください。

レコード作成時の情報が表示される「作成者」と「作成日時」

「作成者」フィールドと「作成日時」フィールドは、レコードを最初に保存したユーザーと日時が表示されるフィールドです。自動で設定され、変更できません。

1 「作成者」フィールドの設定画面を表示。

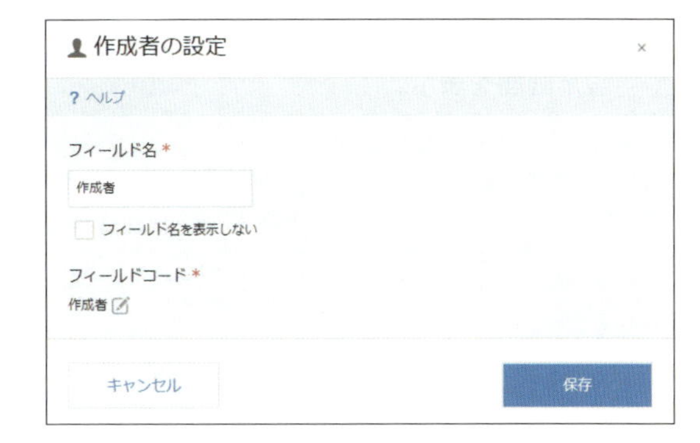

Check

「作成者」フィールド

「作成者」フィールドは、レコードを最初に保存したユーザーを自動で表示したい場合に使用します。たとえば、日報アプリで、日報の作成者を表示するフィールドとして使用します。

2 「作成日時」フィールドの設定画面を表示。

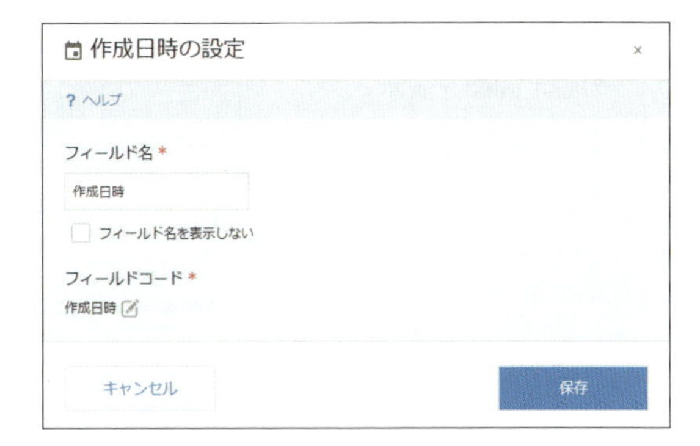

Check

「作成日時」フィールド

「作成日時」フィールドは、レコードを登録した日時を自動で表示したい場合に使用します。たとえば、総務への依頼受付アプリで、依頼日時を表示するフィールドとして使用します。

レコード更新時の情報が表示される「更新者」と「更新日時」

「更新者」フィールドと「更新日時」フィールドは、レコードを更新したユーザーと日時が表示されるフィールドです。自動で設定され、変更できません。

1 「更新者」フィールドの設定画面を表示。

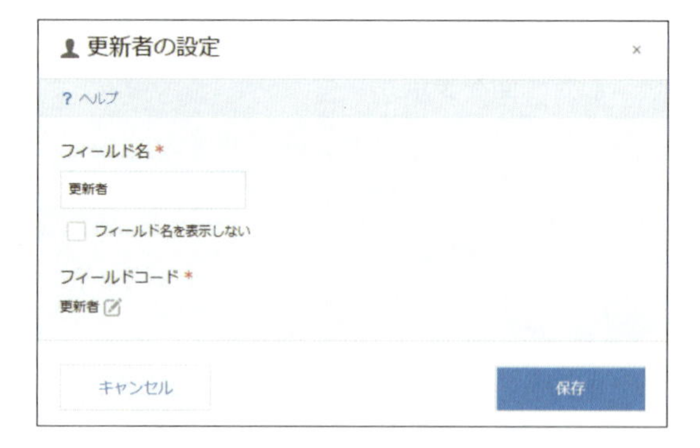

Check

「更新者」フィールド

「更新者」フィールドは、レコードを更新したユーザーを自動で表示したい場合に使用します。たとえば、顧客アプリで、顧客情報の最終更新者を表示するフィールドとして使用します。

2 「更新日時」フィールドの設定画面を表示。

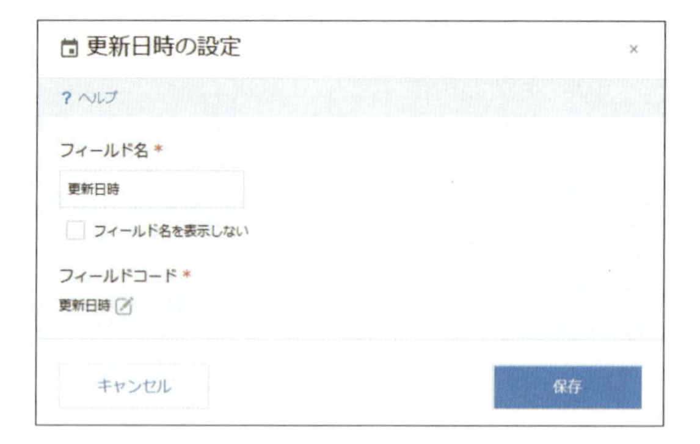

Check

「更新日時」フィールド

「更新日時」フィールドは、レコードを更新した日時を自動で表示したい場合に使用します。たとえば、顧客アプリで、顧客情報の最終更新日時を表示するフィールドとして使用します。

アプリを公開、更新する

アプリを公開すると利用できるようになる

作成中のアプリを公開すると、アプリを利用できるようになります。アプリを公開した後でも、必要に応じてアプリの設定をいつでも変更できます。アプリの設定を変更したら、アプリを更新するとその設定でアプリを利用できるようになります。

アプリを公開

作成中のアプリを公開すると、作成したアプリの運用が開始され、ほかのユーザーも使用できるようになります。アプリを公開するまでは、アプリを利用できません。アプリの公開の操作は、「05-04 はじめから作成」の「アプリをはじめから作成する」を参照してください。

アプリを更新

利用中のアプリの設定を変更したら、アプリを更新すると、変更が反映された状態で利用できるようになります。アプリを更新するまでは、変更した設定はアプリに反映されません。

1 アプリのレコード一覧画面またはレコード詳細画面で、⚙（アプリを設定）をクリック。

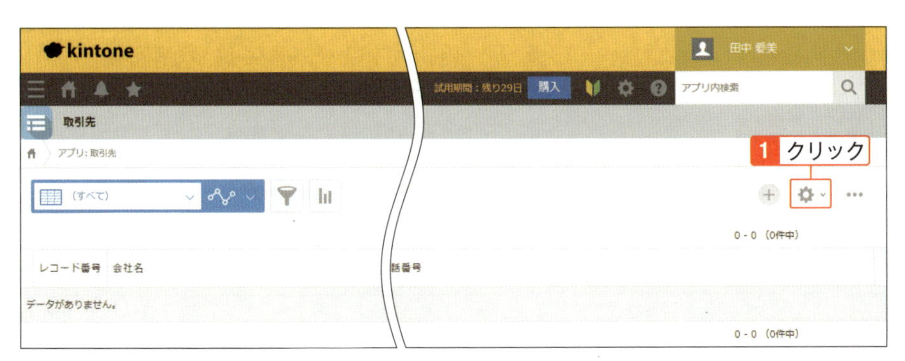

2 アプリ名、アプリアイコン、フィールドなどの設定を変更する。画面上部に「反映前の変更があります」と表示される。画面右上にある「アプリを更新」をクリック。

⚠ Check

設定変更を破棄する

アプリの設定変更を破棄するには、アプリの設定画面で「変更を中止」をクリックし、[OK] をクリックします。

⚠ Check

「反映前の変更があります」表示

アプリの設定を変更すると、画面上部に「反映前の変更があります」と表示されます。この表示は、変更した設定がアプリにまだ反映されていないことを示しています。アプリを更新すると、変更した設定がアプリに反映され、表示が消えます。

3 「アプリを更新」をクリック。

「アプリを更新」画面

アプリを更新の確認画面で、この更新によって変更される設定範囲を確認できます。

Chapter

06

アプリを使いやすくする

kintoneのアプリは、フォームを作成したあとも、アプリの設定でさらに使いやすくできます。入力したデータを見える化して活用するために、一覧やグラフを追加できます。また、テーブルを配置して計算したり、アプリ間連携のフィールドを追加したりできます。この章では、アプリを使いやすくするための設定方法を解説します。

06-01

レコード一覧を追加・編集する

見やすいレコード一覧を設定する

アプリを開いて最初に表示される画面がレコード一覧（以下、「一覧」とします）です。条件に合うレコードを絞り込んで表示できます。一覧は、絞り込みの条件ごとに保存し、選択して表示を切り替えられます。用途に応じた一覧を設定して、レコードを見やすくしましょう。

（すべて）の一覧

初期設定では、「（すべて）」という名前の表形式の一覧があらかじめ設定されています。（すべて）の一覧には、そのアプリに登録されているすべてのレコードのほぼすべてのフィールドが表示されます。表示するフィールドの指定や並び替えはできません。

1 「05-03 データを読み込んでアプリを作成」で作成した「［サンプル］案件管理」アプリを表示。（すべて）の一覧が表示されている。

1 確認

Check

表示されないフィールド

（すべて）の一覧には、次のフィールドは表示されません。

テーブル、テーブル内のフィールド、作成者、更新者、作成日時、更新日時、関連レコード一覧、グループ、ラベル、スペース、罫線、カテゴリー

新しく一覧を作成する

業務に合わせて、新しく一覧を作成できます。表示するフィールドや、レコードの条件、並び順を指定できます。一覧は複数作成できるので、アプリの利用者がよく使いそうな一覧を作成しておきましょう。

1 ⚙（アプリを設定）をクリック。

2 「一覧」をクリック。＋（一覧を追加する）をクリック。

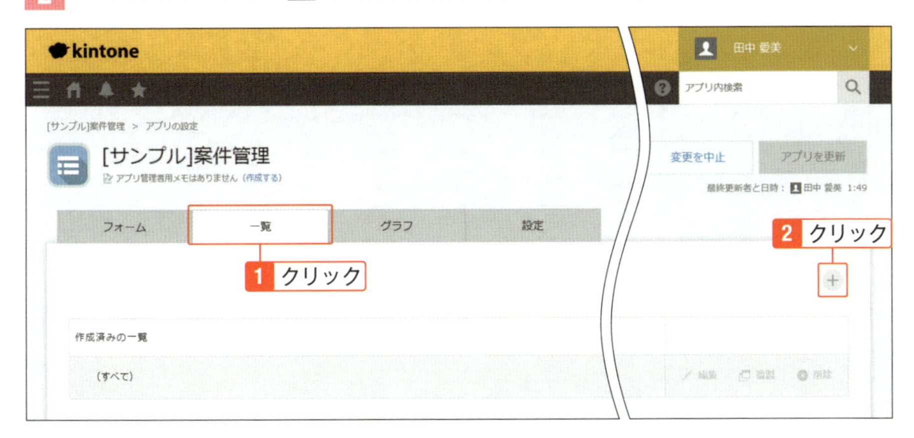

Hint

絞り込みを保存

「03-05 レコードを絞り込む」で絞り込み条件を保存すると、その条件が保存された一覧が追加されます。

3 「一覧名」に名前を入力。たとえば「案件一覧」とする。一覧に表示したいフィールドを左側から右側にドラッグ。

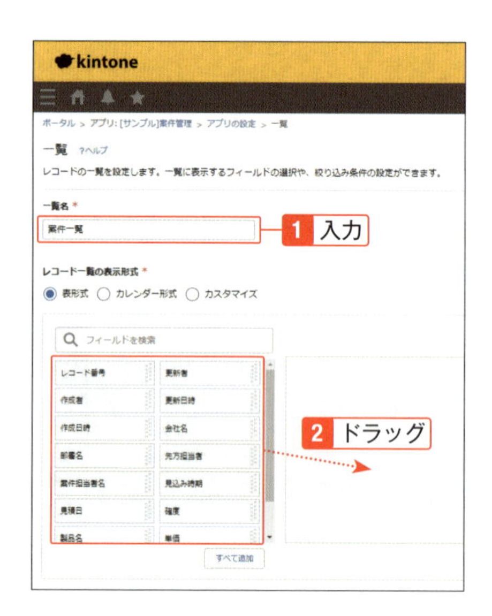

> ⚠ Check
>
> **表示形式**
>
> 　一覧の表示形式には、表形式、カレンダー形式、カスタマイズの3種類があります。表形式は、各フィールドを列に、レコードを行に表示します。カレンダー形式は、カレンダーの日付欄に、レコードを表示します。カスタマイズ形式は、HTMLで自由に表示をカスタマイズできます。「カスタマイズ」を選択できるのは、kintoneのシステム管理者だけです。契約がライトコースの場合は、「カスタマイズ」を選択できません。

4 絞り込みの条件やソート（表示順）も設定できる。「保存」をクリック。

> Hint
>
> **ログインユーザーの絞り込みを設定**
>
> 　ユーザー選択フィールドに対して、「自分の担当案件」や「自分が過去に登録したレコード」などログインユーザーでの絞り込みを作っておけば、複数人でアプリを使っている場合でも、自分が関係するレコードをすばやく確認できます。

5 一覧が追加された。画面右上の「アプリを更新」をクリック。確認画面で「アプリを更新」をクリック。

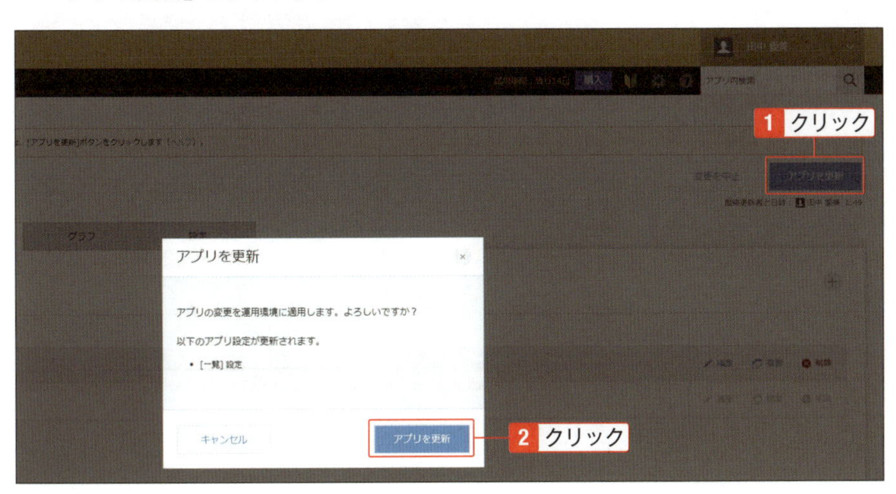

> **Hint**
>
> **一覧の編集、複製、削除**
>
> 作成済みの一覧は、右側に表示される「編集」をクリックして、設定を変更できます。「複製」をクリックして、設定をコピーして別の一覧を作成できます。「削除」をクリックして、削除できます。

> **Hint**
>
> **最初に表示される一覧**
>
> 複数の一覧を作成した場合、レコード一覧画面に最初に表示される一覧は、アプリの設定の「一覧」画面で一番上に配置されている一覧です。
>
> 最初に表示される一覧を別の一覧に変更したい場合は、一覧の左側にある「ドラッグして並び替え」アイコンをドラッグアンドドロップして、一番上に移動します。（すべて）の一覧は移動できません。

6 「案件一覧」が表示された。

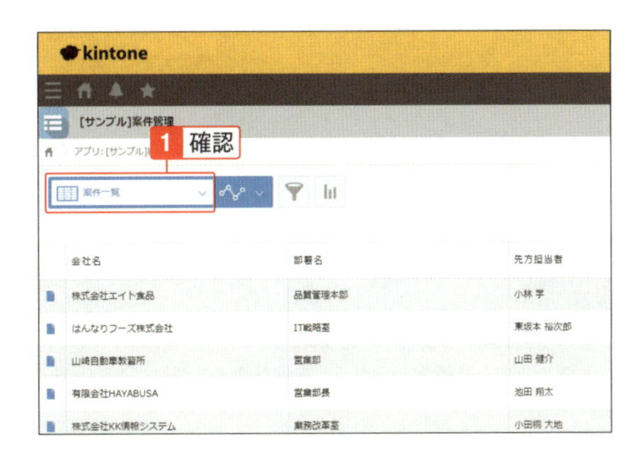

06-02 グラフを追加・編集する

グラフや表の形でレコードを集計して表示する

アプリに登録されたレコードから、数値やレコード数などを集計して、グラフや表を表示できます。その時点のレコードの内容が反映されるので、いつでも最新の情報を確認できます。複数のグラフや表を保存し、選択して表示を切り替えられます。業務で必要な集計グラフや集計表を準備して、すぐに確認できるようにしましょう。

新しくグラフを追加する

アプリの設定画面から、集計の条件を設定してグラフを追加できます。アプリの一覧画面からも、数値やレコード数を集計してグラフを作成する際に、アプリの管理権限があれば「保存」をクリックしてグラフを追加できます。保存したグラフは、レコードの一覧画面でグラフアイコンから表示され、ほかのユーザーも利用できます。

1 「[サンプル]案件管理」アプリの設定画面で、「グラフ」タブを表示。＋（グラフを追加）をクリック。

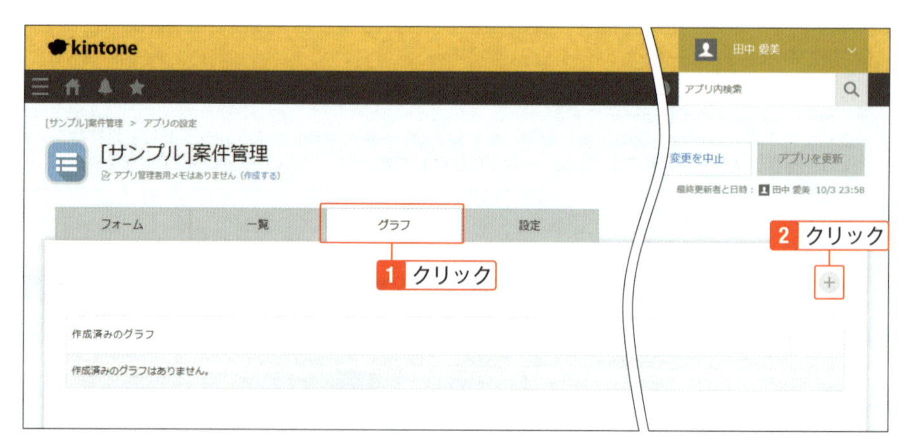

Hint 一覧画面からグラフを保存

アプリの一覧画面からグラフを保存する方法は、「03-06 レコードをグラフで表示する」を参照してください。

2 グラフ名を入力し、「集計の方法」の各項目を設定。「保存」をクリック。

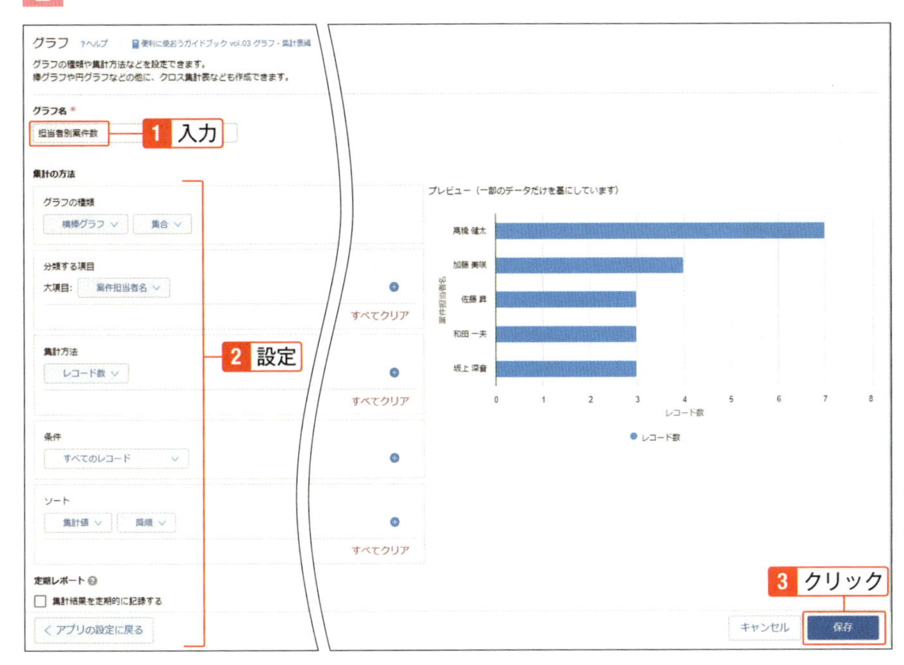

Hint

定期レポート

「定期レポート」の「集計結果を定期的に記録する」にチェックを付けると、集計間隔の設定項目が表示されます。毎日、毎月など、設定した集計間隔で集計結果が記録されます。集計日や集計期間を指定してグラフを表示できるようになります。

3 グラフが追加された。画面右上の「アプリを更新」をクリック。確認画面で「アプリを更新」をクリック。

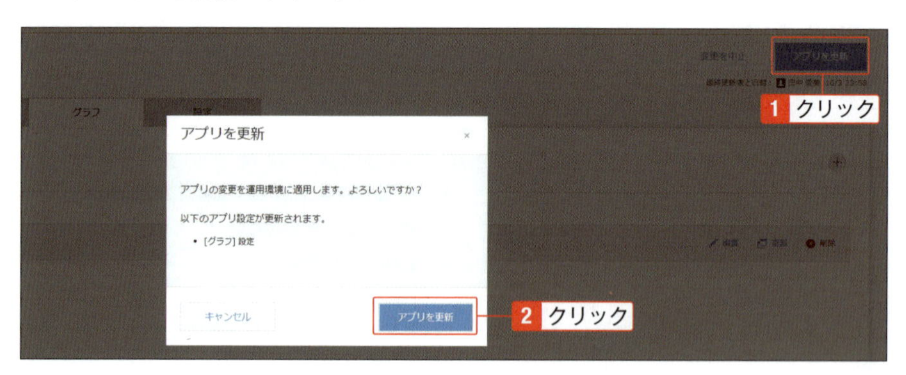

Hint

グラフの編集、複製、削除

作成済みのグラフは、右側に表示される「編集」をクリックして、設定を変更できます。「複製」をクリックして、設定をコピーして別の一覧を作成できます。「削除」をクリックして、削除できます。

4 グラフアイコンをクリックし、グラフ名をクリック。

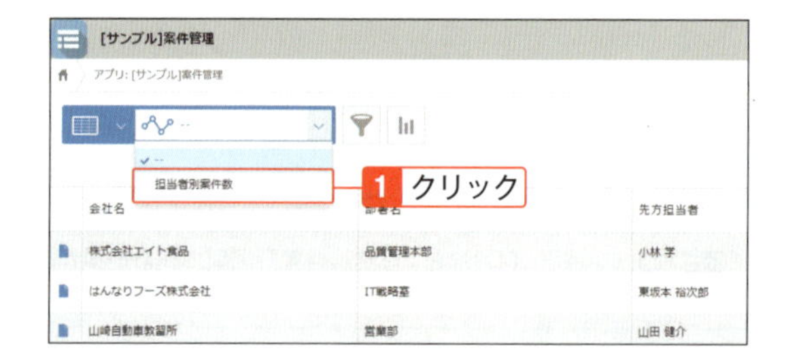

5 グラフが表示された。

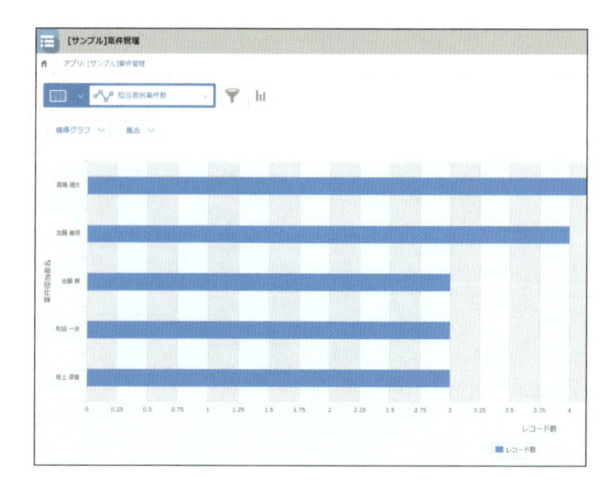

06-03 テーブルを配置する

1つのレコード内で繰り返す情報をテーブルとして保存する

1つのレコード内で、表の形式で繰り返し入力・表示するには、テーブルを利用します。テーブルを利用すると、入力内容の増減に応じて、行の追加や削除ができます。アプリにテーブルを配置し、テーブル内に含めたいフィールドを追加できます。

アプリにテーブルを配置する

アプリにテーブルを配置するには、フォームの設定画面でフィールド一覧からテーブルを追加します。配置したテーブル内に、含めたいフィールドを1つずつドラッグします。たとえば「案件管理」アプリに、複数のオプションの情報を入力できるようにします。

1 「05-03 データを読み込んでアプリを作成」で追加した「[サンプル]案件管理」アプリを開き、⚙(アプリを設定)をクリック。

2 縦に並んでいるフィールドを、見やすいように横に並ぶようドラッグして再配置。画面左側のフィールド一覧から「テーブル」を、フォームの「ユーザー数」の下方にドラッグして配置。

Hint

フィールドを再配置

「05-03 データを読み込んでアプリを作成」のように、ExcelファイルやCSVファイルを読み込んでアプリを作成した直後は、フィールドが縦に並んで配置された状態になります。フィールドを横に並べるなど再配置して、レコード詳細画面を見やすくしましょう。

3 配置したテーブルにマウスポインタを合わせ、表示される「テーブルの設定」をクリック。

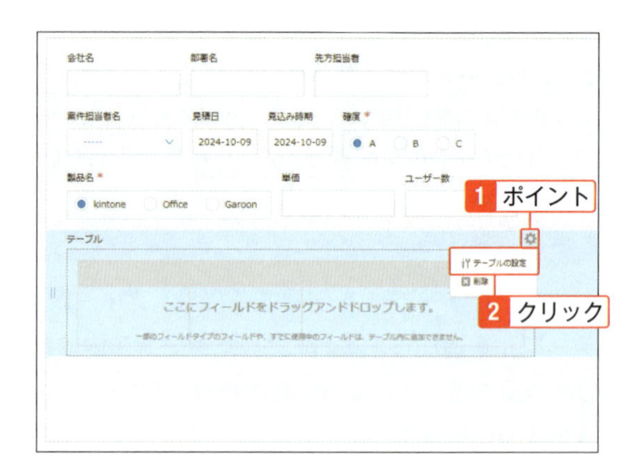

Hint

フィールドを配置してテーブル化

フィールドを先に配置してから、行全体をテーブル化することもできます。テーブル化したいフィールドを同じ行に配置し、その行の右端のテーブルの設定アイコンにカーソルを合わせて「テーブルの設定」をクリックし、「この行をテーブルにする」をクリックします。

4 テーブルの設定画面で、テーブル名にたとえば「オプション」と入力。「保存」をクリック。

5 テーブル内に、画面左側のフィールド一覧から「文字列（1行）」「数値」「数値」をフォームにドラッグして配置。

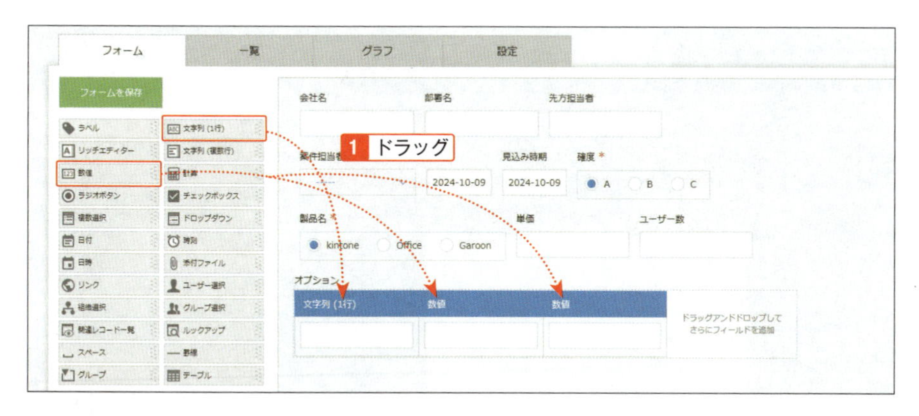

Check

テーブルに含められないフィールド

すでに使用中のフィールドや、ラベル、関連レコード一覧、スペース、罫線、グループ、テーブル、レコード番号、作成者、更新者、作成日時、更新日時は、テーブルに含めることができません。

6 テーブル内に配置したそれぞれのフィールドの右上にマウスポインタをあわせ、表示される「設定」をクリック。「フィールド名」をそれぞれ「オプション名」「料金」「数量」に変更。

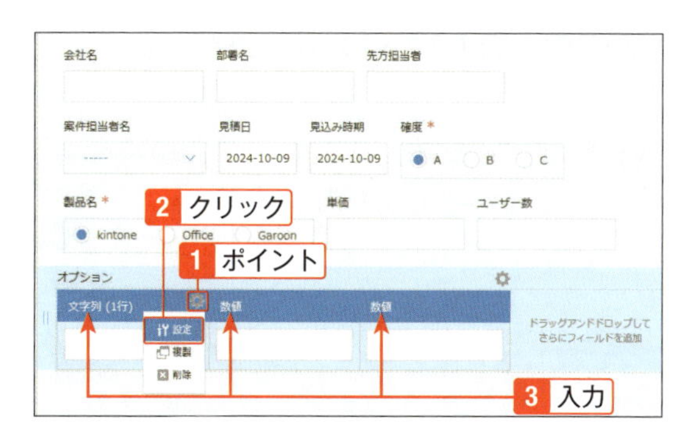

7 「フォームを保存」をクリック。

Check

テーブル化して保存したフィールドの注意点

テーブル化して保存したフィールドは、テーブル外や他のテーブルには移動できません。

8 画面右上の「アプリを更新」をクリックし、確認画面で「アプリを更新」をクリック。

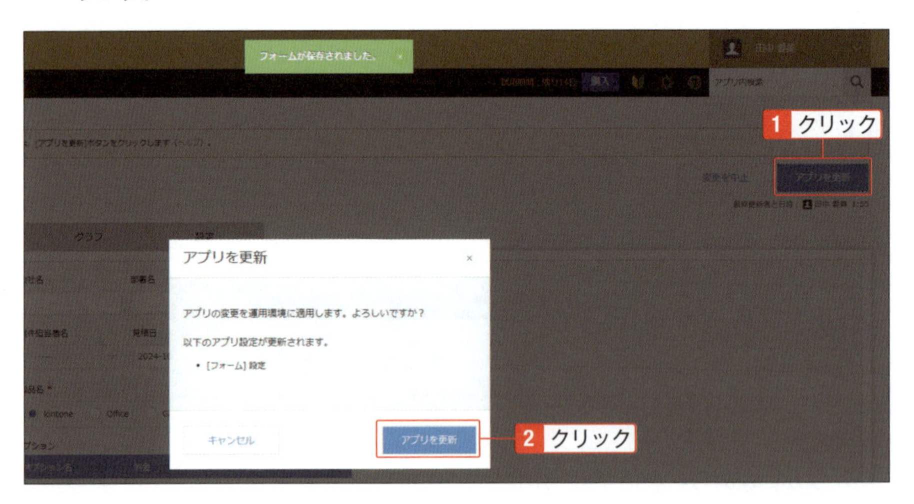

Hint

一覧にテーブルを表示

　レコード一覧の設定画面で一覧にテーブルを追加すると、レコード一覧画面でテーブルの「表示する」リンクをクリックしてテーブルの内容を表示できます。

9 レコードの追加画面を表示。テーブルを利用できる。

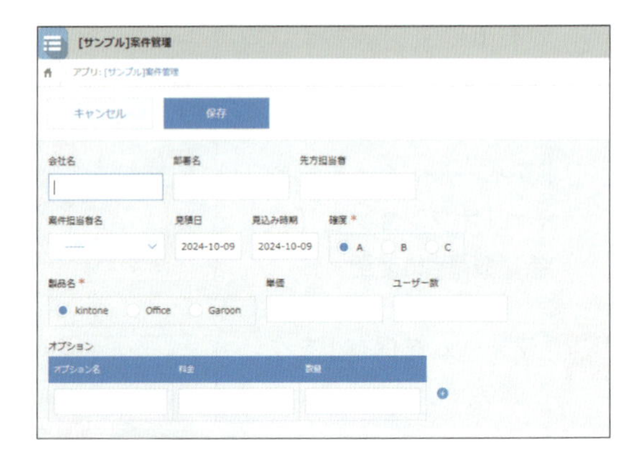

06-04

数値を計算する

数値のフィールドを参照して計算する

計算フィールドで、計算式を設定できます。たとえば、足し算や掛け算などの計算式を設定できます。設定した計算式に沿って自動で値が算出されるので、入力の手間を省き計算ミスを防げます。

他のフィールドを参照して計算する

「案件管理」アプリの単価にユーザー数を掛けて小計を算出しましょう。

1 「06-03 テーブルを配置する」で設定を更新した「[サンプル]案件管理」アプリを開き、⚙（アプリを設定）をクリック。

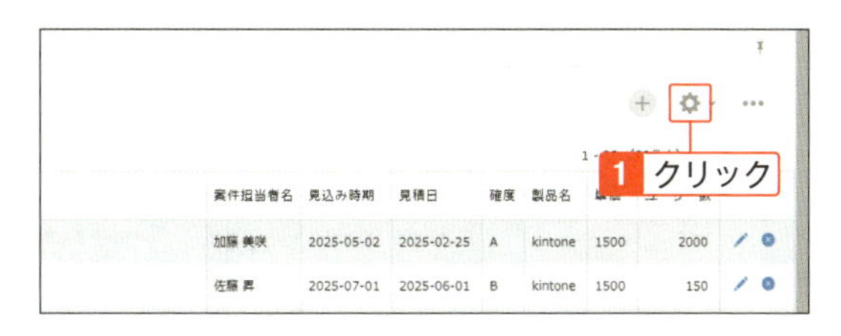

2 「単価」のフィールドの右上にマウスポインタをあわせ、表示される「設定」をクリック。

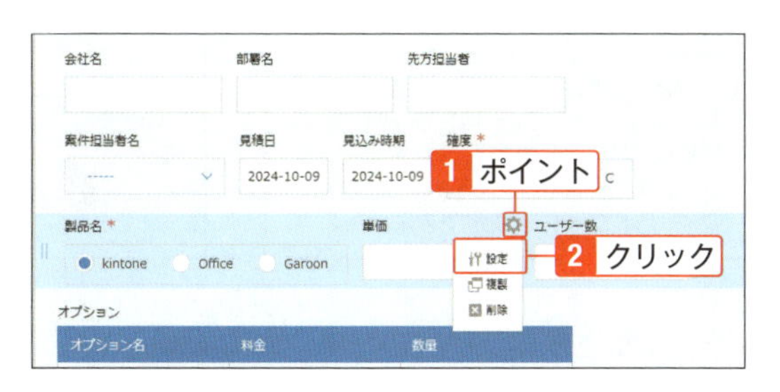

3 フィールドコードの（編集）をクリック。

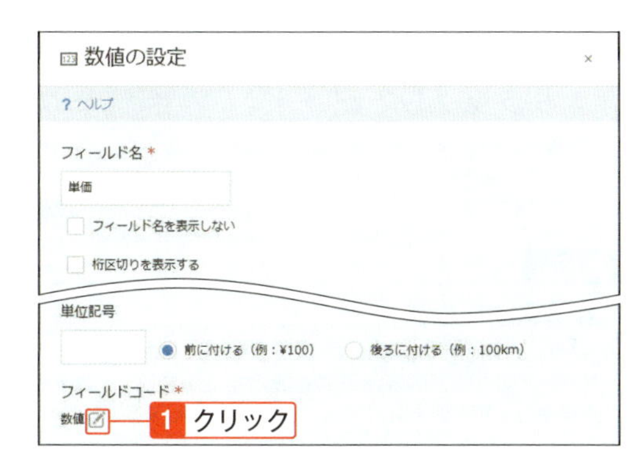

Hint

フィールドコードの変更

フィールドをフォームに配置すると、フィールドコードは自動的に設定されます。フィールド名と同じフィールドコードに変更しておくと、計算式が見やすくなります。

4 「単価」と入力。右下の「保存」をクリック。

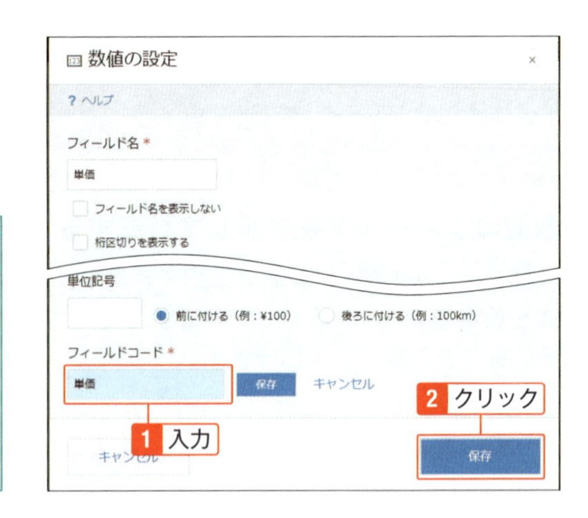

Hint

フィールドコードの保存

フィールドコード入力欄の横の「保存」をクリックすると、フィールドコードの設定が保存され、フィールドの設定画面が開いたままになります。フィールドの設定画面右下の「保存」をクリックすると、フィールドコードを含めてフィールドの設定が保存され、フィールドの設定画面が閉じます。

5 「ユーザー数」のフィールドも、同様にフィールドコードを編集して「ユーザー数」と入力し保存。

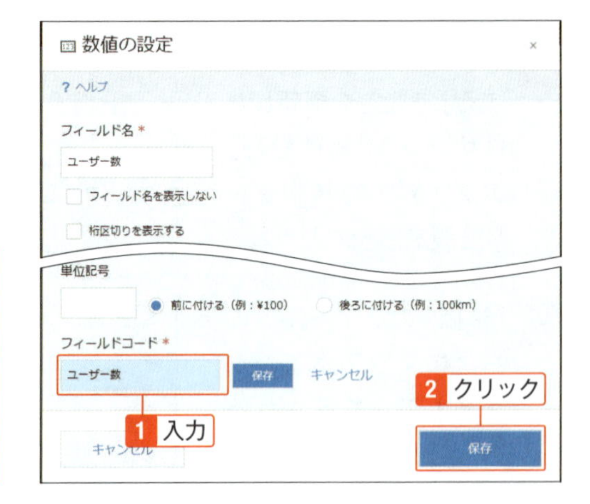

Check

フィールドコードの設定上の注意

フォーム内のほかのフィールドとは異なるフィールドコードを設定します。フィールドコードの先頭は数字にできません。スペースやかっこ() などを含んだフィールドコードは設定できません。

6 画面左側のフィールド一覧から「計算」をフォームにドラッグして配置。

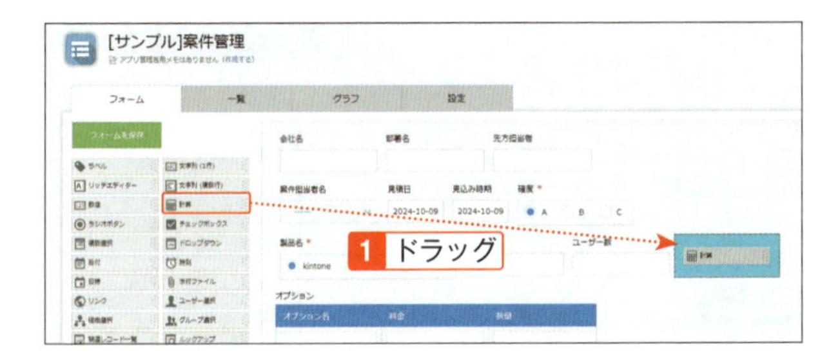

Hint

計算フィールド

計算式を利用できるのは、計算フィールドまたは文字列（1行）フィールドです。計算結果が数値になり、桁区切りなどの表示形式を設定する場合は、計算フィールドを使用します。計算結果が文字列になる場合は、文字列（1行）フィールドを使用します。

7 「計算」のフィールドの右上にマウスポインタをあわせ、表示される「設定」をクリック。

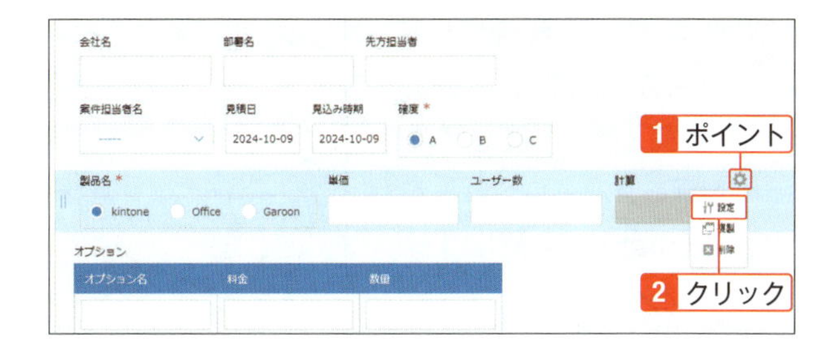

8 フィールド名に「小計」と入力。計算式の「フィールドコードを挿入する」をクリック。「単価」をクリック。

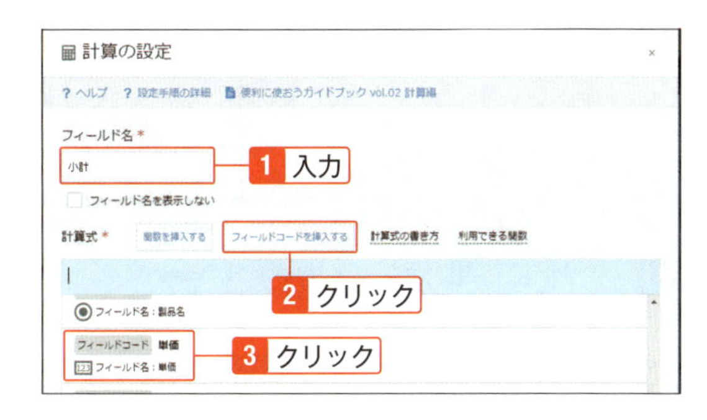

Hint

フィールドコードを挿入する

「フィールドコードを挿入する」ボタンをクリックすると、そのアプリ内のフィールドコードが一覧で表示されます。一覧から利用したいフィールドコードを選択すると、計算式に挿入できます。

9 半角の「*」(アスタリスク)を入力。フィールドコードの「ユーザー数」をクリック。

Check

演算子

計算式では、半角の「+」(足し算)、「-」(引き算)、「*」(掛け算)、「/」(割り算)、「^」(べき算、-100乗から100乗まで)、「&」(結合)などの演算子を利用できます。

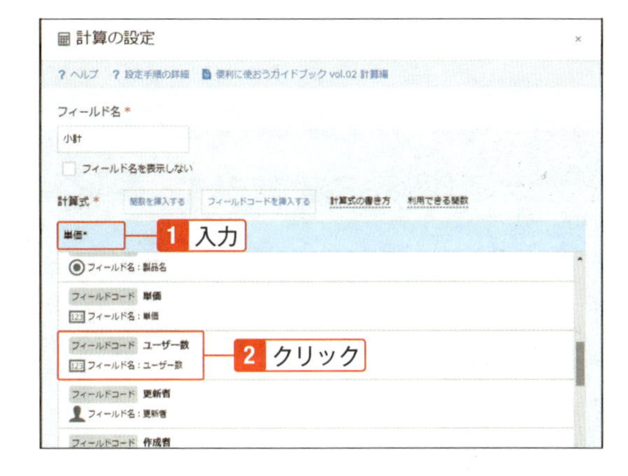

Hint

フィールドコードの候補

計算式の入力中に、フィールドコードの候補が表示されます。表示された候補を選択すると、選択したフィールドコードが入力されます。

10 計算式に「単価*ユーザー数」と表示される。「数値（例：1,000）」を選択、フィールドコードを「小計」に変更し、「保存」をクリック。

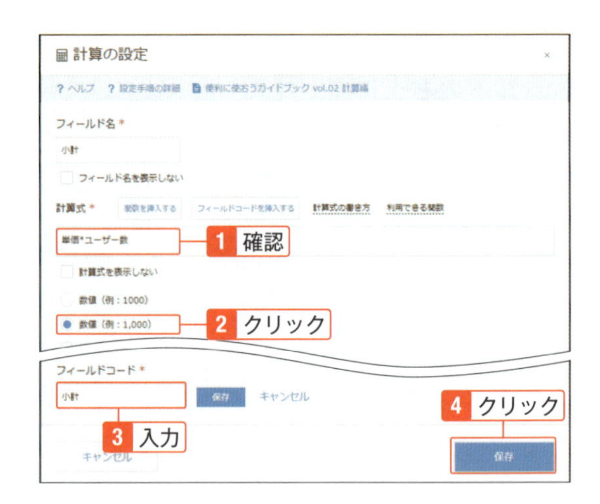

11 小計に「単価*ユーザー数」と表示される。「フォームを保存」をクリック。

12 画面右上の「アプリを更新」をクリックし、確認画面で「アプリを更新」をクリック。

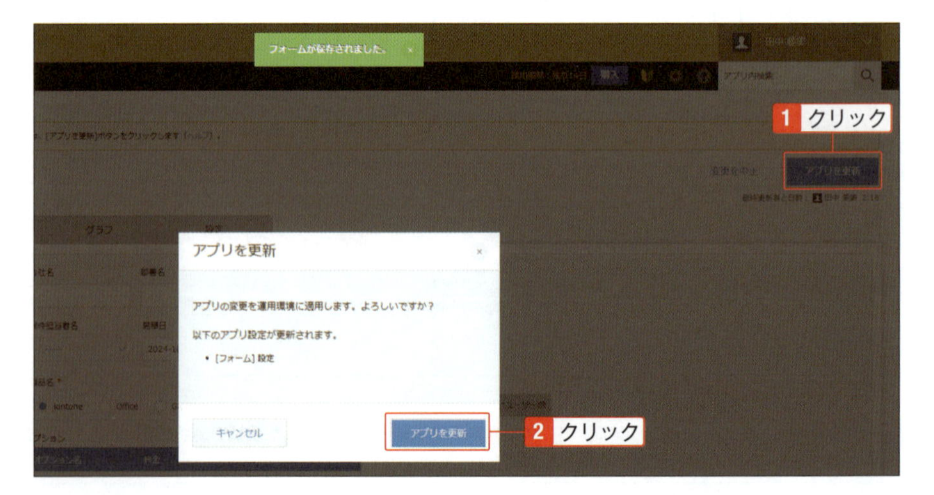

13 任意のレコードの詳細画面を表示。「小計」が空欄になっている。右上の![edit icon]（レコードを編集する）アイコンをクリック。

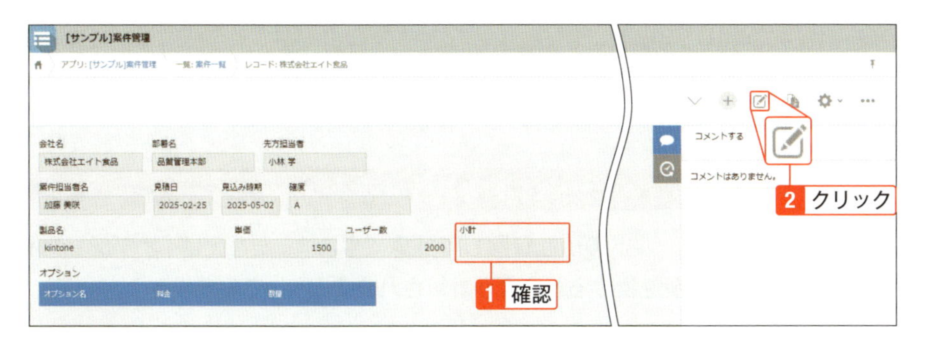

> **Check**
>
> **既存レコードの計算式**
>
> レコードを登録したあとに計算フィールドを追加したり計算式を変更したりした場合、既存レコードには設定が反映されません。レコードを更新して、計算式の結果を反映する必要があります。

14 「小計」に計算結果が表示される。「保存」をクリック。

15 「小計」に計算結果が表示された。

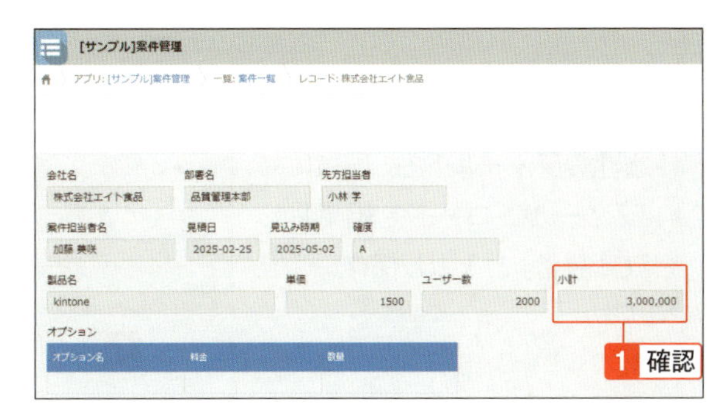

計算式の設定の一括反映

CSVファイルの出力および入力を行い、一括でレコードを更新すると、既存レコードに計算式の設定を一括で反映できます。まず「レコード番号」と任意のフィールド1つを書き出す項目に指定してCSVファイルを出力してダウンロードします。そして「レコード番号」を一括更新のキーに指定してダウンロードしたCSVファイルを読み込むと、計算式の設定が一括反映されます。レコードの書き出しと読み込みについては、「03-07 レコードをファイルに書き出す」、「03-08 レコードをファイルから読み込む」を参照してください。

テーブル内で計算する

テーブル内のフィールドの値を参照して計算できます。たとえば「オプション」テーブルの料金に数量を掛けると金額が計算されます。試してみましょう。

1 「[サンプル]案件管理」アプリで⚙（アプリを設定）をクリックし、テーブル内に配置した「料金」のフィールドの右上にマウスポインタをあわせ、表示される「設定」をクリック。

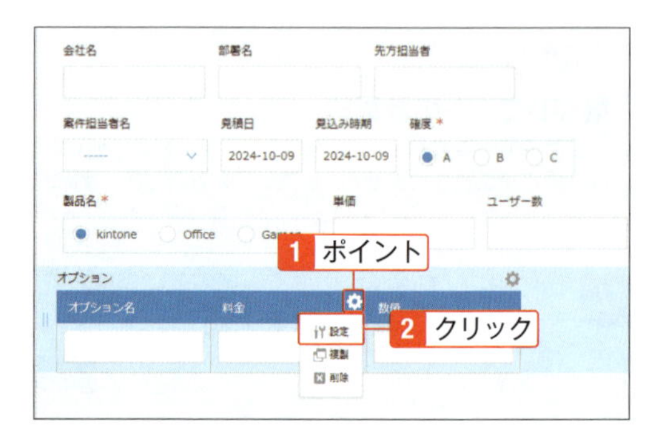

2 フィールドコードを「料金」に変更。右下の「保存」をクリック。

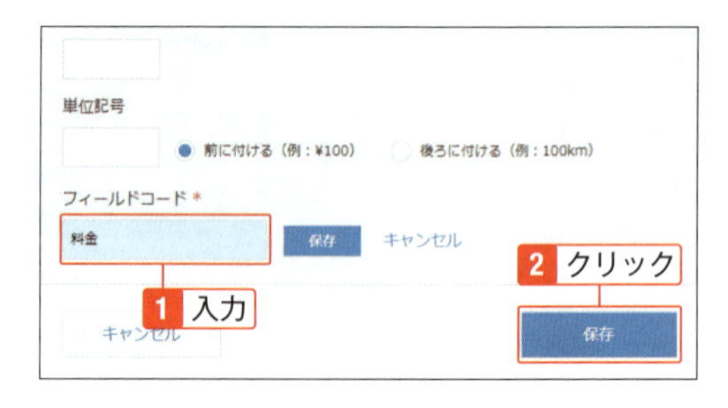

3 テーブル内に配置した「数量」のフィールドも、同様にフィールドコードを編集して「数量」と入力し保存。

4 画面左側のフィールド一覧から「計算」をテーブル内にドラッグして配置。計算フィールドの右上にマウスポインタをあわせ、表示される「設定」をクリック。

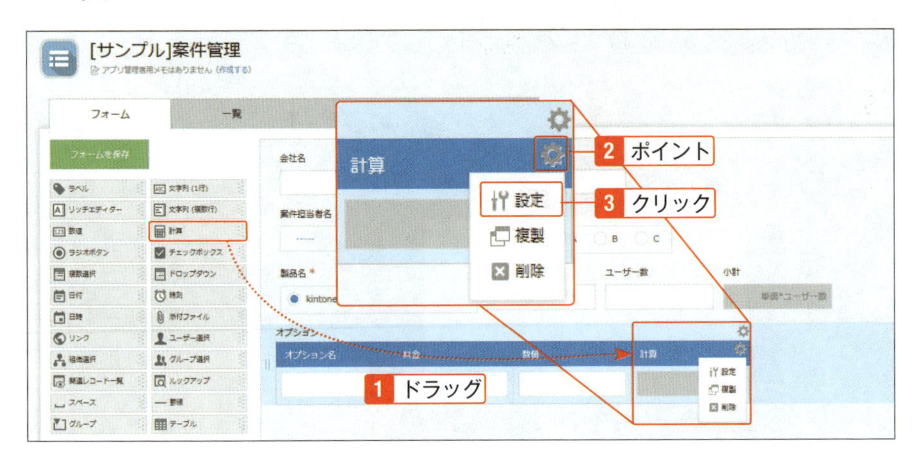

5 フィールド名に「金額」と入力。計算式に「料金*数量」と入力。「数値（例：1,000）」を選択。フィールドコードを「金額」に変更。「保存」をクリック。

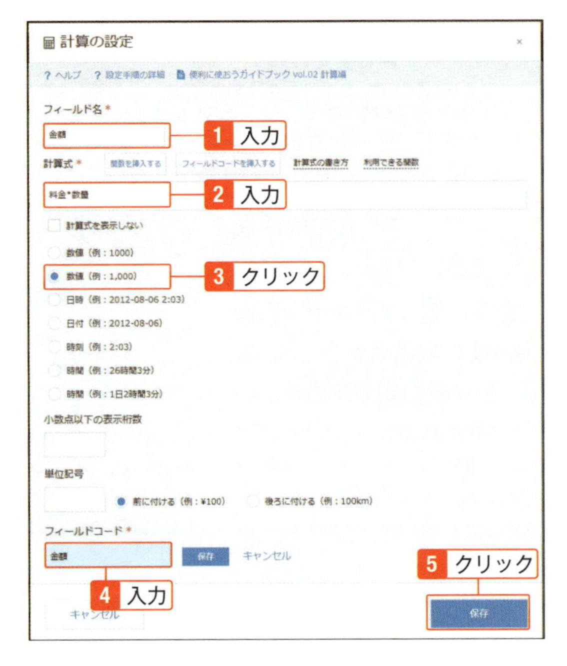

6 金額に「料金*数量」と表示される。画面右上の「アプリを更新」をクリックし、確認画面で「アプリを更新」をクリック。

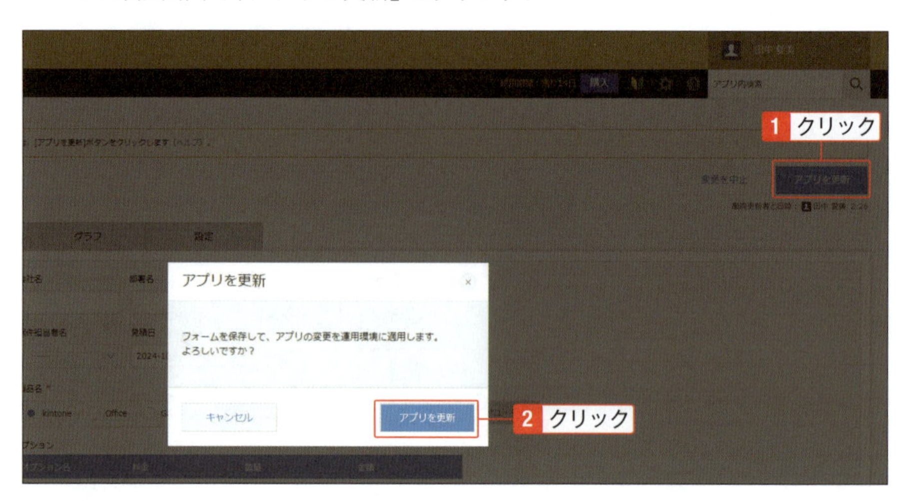

Hint

「フォームを保存」を省略

「フォームを保存」をクリックせずに「アプリを更新」をクリックしても、「フォームを保存して、アプリの変更を運用環境に適用します。よろしいですか？」というメッセージが表示され、アプリを更新できます。

7 レコードの追加画面を表示。「料金」と「数量」に入力し、フォーム内の任意の箇所をクリック。「金額」に計算結果が表示される。

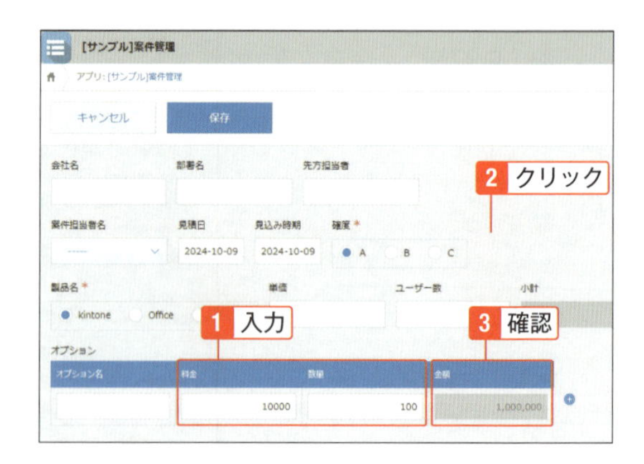

06-05 日付や文字列を計算する

日付、文字列などのフィールドを参照して計算する

計算フィールドで日付を計算する際は、日付の表示形式を設定します。文字の結合など、計算結果が文字列になる場合は、文字列（1行）フィールドに計算式を設定します。

日付を計算する

日付、時刻、日時のフィールドを参照して、日付を計算できます。たとえば「案件管理」アプリの見積日の30日後を見積有効期限としましょう。

1 「[サンプル]案件管理」アプリで（アプリを設定）をクリックし、「見積日」のフィールドの右上にマウスポインタをあわせ、表示される「設定」をクリック。

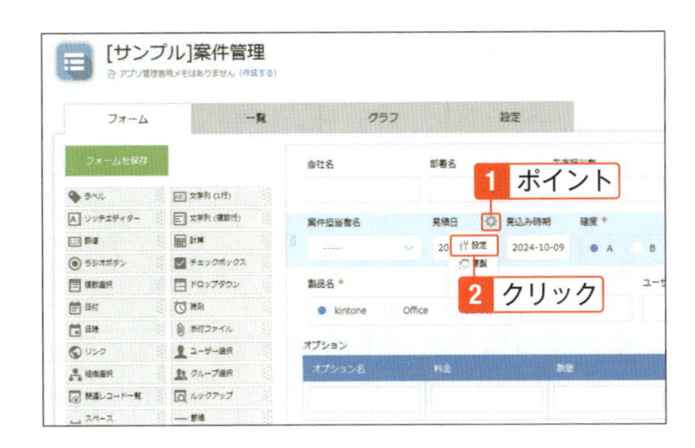

2 フィールドコードを「見積日」に変更。右下の「保存」をクリック。

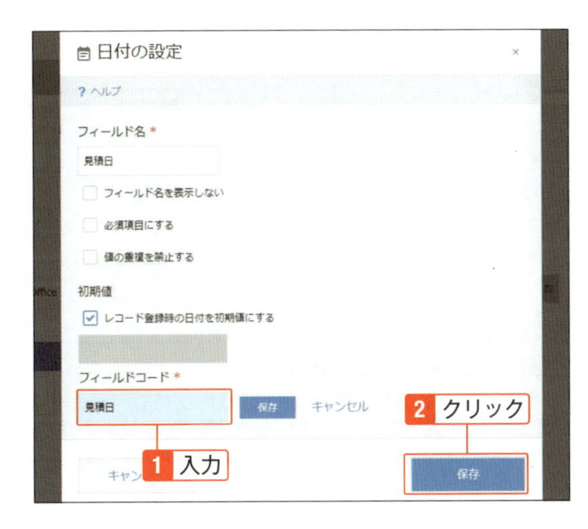

3 画面左側のフィールド一覧から「計算」をフォームにドラッグして配置。計算フィールドの右上にマウスポインタをあわせ、表示される「設定」をクリック。

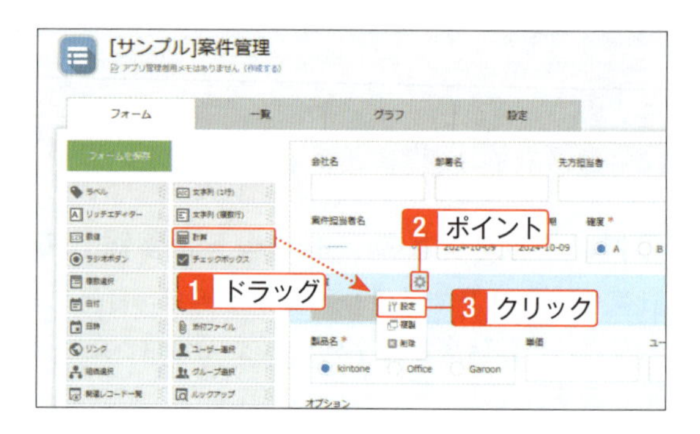

4 フィールド名に「見積有効期限」と入力。計算式の「フィールドコードを挿入する」をクリック。「見積日」をクリック。

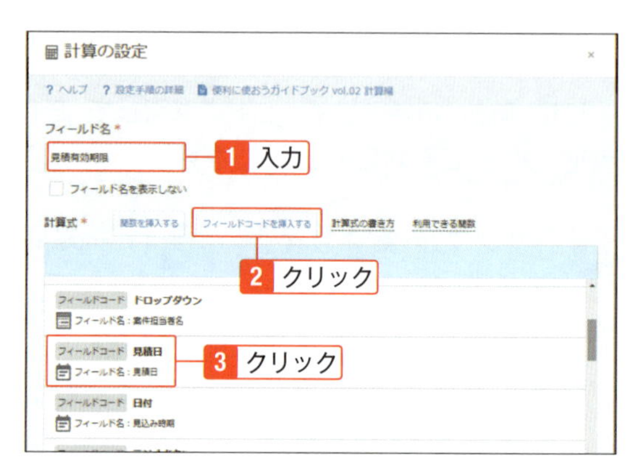

5 見積日のあとに半角で「+60*60*24*30」と入力。

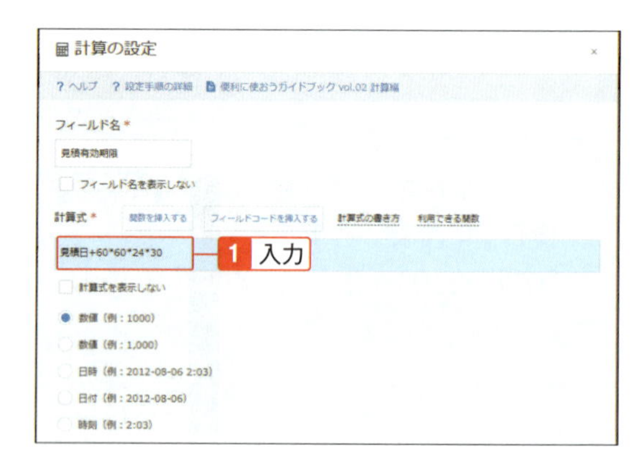

Hint

日付や日時の値は秒単位

kintoneでは、日付や日時は秒単位（UNIX時刻、1970年1月1日午前0時 協定世界時（UTC）からの経過秒数）で扱います。計算式にも秒単位で指定します。たとえば1分間は「60」と入力します。1時間は「3600」または「60*60」、1日は「86400」または「60*60*24」と入力します。30日を加算するためには「+60*60*24*30」とします。

6 計算式に「見積日+60*60*24*30」と表示される。「日付（例：2012-08-06）」を選択、フィールドコードを「見積有効期限」に変更し、「保存」をクリック。

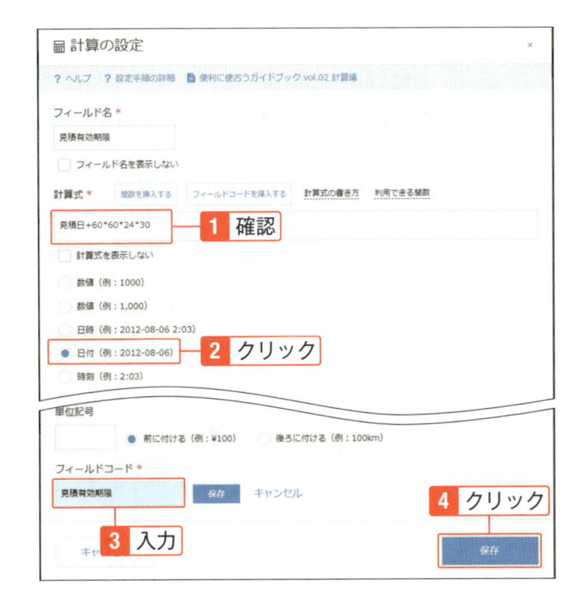

⚠ Check

日付や日時の計算結果を日付の形式で表示する

日付や日時の計算結果も秒単位になります。日付の形式で表示するために、計算フィールドの場合は、計算結果の表示形式を「日時」または「日付」に設定します。文字列（1行）フィールドの場合は、DATE_FORMAT関数を使用し、日付や時刻の表示形式を指定して表示します。DATE_FORMAT関数については、「06-07 その他の関数を挿入する」を参照してください。

7 見積有効期限に「見積日+60*60*24*30」と表示される。画面右上の「アプリを更新」をクリックし、確認画面で「アプリを更新」をクリック。

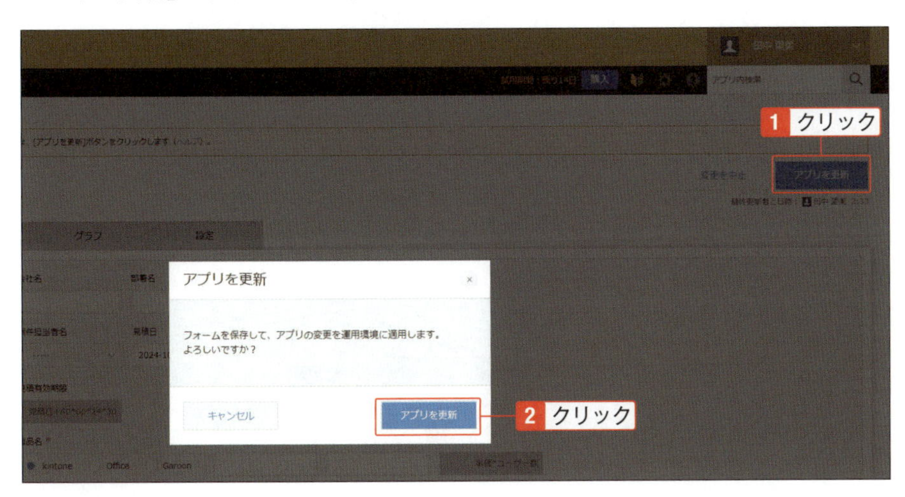

8 レコードの追加画面を表示。「見積有効期限」に「見積日」の30日後が表示される。

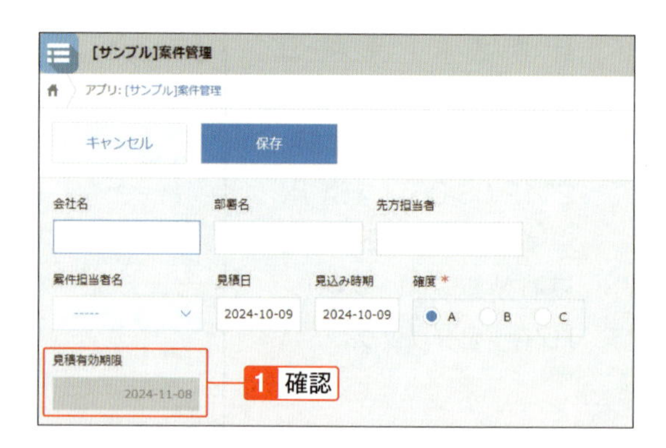

文字を結合する

文字のフィールドを結合して表示できます。計算結果が文字列になる場合は、文字列（1行）フィールドに計算式を設定します。たとえば「案件管理」アプリに「宛先」フィールドを追加し、会社名と部署名と先方担当者を結合して表示しましょう。

1 「[サンプル]案件管理」アプリで⚙（アプリを設定）をクリック。「会社名」のフィールドの右上にマウスポインタをあわせ、表示される「設定」をクリック。

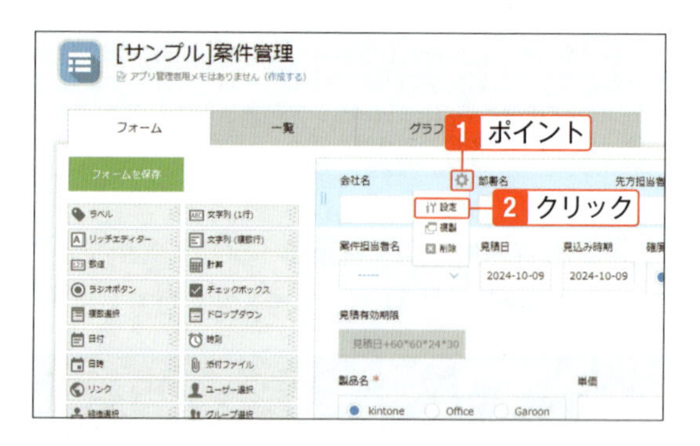

2 フィールドコードを「会社名」に変更。右下の「保存」をクリック。

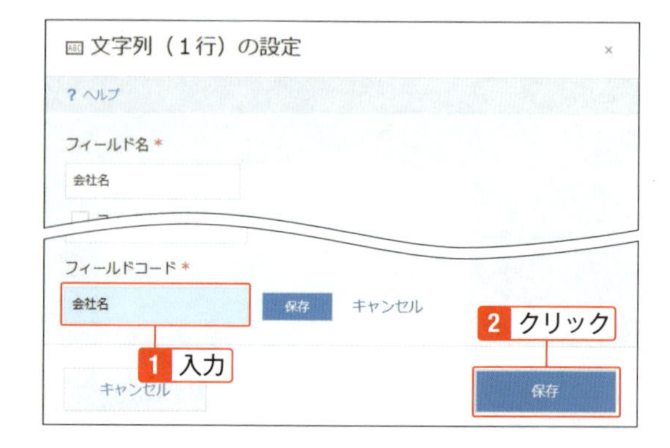

3 「部署名」と「先方担当者」のフィールドも、同様にフィールドコードを編集して「部署名」、「先方担当者」と入力し保存。

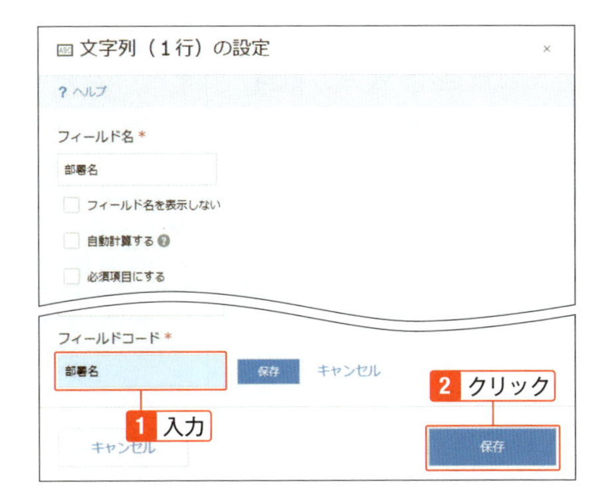

4 画面左側のフィールド一覧から「文字列(1行)」をフォームにドラッグして配置して幅を広げ、「文字列(1行)」のフィールドの右上にマウスポインタをあわせ、表示される「設定」をクリック。

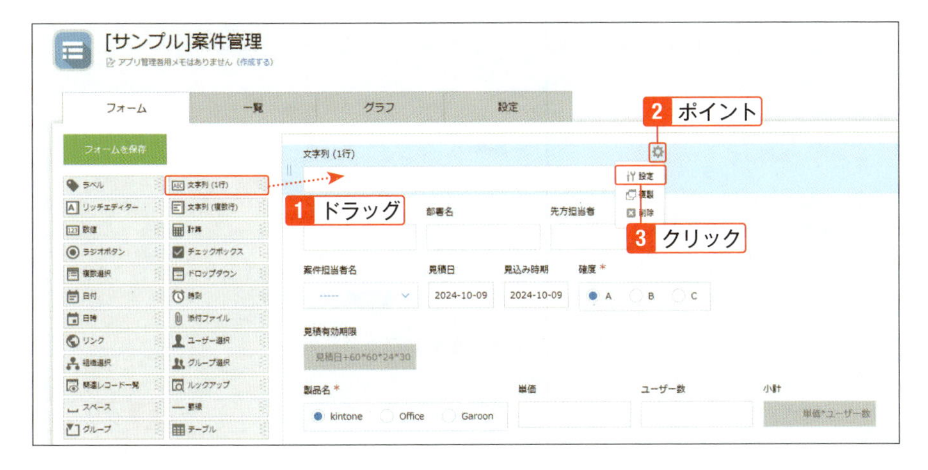

5 フィールド名に「宛先」と入力。「自動計算する」にチェックをつける。

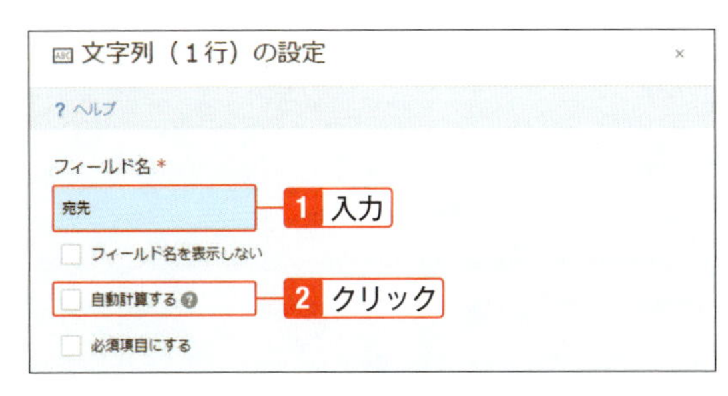

6 計算式に「会社名&" "&部署名&" "&先方担当者」と入力。

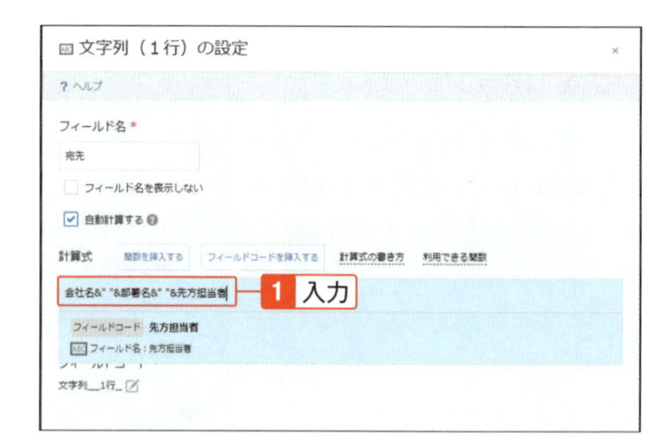

Hint

フィールドの結合

「&」演算子を利用すると、複数のフィールドを結合できます。任意の文字やスペース（空白）を追加するには半角の「" "」を使います。ここでは、会社名と部署名と先方担当者の間に半角のスペースを入れて見やすくしています。

7 フィールドコードを「宛先」に変更。「保存」をクリック。

8 宛先に「会社名&" "&部署名&" "&先方担当者」と表示される。画面右上の「アプリを更新」をクリックし、確認画面で「アプリを更新」をクリック。

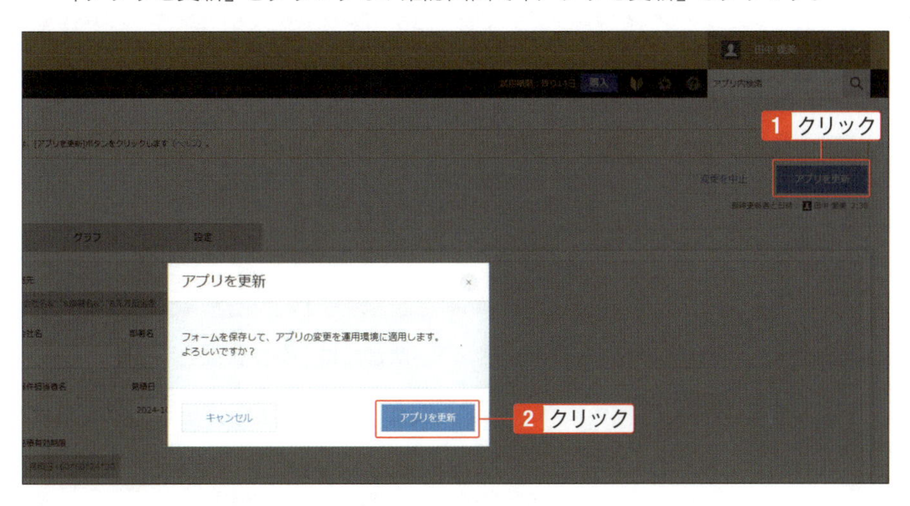

9 レコード一覧画面から任意のレコード詳細画面を表示し、右上の（レコードを編集する）アイコンをクリック。「宛先」に会社名と部署名と先方担当者が結合されて表示される。

06-06

SUM関数やIF関数を挿入する

SUM関数やIF関数を利用して計算する

計算式では、「SUM」「IF」などの関数を利用できます。他のフィールドの合計値を計算したり、条件によって表示する値を変えたりできます。演算子や関数は計算式の中で組み合わせて使えます。

関数を利用してテーブルのフィールドを集計する

SUM関数を使って、数値を合計できます。たとえば「案件管理」アプリの「オプション」テーブルの「金額」を合計して、「オプション小計」を表示しましょう。

1 「06-06 計算する」で設定を更新した「[サンプル]案件管理」アプリを開き、⚙（アプリを設定）をクリック。

2 画面左側のフィールド一覧から「計算」をフォームにドラッグして配置し、「計算」のフィールドの右上にマウスポインタをあわせ、表示される「設定」をクリック。

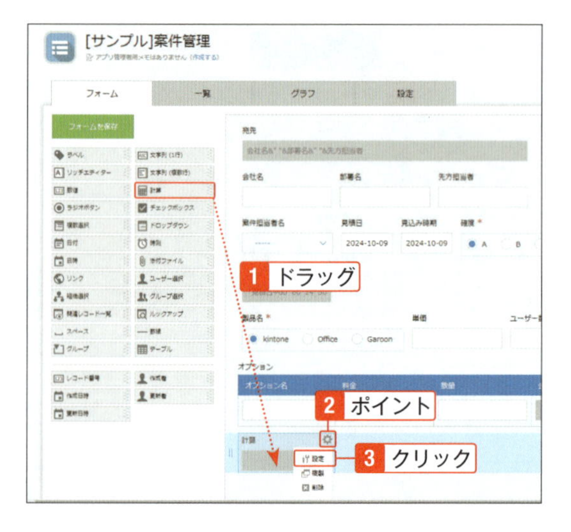

3 フィールド名に「オプション小計」と入力。「関数を挿入する」をクリック。

Hint

関数を挿入する

「関数を挿入する」をクリックすると、kintoneで利用できる関数が一覧で表示されます。表示された関数をクリックすると、計算式に挿入できます。

4 関数「SUM」をクリック。

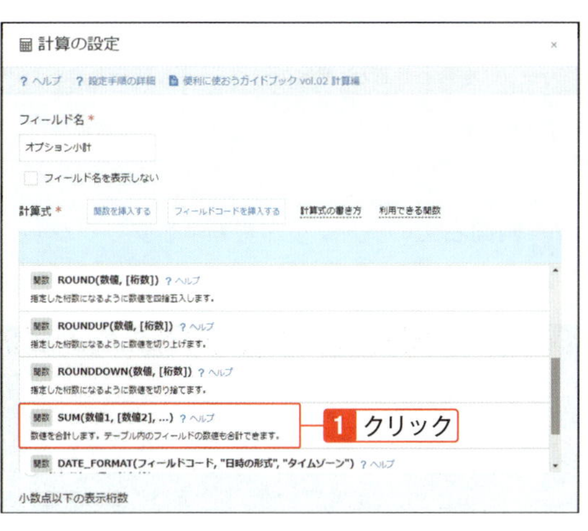

Hint

SUM関数

SUM関数を設定すると、数値を合計できます。複数の数値フィールドに入力された値を合計するときや、テーブル内の数値や時間を合計するときに使用します。関数は大文字と小文字のどちらでも入力できます。

5 フィールドコード「金額」をクリック。

06 アプリを使いやすくする

6 計算式に「SUM(金額)」と表示される。「数値(例：1,000)」を選択。フィールドコードを「オプション小計」に変更。「保存」をクリック。

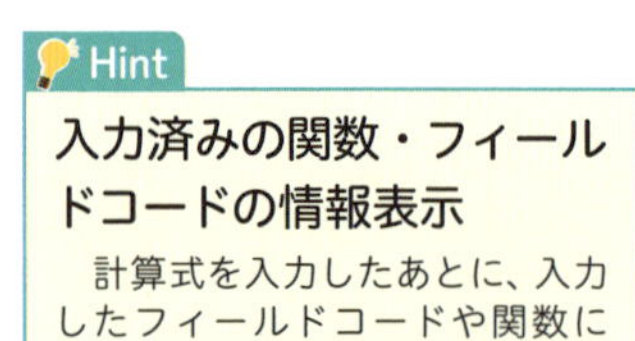

Hint

入力済みの関数・フィールドコードの情報表示

計算式を入力したあとに、入力したフィールドコードや関数にカーソルを合わせると、関数の説明やフィールドコードの情報が表示されます。

7 画面右上の「アプリを更新」をクリックし、確認画面で「アプリを更新」をクリック。

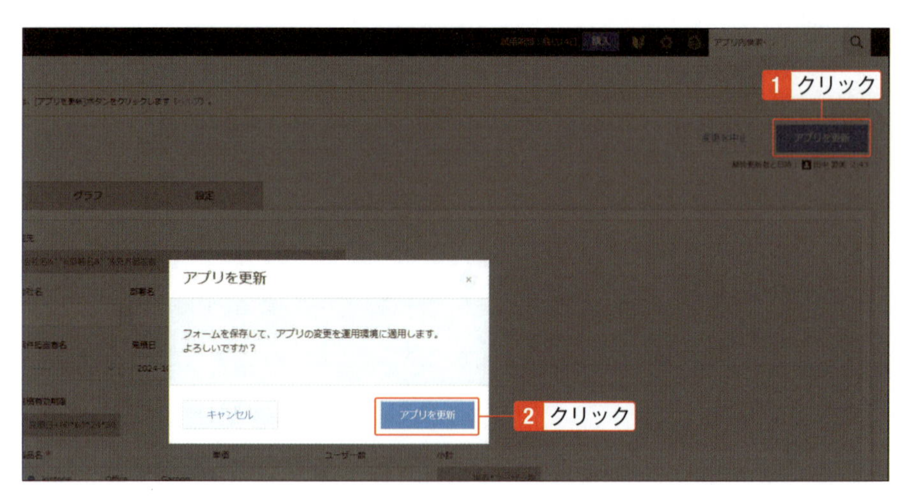

8 レコードの追加画面を表示。テーブルに複数行を追加して、「料金」と「数量」に入力し、フォーム内の任意の箇所をクリック。「オプション小計」に計算結果が表示される。

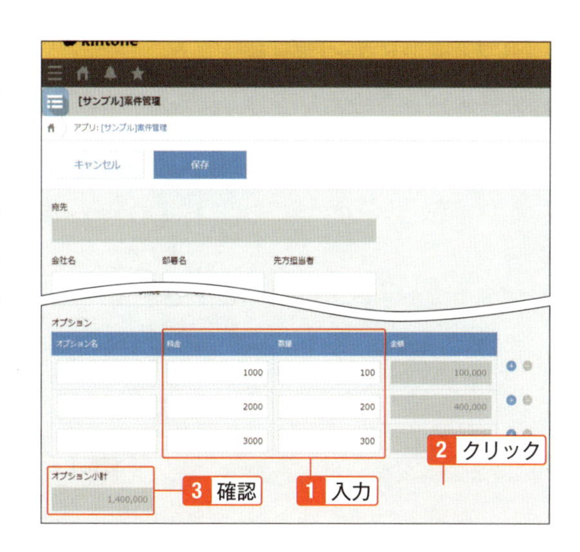

条件によって表示する値を変える

IF関数を使って、条件によって表示する値を変えられます。たとえば「案件管理」アプリの「確度」が「A」なら小計とオプション小計を合わせた額の80%、そうでなければ0を見込み金額として表示しましょう。

1 「[サンプル]案件管理」アプリで⚙（アプリを設定）をクリック。「確度」フィールドの右上にマウスポインタをあわせ、表示される「設定」をクリック。

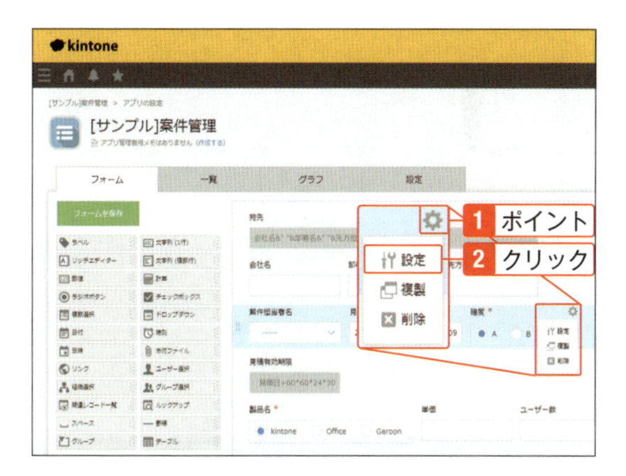

2 フィールドコードを「確度」に変更し、右下の「保存」をクリック。

3 画面左側のフィールド一覧から「計算」をフォームにドラッグして配置。「計算」フィールドの右上にマウスポインタをあわせ、表示される「設定」をクリック。

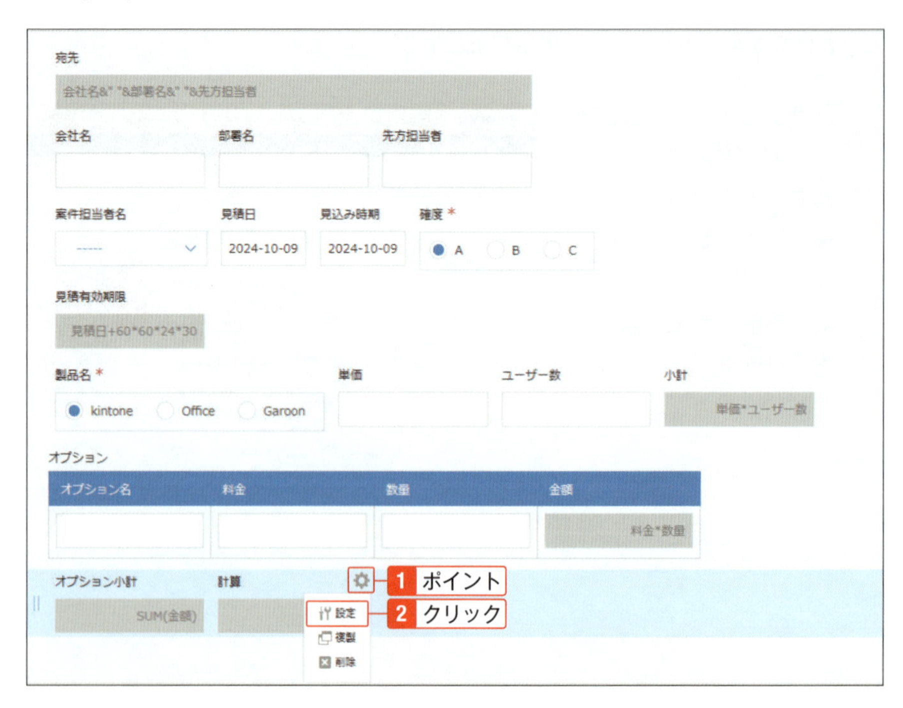

4 フィールド名に「見込み金額」と入力。「関数を挿入する」をクリック。

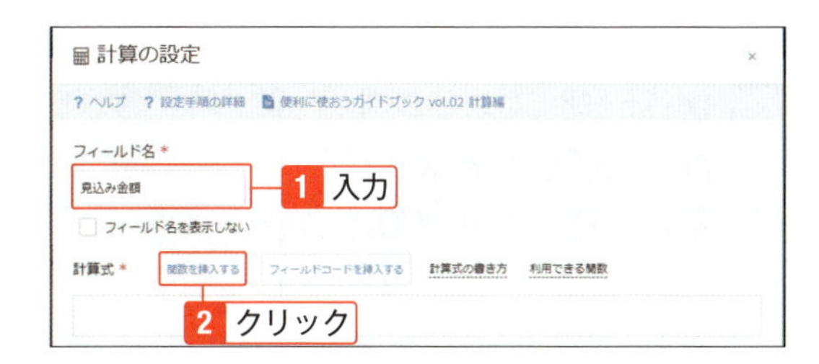

5 関数「IF」をクリック。

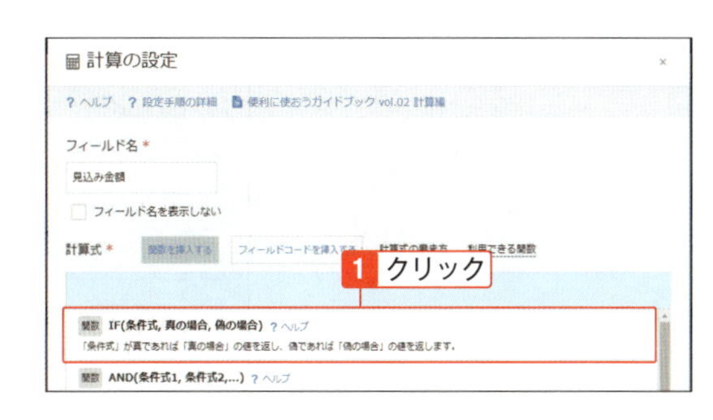

Hint

IF関数

IF関数を設定すると、設定した条件式の結果に応じて、返す値を変更できます。IF関数には、引数として「条件式」、「真の場合に返す値」、「偽の場合に返す値」を指定します。ここでは、条件式を「確度="A"」、真の場合に返す値を「(小計+オプション小計)*0.8」、偽の場合に返す値を「0」とします。引数(ひきすう)とは、関数の()の中に指定する値で、複数指定する場合は「,」(カンマ)で区切ります。()内の左から順に第1引数、第2引数、第3引数、と呼びます。

6 IFのあとの()内に、「確度="A",(小計+オプション小計)*0.8,0」と入力。

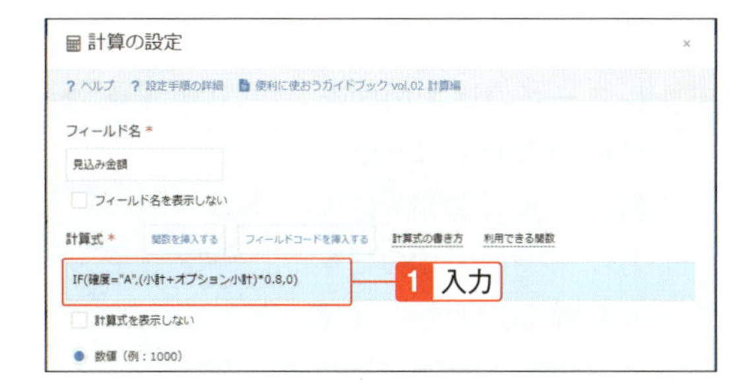

Hint

条件式で使用できる演算子

「条件式」の引数には、フィールドコードや値と、比較演算子を組み合わせた条件式を指定できます。条件式では以下の演算子が利用できます。

「 = 」「 != 」「 <> 」「 < 」「 <= 」「 > 」「 >= 」

数値型のフィールド(数値フィールドなど)を比較する場合は、上記の演算子がすべて利用できます。文字列型のフィールド(文字列(1行)フィールドなど)を比較する場合は、「 = 」「!=」「<>」のみが利用できます。文字列型では、「等しいかどうか」の比較だけが可能です。

7 計算式に「IF(確度="A",(小計+オプション小計)*0.8,0)」と表示される。「数値（例：1,000）」を選択。フィールドコードを「見込み金額」に変更。「保存」をクリック。

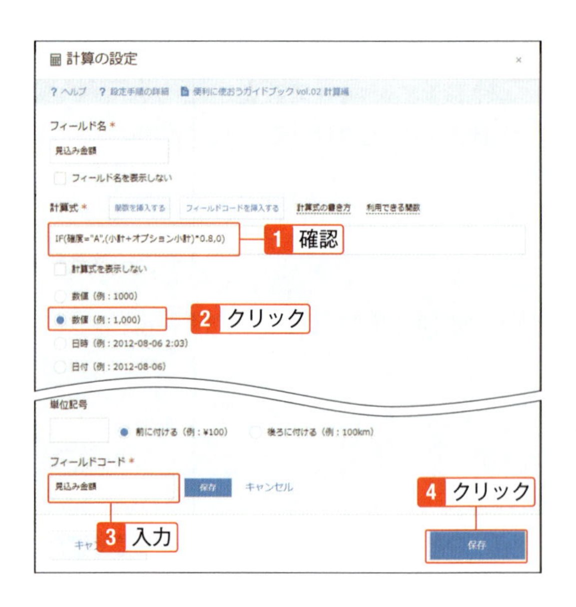

8 画面右上にある「アプリを更新」をクリックし、表示された確認画面で「アプリを更新」をクリック。

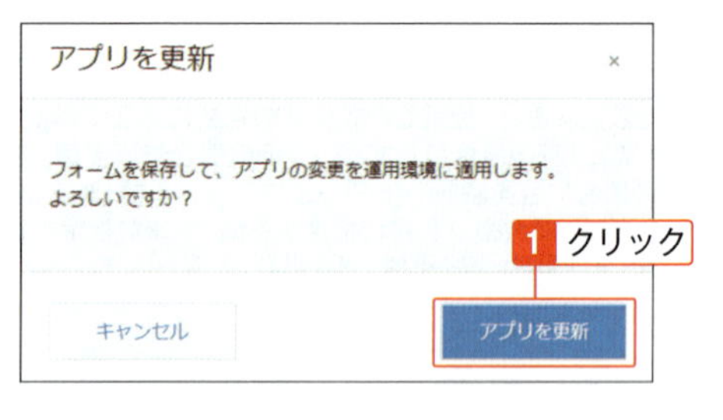

9 レコードの追加画面を表示。「単価」「ユーザー数」「料金」「数量」に入力し、フォーム内の任意の箇所をクリック。「見込み金額」に計算結果が表示される。

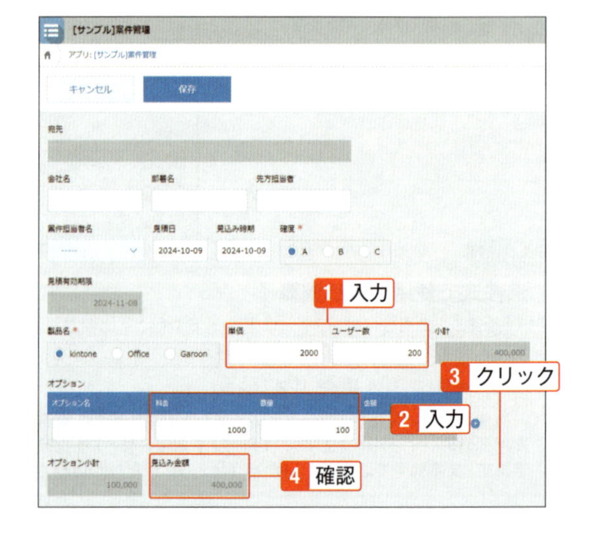

その他の関数を挿入する

その他の関数を利用して計算する

計算式では、さまざまな関数を利用できます。日付の表示形式を指定して表示したり、数値を四捨五入したりできます。

日付の表示形式を指定して表示する

DATE_FORMAT関数を使って、日付を指定した表示形式の文字列に変換できます。たとえば「案件管理」アプリの見積有効期限を「見積は～年～月～日まで有効」と表示しましょう。

1 「[サンプル]案件管理」アプリで⚙（アプリを設定）をクリック。画面左側のフィールド一覧から「文字列(1行)」をフォームにドラッグして配置。フィールドの右上にマウスポインタをあわせ、表示される「設定」をクリック。

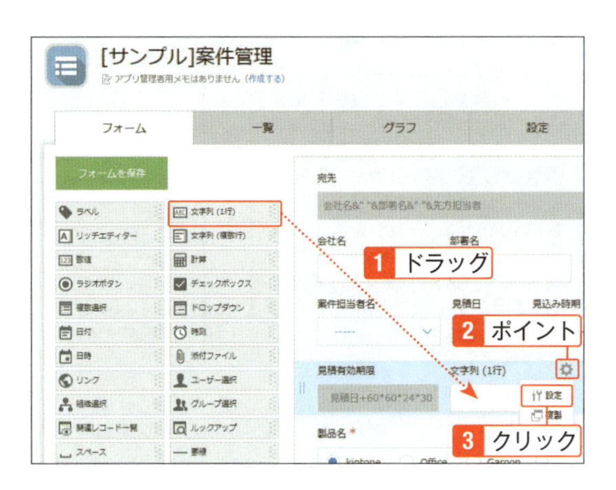

Check

計算結果が文字列

計算結果が文字列になる場合は、文字列（1行）フィールドに計算式を設定します。

2 フィールド名に「期限」と入力。「自動計算する」にチェックをつける。

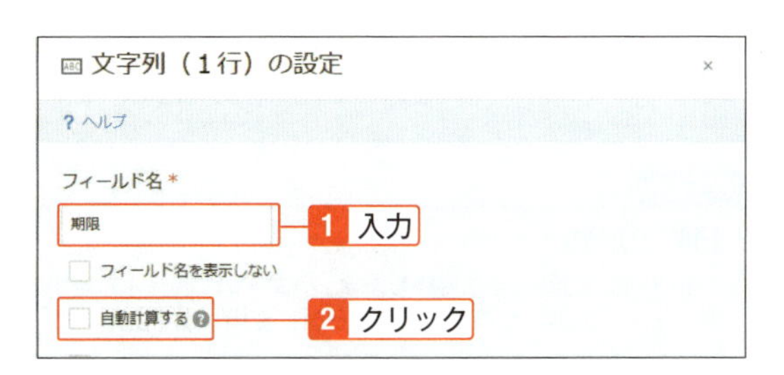

3 計算式に「"見積は"&」と入力。「関数を挿入する」をクリック。

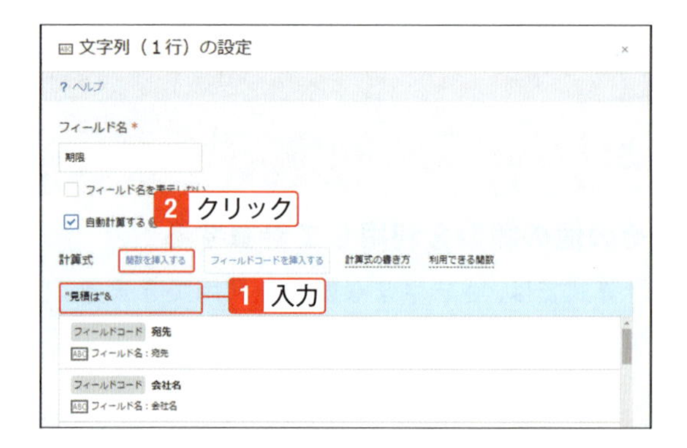

4 関数「DATE_FORMAT」をクリック。

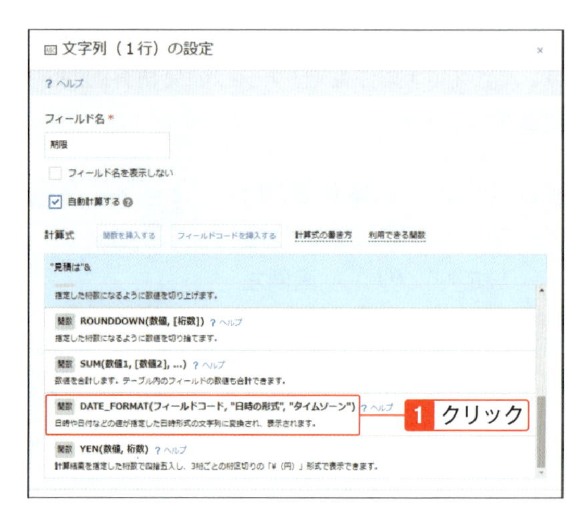

Hint

DATE_FORMAT関数

DATE_FORMAT関数を設定すると、日時や日付などの値を指定した日時形式の文字列に変換できます。DATE_FORMAT関数には、引数として、第1引数に「日時」、第2引数に「日時の形式」、第3引数に「タイムゾーン」を指定します。ここでは、第1引数を「見積有効期限」、第2引数を「"YYYY年MM月dd日"」、第3引数を「"Etc/GMT"」とします。

5 DATE_FORMATのあとの()内に、「見積有効期限,"YYYY年MM月dd日","Etc/GMT"」と入力。

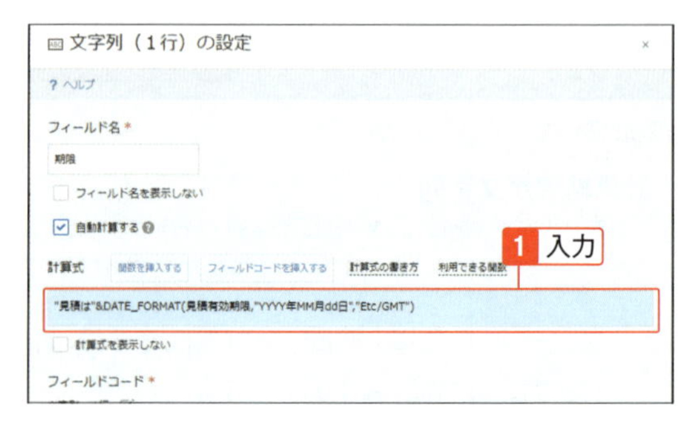

Hint

日時の形式

YYYYは、西暦の年に変換します。小文字の「yyyy」も使用できます。MMは、ゼロ埋めありの月に変換します。ddは、ゼロ埋めありの日付に変換します。

Hint

タイムゾーン

第1引数で時刻フィールドまたは日付フィールドを指定した場合は、「Etc/GMT」(協定世界時のタイムゾーンID) を指定します。第1引数で日時フィールドを指定した場合は、「Asia/Tokyo」などのタイムゾーンIDを指定します。

6 計算式の末尾に「&"まで有効"」と入力。フィールドコードを「期限」に変更。「保存」をクリック。

7 期限に「"見積は"&DATE_FORMAT(見積有効期限,"YYYY年MM月dd日","Etc/GMT")&"まで有効"」の先頭部分が表示される。期限フィールドの幅を広げる。「アプリを更新」をクリックし、「アプリを更新」をクリック。

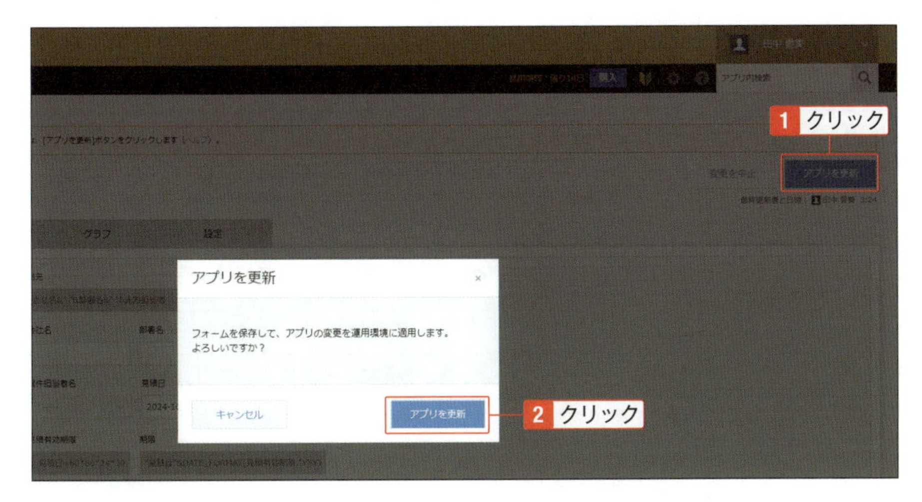

8 レコードの追加画面を表示。「期限」に「見積は～年～月～日まで有効」と表示される。

kintoneで利用できる関数

SUM関数、IF関数、DATE_FORMAT関数のほかにも、kintoneで利用できる関数があります。計算式の「関数を挿入する」をクリックすると、それぞれの関数の引数やヘルプへのリンクや説明が表示されます。

関数	説明
IF	条件を指定し、その条件の真偽によって異なった値を返す
AND	計算式で指定した条件が全て真となる時は真を返し、そうでなければ偽を返す
OR	計算式で指定した条件のいずれかが真となる時は真を返し、そうでなければ偽を返す
NOT	条件を反転させる
CONTAINS	指定したフィールドが条件（選択肢）と一致しているか、またはテーブル内に条件（検索文字列）と一致する行があるかどうかを判定する
ROUND	数値を四捨五入する
ROUNDDOWN	数値を切り捨てる
ROUNDUP	数値を切り上げる
SUM	数値のフィールドコード、値が数値になる計算式、または数値を合計する
DATE_FORMAT	日時の形式やタイムゾーンを変更する
YEN	計算結果を、指定した桁数で四捨五入し、3桁ごとの桁区切りの「¥(円)」形式で表示する

06-08 ルックアップを利用する

ルックアップで他のアプリからデータを取得する

他のアプリからデータを取得（コピー）するには、ルックアップを利用します。ルックアップで、複数のアプリを連携させられます。

ルックアップで他のアプリからデータを取得

ルックアップは、他のアプリに登録されている情報を参照してデータを取得（コピー）することができるフィールドです。入力の手間を減らし、入力ミスや表記ゆれを防げます。たとえば、お客様情報を何度も入力するのが大変なとき、すでに別アプリで顧客情報を管理していれば、そこから顧客情報をコピーして入力できます。ここでは、「日報」アプリにルックアップを追加し、「顧客管理（営業支援パック）」アプリの情報を取得（コピー）できるようにしましょう。

1 「05-02 サンプルアプリを選んで作成」で追加した「日報」アプリを開き、⚙（アプリを設定）をクリック。

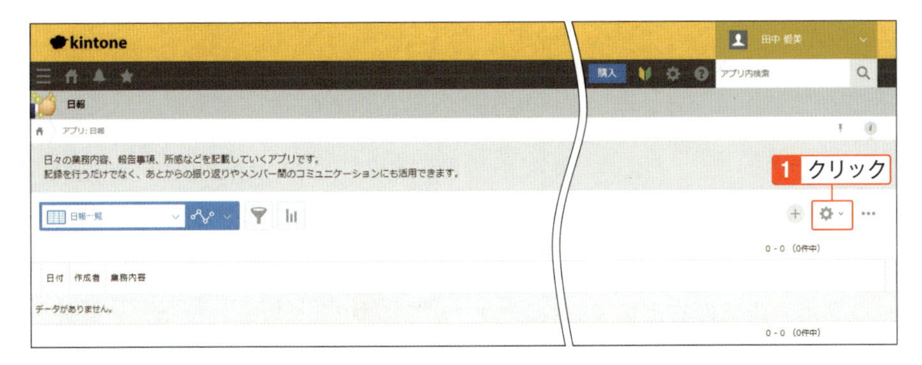

2 画面左側のフィールド一覧から「ルックアップ」をフォームにドラッグして配置。その右に「文字列（1行）」をドラッグして2つ配置。

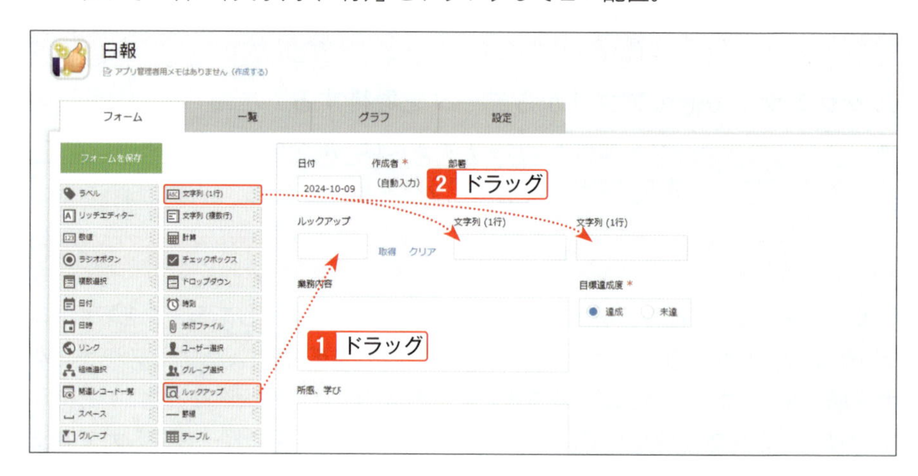

3 「文字列(1行)」のフィールド名を、それぞれ「部署名」「担当者名」に変更。

4 「ルックアップ」のフィールドの右上にマウスポインタをあわせ、表示される「設定」をクリック。

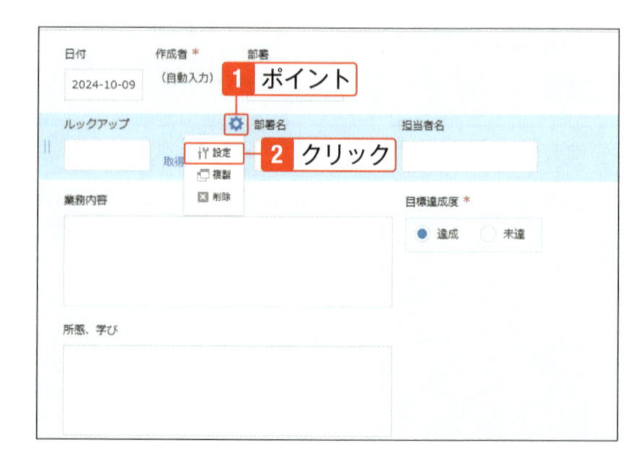

5 フィールド名に「顧客名」と入力。「アプリを選択してください」をクリックし、「顧客管理（営業支援パック）」（「05-02 サンプルアプリを選んで作成」で追加）をクリック。

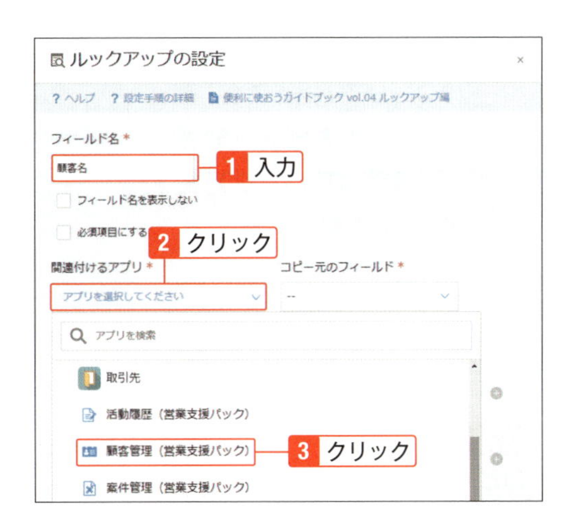

Check

関連付けるアプリ

データを取得する元のアプリを選択します。

6 コピー元のフィールドで「顧客名」を選択。

Check

コピー元のフィールド

関連付けのキーにするフィールドを選択します。

7 ほかのフィールドのコピーで「部署名」を選択し、その右側は「[顧客管理（営業支援パック）]部署名」を選択。右側の（追加）をクリック。

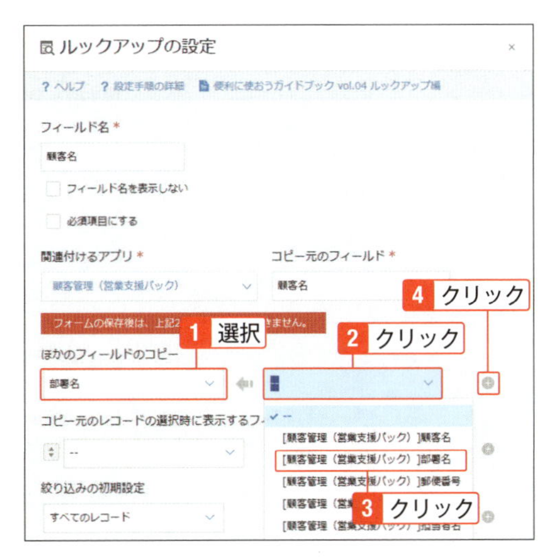

Hint

ほかのフィールドのコピー

ルックアップ元のレコードから、ほかのフィールドのデータをまとめて取得できます。

8 追加されたほかのフィールドのコピーで「担当者名」を選択し、その右側は「[顧客管理（営業支援パック）]担当者名」を選択。

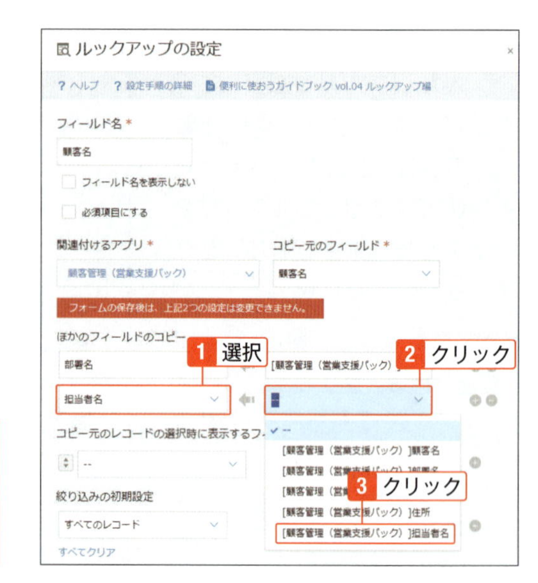

> **Check**
> **コピー元のレコードの選択時に表示するフィールド**
> ここで選択したフィールドは、取得するレコードの選択画面に表示されます。

> **Check**
> **絞り込みの初期設定**
> ここで設定した絞り込み条件は、取得するレコードの選択画面に適用されます。

> **Check**
> **ソートの初期設定**
> 取得するレコードの表示順を設定します。

9 「保存」をクリック。

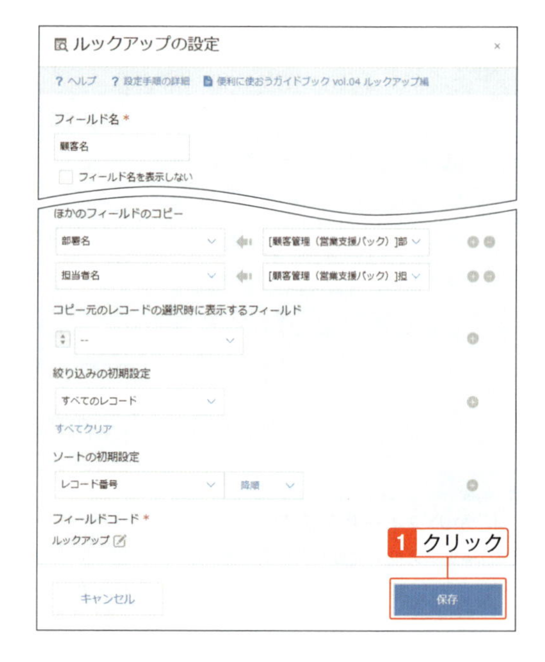

10 画面右上の「アプリを更新」をクリックし、確認画面で「アプリを更新」をクリック。

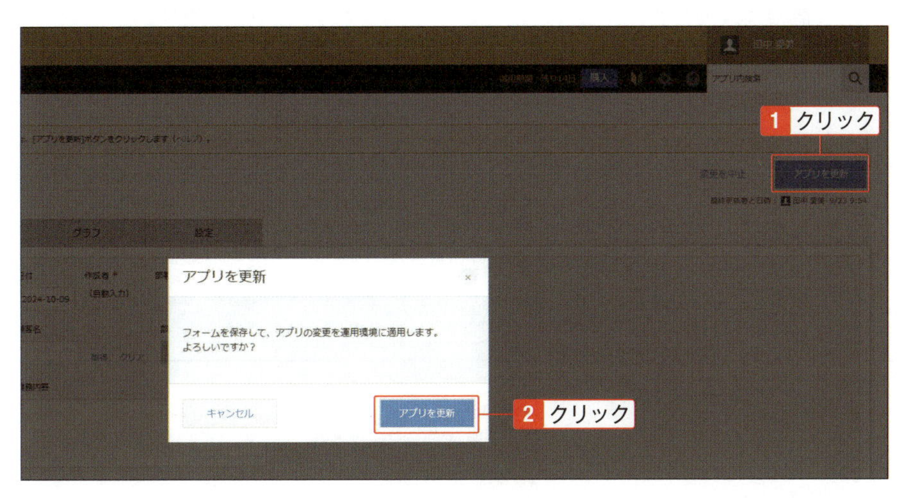

11 レコードの追加画面を表示。「顧客名」の「取得」をクリック。

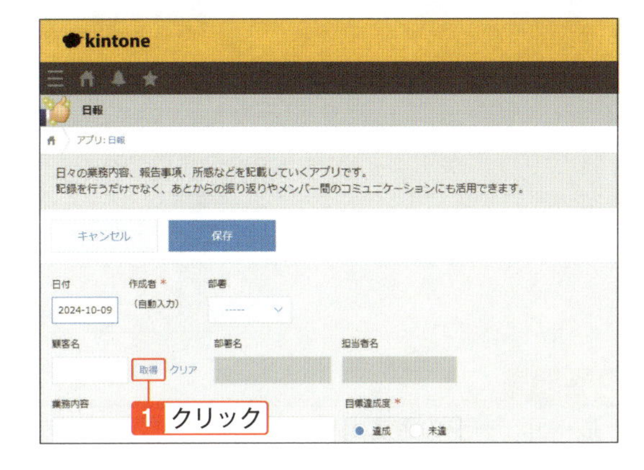

12 任意の顧客名の「選択」をクリック。

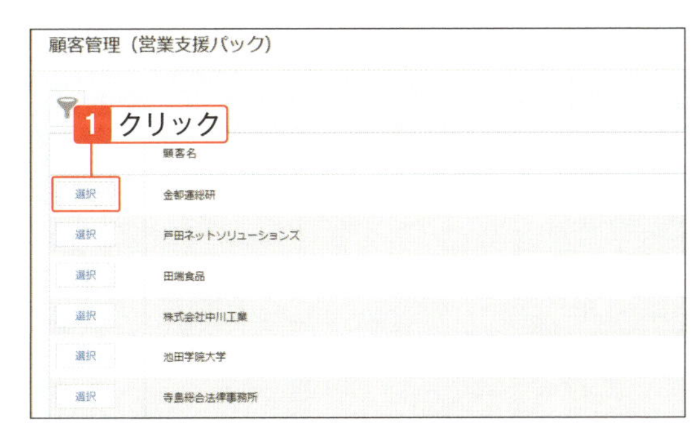

13 顧客名、部署名、担当者名に、参照先のアプリから情報が入力された。他のフィールドに任意でデータを入力し、「保存」をクリック。

14 レコードが保存された。

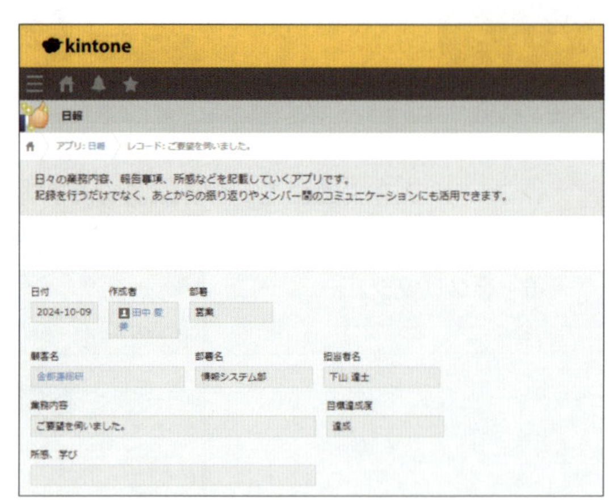

Check

取得元データの確認

ルックアップで取得したデータは、自動的にリンクが生成されます。クリックすると、取得元のレコードが表示されます。

06-09 関連レコード一覧を利用する

関連するレコードを一覧で表示する

関連するレコードを一覧で表示するには、関連レコード一覧を利用します。関連レコード一覧で、他のアプリのデータを表示できます。

関連レコード一覧で他のアプリのデータを表示

関連レコード一覧フィールドで、レコード詳細画面に「条件に一致したレコード」を一覧表示できます。関連レコード一覧を表示するには、関連レコード一覧フィールドを配置し、以下を設定します。

- **参照したいアプリ（別のアプリだけでなく、同じアプリも指定できる）**
- **紐づけたいフィールド（参照先アプリ内で、このフィールドの値が一致するレコードが、関連レコード一覧に表示される）**
- **関連レコード一覧に表示したいフィールド**

たとえば、「顧客管理（営業支援パック）」アプリに、「顧客名」が一致する「日報」アプリのレコードを表示しましょう。

1 「05-02 サンプルアプリを選んで作成」で追加した「顧客管理（営業支援パック）」アプリを開き、⚙（アプリを設定）をクリック。

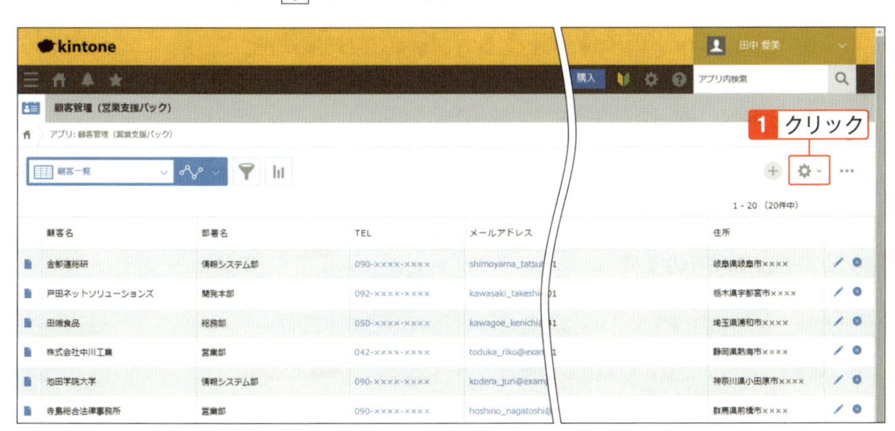

2 画面左側のフィールド一覧から「関連レコード一覧」をフォームにドラッグして配置し、「関連レコード一覧」のフィールドの右上にマウスポインタをあわせ、表示される「設定」をクリック。

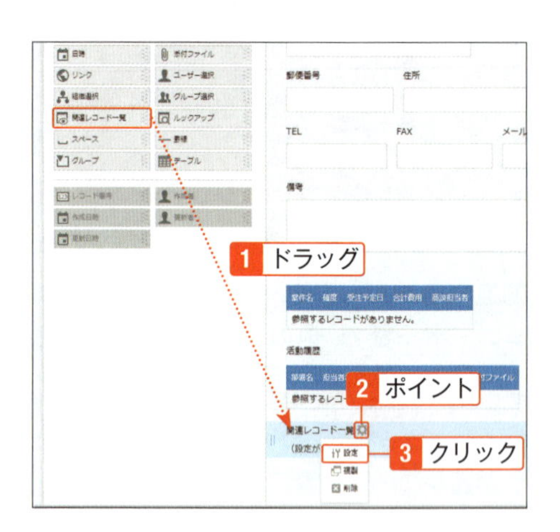

3 フィールド名に「日報一覧」と入力。「参照するアプリ」の「アプリを選択してください」をクリック。「日報」をクリック。

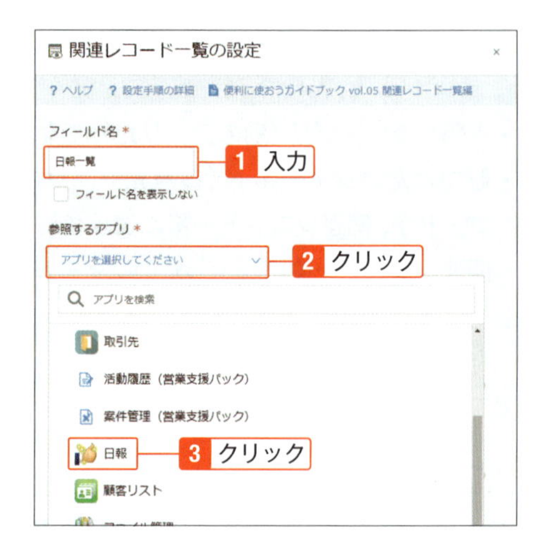

4 「表示するレコードの条件」の「このアプリのフィールド」をクリック。「顧客名」をクリック。

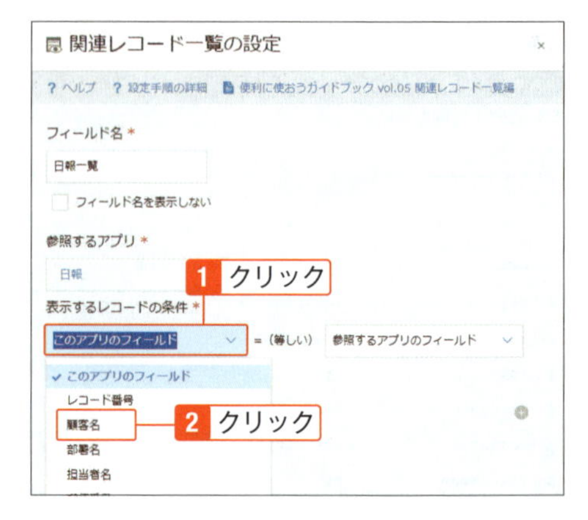

Check

表示するレコードの条件

現在のアプリと、参照先のアプリのフィールドをそれぞれ選択します。ここでは顧客名が一致する日報を表示させたいので、[顧客名]（このアプリ）＝[顧客名]（参照先のアプリ）を選択します。

5 「参照するアプリのフィールド」をクリック。「顧客名」をクリック。

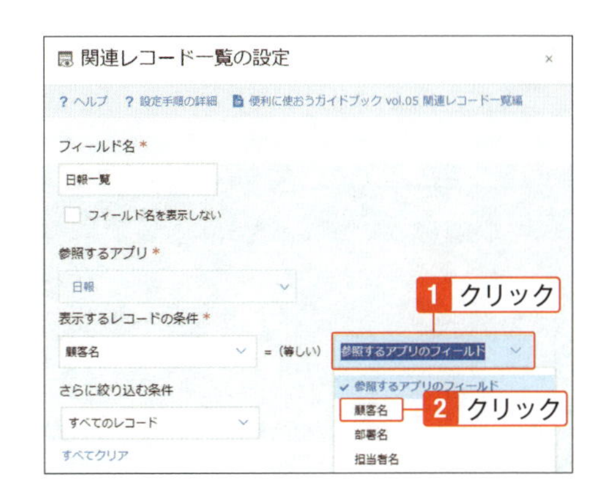

> ⚠ Check
> **さらに絞り込む条件**
> さらに条件を追加したい場合は、「さらに絞り込む条件」で指定します。今回は「すべてのレコード」のままにしておきます。

6 「表示するフィールド」で「日付」を選択。右側の⊕（追加）を2回クリック。

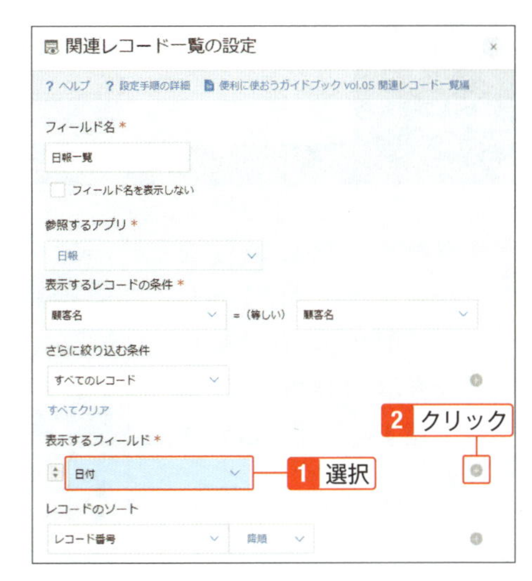

7 追加されたフィールドで「業務内容」と「所感、学び」を選択。「保存」をクリック。

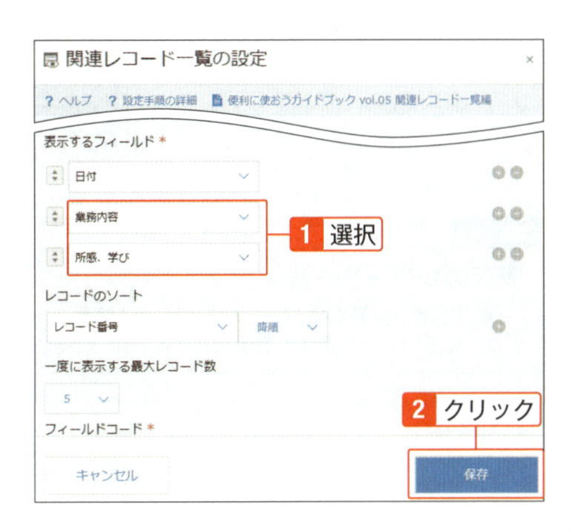

> ⚠ Check
> **レコードのソートと一度に表示する最大レコード数**
> 「レコードのソート」でレコードの並び順、「一度に表示する最大レコード数」で一度に表示する最大レコード数を選択します。

8 画面右上の「アプリを更新」をクリックし、確認画面で「アプリを更新」をクリック。

9 日報アプリでレコードを登録するときに参照した、顧客のレコード詳細を表示。「日報一覧」に関連する日報が表示される。

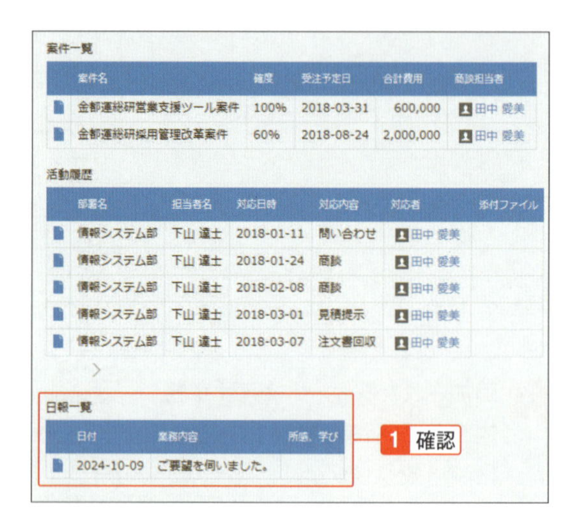

案件一覧

	案件名	確度	受注予定日	合計費用	商談担当者
	金都連総研営業支援ツール案件	100%	2018-03-31	600,000	田中 愛美
	金都連総研採用管理改革案件	60%	2018-08-24	2,000,000	田中 愛美

活動履歴

	部署名	担当者名	対応日時	対応内容	対応者	添付ファイル
	情報システム部	下山 達士	2018-01-11	問い合わせ	田中 愛美	
	情報システム部	下山 達士	2018-01-24	商談	田中 愛美	
	情報システム部	下山 達士	2018-02-08	商談	田中 愛美	
	情報システム部	下山 達士	2018-03-01	見積提示	田中 愛美	
	情報システム部	下山 達士	2018-03-07	注文書回収	田中 愛美	

日報一覧

	日付	業務内容	所感、学び
	2024-10-09	ご要望を伺いました。	

既存のレコード一覧

「顧客管理（営業支援パック）」アプリの「案件一覧」と「活動履歴」も関連レコード一覧です。どのアプリからどのような条件で表示されているか、設定画面で確認しましょう。

Chapter

07

アプリを使いこなす

kintoneのアプリを見やすく、使いやすくするために、アプリの説明やデザインテーマを設定できます。アクセス権でデータの共有範囲を限定したり、特定の条件を満たすと自動で通知を送信したり、申請や承認といった業務の流れをプロセス管理を設定して扱うこともできます。この章では、アプリを効果的に利用するための便利な設定を解説します。

07-01 アプリの説明とデザインテーマ

アプリの目的や使い方、注意事項を伝え、アプリをわかりやすくする

アプリを使いやすくするために、アプリの説明やデザインテーマを設定できます。利用者の操作画面に表示されるアプリの説明を設定して、どう使えばいいかを伝えられます。デザインテーマをアプリごとに設定して、フォームやレコード一覧の配色を変更し、いまどのアプリを開いているのかをわかりやすくできます。

アプリの説明

「アプリの説明」とは、アプリを開いたときに表示される情報で、アプリの取扱説明のようなものです。1つ1つのアプリに合わせて、アプリの説明に操作方法や注意事項など利用者をサポートする情報を追加しておくことで、より使いやすいアプリになります。アプリの目的や使い方、注意事項、アプリの管理者を書いたり、関連情報のリンクなどを配置するとよいでしょう。

1 「05-04 はじめから作成」で作成した「取引先」アプリを表示。⚙（アプリを設定）をクリック。

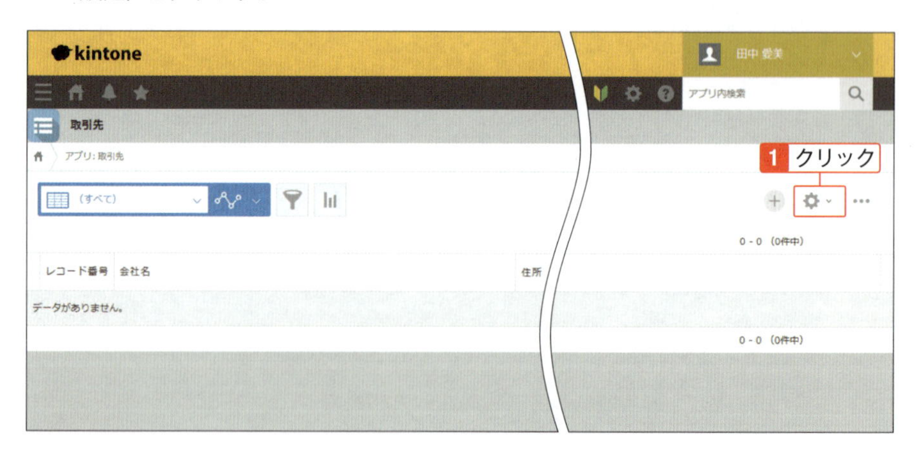

⚠ Check

アプリの説明が表示されていない

「取引先」アプリは「はじめから作成」で作成し、「アプリの説明」がまだ設定されていないため、アプリの説明が表示されていません。

2 「設定」をクリック。「アイコンと説明」をクリック。

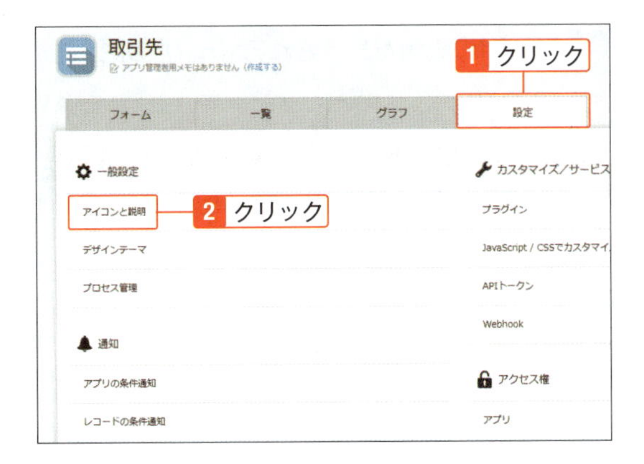

3 「アプリの説明」にアプリの目的や使い方、注意事項などを入力。「保存」をクリック。「アプリを更新」をクリック。確認画面で「アプリを更新」をクリック。

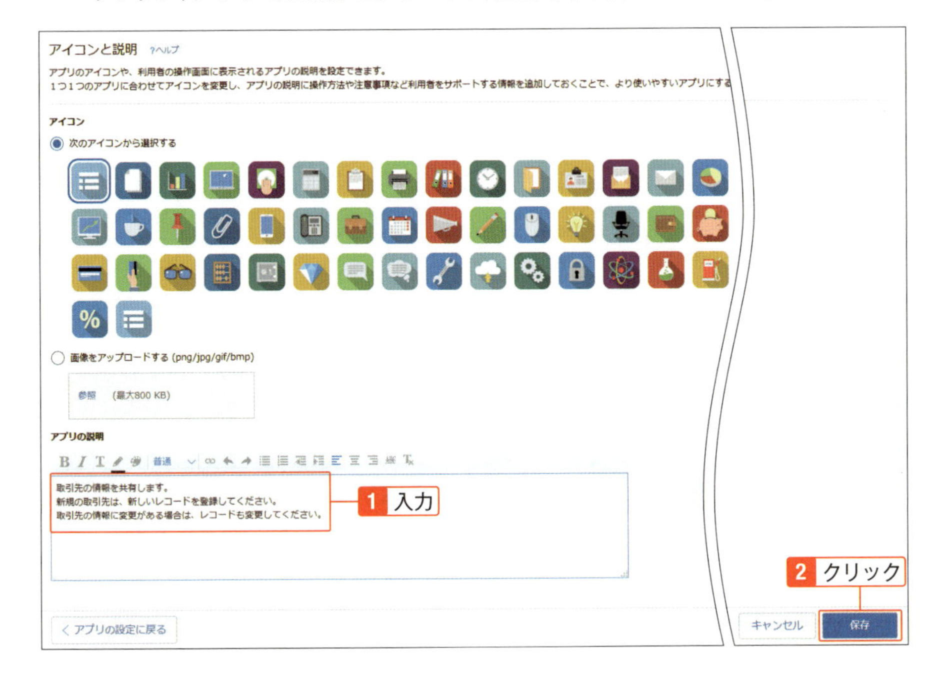

Check

アプリの説明への記載事項

「アプリの説明」には、アプリの目的や使い方、注意事項などを記載します。関連情報のWebページへのリンクを貼ったり、書式設定を使って文字を装飾したりすることもできます。アプリの責任者と連絡先を書いておくと、利用者がなにか困ったことがあってもすぐに連絡できます。「アプリの説明」に入力できる文字数の上限は、10,000文字です。

4 アプリの説明が表示される。アプリの説明を非表示にするには ⓘ をクリック。

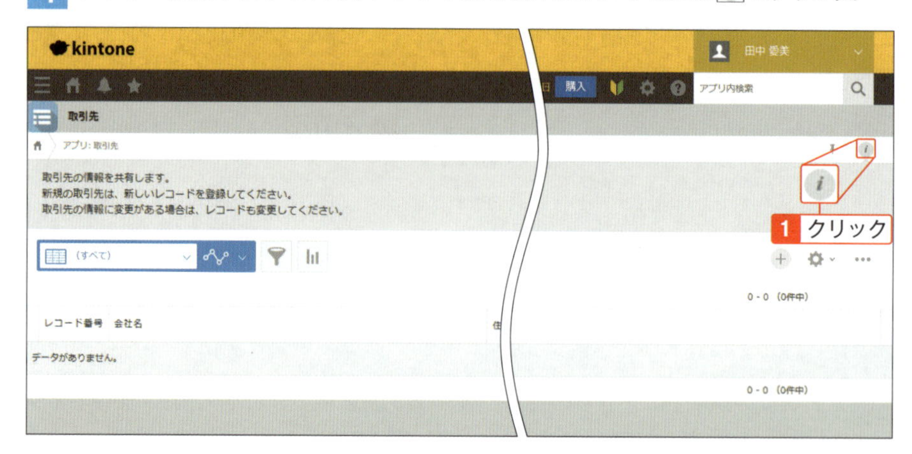

Check

アプリの説明の表示・非表示の切り替え

「アプリの説明」は、「レコードの一覧」画面や「レコードの詳細」画面などに表示されます。ⓘ をクリックすると、アプリの説明の表示／非表示が切り替わります。」をクリックして、表示と非表示を切り替えられます。

Hint

アプリ管理者用メモ

アプリの管理権限があるユーザーのみ作成および閲覧できるのが、アプリ管理者用メモです。アプリ管理者用メモは、「アプリの設定」画面で、アプリ名の下にある、「作成する」（アプリ管理者用メモの作成ボタン）をクリックして、作成できます。「アプリ管理者用メモ」に、アプリの設計意図や履歴、設計上の注意点などを記入しておくと、後からアプリの管理者になった人が情報を把握できるため、複数人でアプリを引き継いで継続的な改善をしやすくなります。

デザインテーマ

デザインテーマの設定で、フォームやレコード一覧の配色を変更できます。デザインテーマをアプリごとに設定することで、自分がどのアプリを開いているのかがわかりやすくなります。

1 「取引先」アプリの設定画面の「設定」タブを表示。「デザインテーマ」をクリック。

2 デザインテーマを選択。「保存」をクリック。「アプリを更新」をクリック。確認画面で「アプリを更新」をクリック。

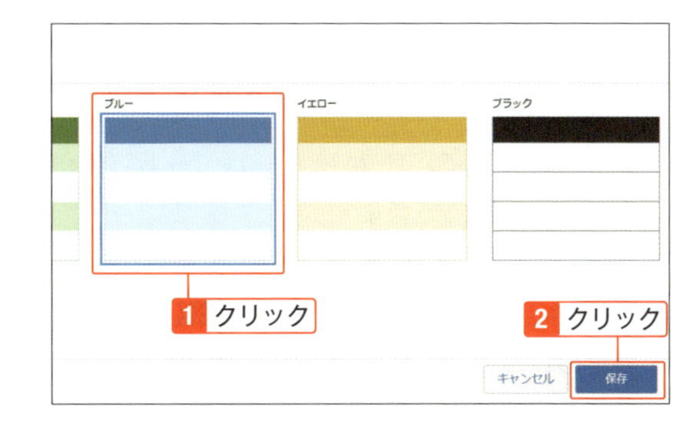

3 レコード一覧の配色が変更された。

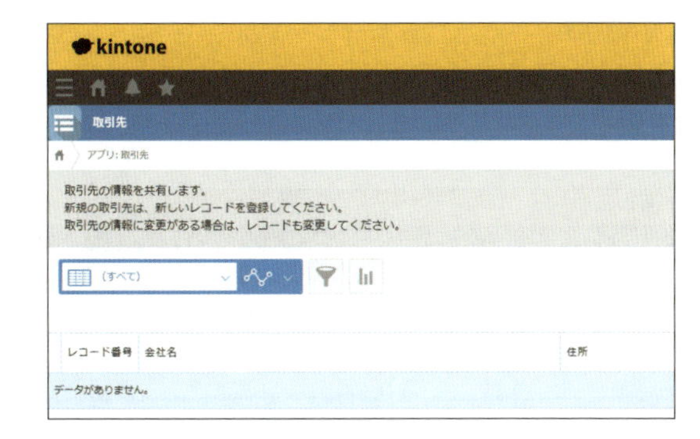

Check

デザインテーマが適用される画面

デザインテーマは、次の画面に適用されます。なお、モバイル版の画面には、デザインテーマは適用されません。

- **レコード一覧画面**
- **レコード登録画面**
- **レコード編集画面**
- **レコード詳細画面**
- **レコードを集計した表やグラフ**

アクセス権

データの共有範囲をユーザーや組織やグループを指定して限定する

アクセス権を設定して、アプリを利用できるユーザーを制限したり、レコード1件ずつに対して、レコードの閲覧、編集、または削除ができるユーザーを制限したり、フィールド1つずつに対して、フィールドの閲覧または編集ができるユーザーを制限できます。

アプリの利用やデータの閲覧や編集を条件に合わせて制限

アプリの設定で、アプリごと、レコードごと、フィールドごとの3つのレベルでアクセス権を設定できます。

- **アプリの利用や操作についての権限は「アプリのアクセス権」で設定する**
- **特定のレコードだけに設定する権限は「レコードのアクセス権」で設定する**
- **特定のフィールドだけに設定する権限は「フィールドのアクセス権」で設定する**

アクセス権を設定すると、ユーザーによって、閲覧・編集できるデータを制限できます。

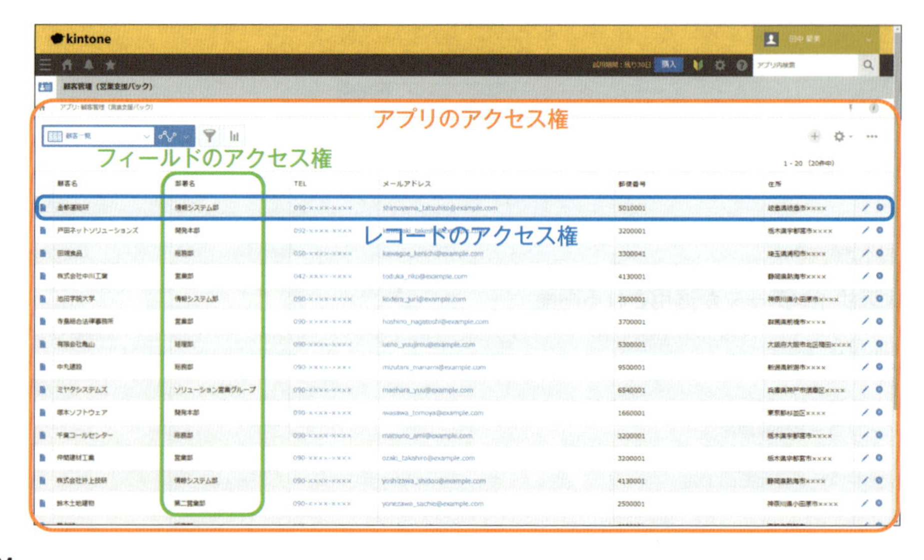

アプリやレコードの閲覧、編集、削除などの操作権限を、ユーザー単位だけでなく、組織やチーム単位でも設定できます。

アプリのアクセス権

アプリを利用できるユーザーを指定・制限できます。レコードの操作（閲覧、追加、編集、削除など）の制限だけでなく、アプリの設定を変更可能なユーザーの指定（アプリ管理権限の付与）もできます。たとえば、「顧客管理」アプリのレコードを安全に共有するために、削除できないようにする設定ができます。

1 「05-02 サンプルアプリを選んで作成」で作成した「顧客管理（営業支援パック）」アプリを表示。⚙（アプリを設定）をクリック。

2 「設定」をクリック。「アクセス権」の「アプリ」をクリック。

07 アプリを使いこなす

3 「アプリ作成者」と「Everyone」の「レコード削除」のチェックを外す。画面右下の「保存」をクリックし、続いて画面右上の「アプリを更新」をクリック。確認画面で「アプリを更新」をクリック。

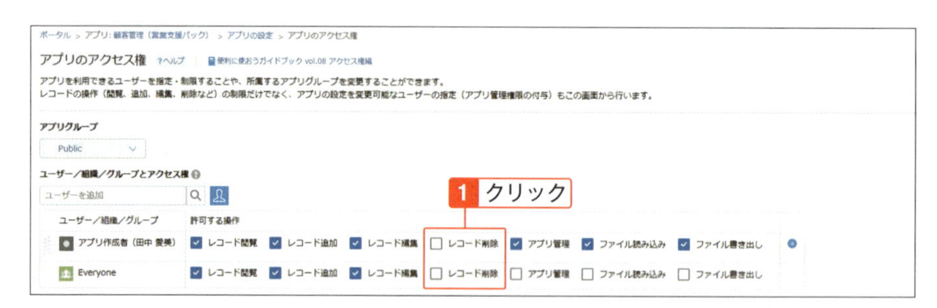

> **Check**
>
> ### Everyone
>
> 「Everyone」は、全利用ユーザーを指すグループです。

> **Hint**
>
> ### ユーザー／組織／グループ
>
> ユーザー、組織、またはグループは、検索ボックスで検索するか、検索ボックス右側の[ユーザー選択]アイコンをクリックしてユーザー選択のダイアログから追加できます。1人のユーザーに対して複数の権限を設定した場合、上の行の設定が優先されます。

> **Check**
>
> ### アプリグループ
>
> アプリグループとは、複数のアプリのアクセス権を一括で管理するためのもので、複数のアプリに一括でアプリの作成権限や管理権限などを設定できます。アプリ作成時はデフォルトで「Public」というアプリグループに所属します。スペース内アプリは必ず「Public」というアプリグループとなり、変更できません。スペースに所属していないアプリは、所属するアプリグループを変更できます。「Public」以外にも、kintoneシステム管理者はアプリグループを自由に作成できます。

4 レコードの削除のアイコンが表示されなくなる。

レコードのアクセス権

レコードにアクセス権を設定すると、レコード1件ずつに対して、レコードの閲覧、編集、または削除ができるユーザーを制限できます。たとえば、「日報」アプリは、自分が作成したレコードは編集、削除できて、それ以外のレコードは閲覧しかできないように設定できます。

1 「05-02 サンプルアプリを選んで作成」で作成した「日報」アプリの設定画面の「設定」タブを表示。「アクセス権」の「レコード」をクリック。

2 「追加する」をクリック。

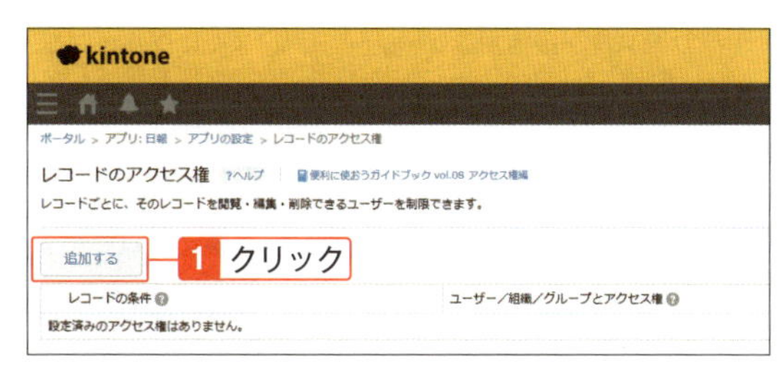

3 「フォームのフィールドを追加」をクリック。「作成者」を選択。

Check

レコードの条件

アクセス権を設定するレコードの条件を指定します。複数の条件を組み合わせられます。

4 「作成者」の「閲覧」、「編集」と「削除」のチェックを付ける。「Everyone」の「編集」と「削除」を外す。画面右下の「保存」をクリック。画面右上の「アプリを更新」をクリック。確認画面で「アプリを更新」をクリック。

Check

ユーザー／組織／グループとアクセス権

アクセス権を設定するユーザー、組織、またはグループを追加します。フィールドで指定されたユーザー、組織、またはグループに対してアクセス権を設定したい場合は、「フォームのフィールドを追加」をクリックして、フィールドを追加できます。

5 自分が作成したレコードは編集でき、それ以外のレコードは閲覧のみできる。

フィールドのアクセス権

フィールド1つずつに対して、フィールドの閲覧または編集ができるユーザーを制限できます。たとえば、「案件管理」アプリの「商談担当者」フィールドは、作成者と商談担当者しか編集できないようにする設定ができます。

1 「05-02 サンプルアプリを選んで作成」で作成した「案件管理（営業支援パック）」アプリの設定画面の「設定」タブを表示。「アクセス権」の「フィールド」をクリック。

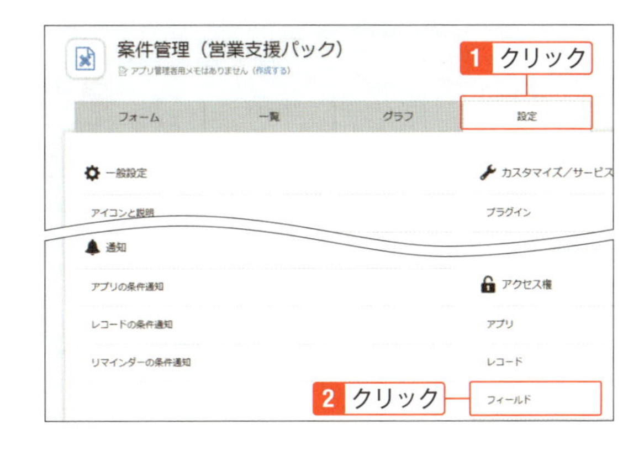

2 「追加する」をクリック。

3 フィールドの「更新者」をクリック。「商談担当者」を選択。

4 「フォームのフィールドを追加」をクリック。「作成者」を選択。再度「フォームのフィールドを追加」をクリック。「商談担当者」を選択。

5 「作成者」と「商談担当者」の「閲覧」と「編集」のチェックを付ける。「Everyone」の「編集」を外す。画面右下の「保存」をクリック。画面右上の「アプリを更新」をクリック。確認画面で「アプリを更新」をクリック。

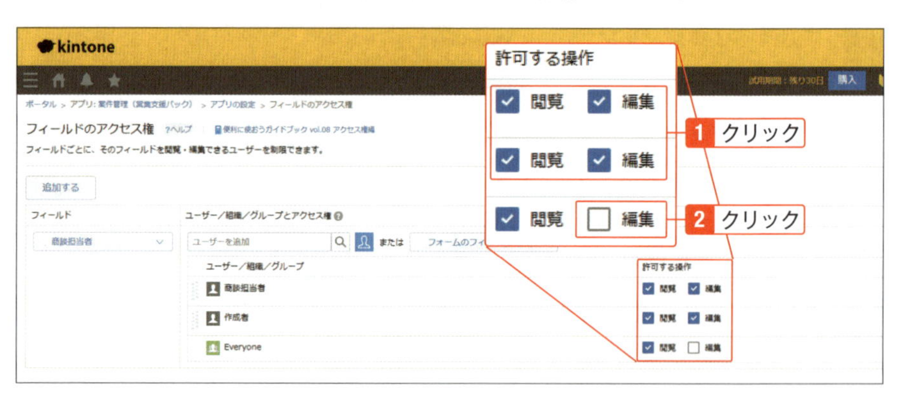

Check

設定の確認

作成者や商談担当者以外のユーザーでログインして、レコードの編集画面を表示すると、「商談担当者」フィールドは、作成者と商談担当者しか編集できなくなっていることを確認できます。

通知

アプリ、レコードに対する操作や日付に応じて関係者に自動的に通知する

レコードが編集されたことや、レコードにコメントが書き込まれたことなどを、関係するユーザーや組織、グループに通知できます。レコード内の日時情報をもとにしたリマインド通知も送信できます。

アプリの通知設定

自分がタスクの担当になったとき、締め切りが近づいてきたときなど、アプリやレコードの操作、レコード内のデータの状態によって、通知を送信するように設定できます。

次のようなときに、アプリの利用者に通知が送信されます。

通知の種類	送信のタイミング	例
アプリの条件通知	レコードが特定の操作をされたときに通知を送信する	アプリにレコードが追加されたとき
レコードの条件通知	レコード内のデータが特定の条件を満たしたときに通知を送信する	費用を入力する項目に、100万円以上の金額が入力されたとき
リマインダーの条件通知	レコード内の日時項目を基準にして、特定のタイミング（10日前、1日後など）に通知を送信する	ToDoの期日を入力した項目の日にちを過ぎたとき

自分がアプリやレコードを操作して、通知の条件を満たした場合は、自分宛には通知は送信されません。たとえば、自分で作成したレコードを編集した結果、レコードの条件通知で作成者に通知する条件を満たしても、自分宛には通知されません。

Check

通知先

通知先には、組織、グループ、またはユーザーを指定できます。フォームにユーザー選択、組織選択、グループ選択フィールドを配置している場合は、そのフィールドで選択されたユーザーも通知先に指定できます。

Check

通知の表示、送信

通知は、宛先のユーザーのポータルや「通知」画面に表示されます。kintoneの管理者がメール通知機能を有効にしている場合、個人設定でメール通知を有効にしているユーザーには、通知がメールでも送信されます。

アプリへの操作を条件にした通知（アプリの条件通知）を設定

レコードの追加や編集、プロセス管理のステータスの更新など、アプリが操作されたことを通知できます。通知先ごとに、通知する操作の条件を指定できます。たとえば、「案件管理」アプリに、いずれかの操作が行われたときに、必ず「商談担当者」に通知が届くように設定する、といった設定が可能です。

1 「05-02 サンプルアプリを選んで作成」で作成した「案件管理（営業支援パック）」アプリを表示。（アプリを設定）をクリック。

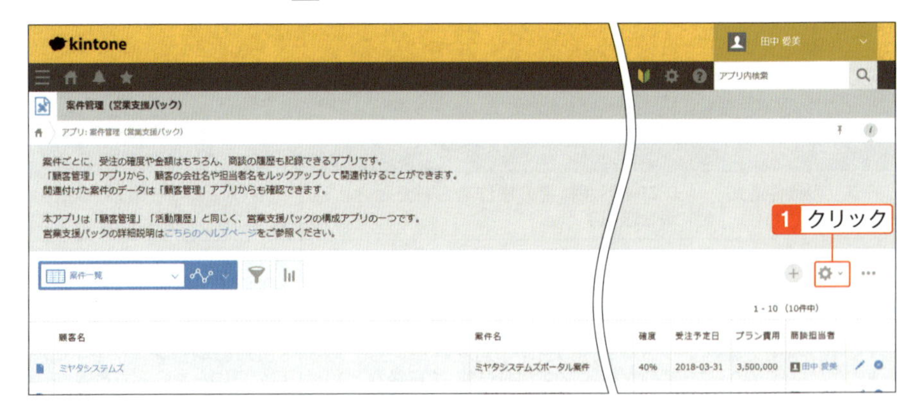

2 「設定」をクリック。「アプリの条件通知」をクリック。

3 「フォームのフィールドを追加」をクリック。「商談担当者」をクリック。

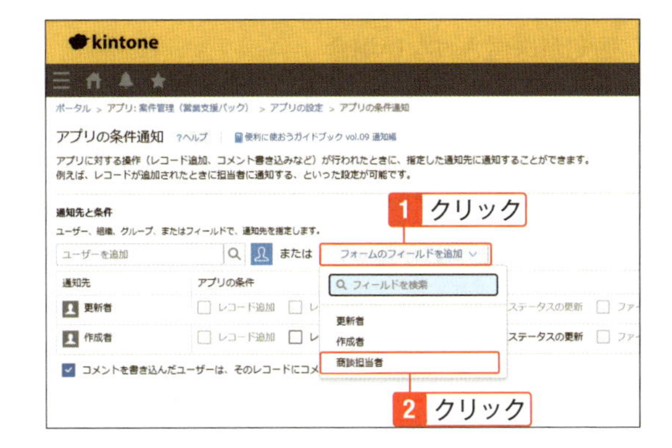

> **Check**
> ### 条件
> ここでは、例として「レコード追加、レコード編集、コメント書き込み、ステータスの更新の操作が行われたときに、商談担当者に通知する」という条件通知を設定します。

> **Check**
> ### ユーザー、組織、グループ、またはフィールドで、通知先を指定
> 「ユーザーを追加」から通知先のユーザーや組織を追加するか、「フォームのフィールドを追加」をクリックして通知先に指定したいフィールドを選択します。

4 「商談担当者」の「レコード編集」にチェックを付ける。画面右下の「保存」をクリック。

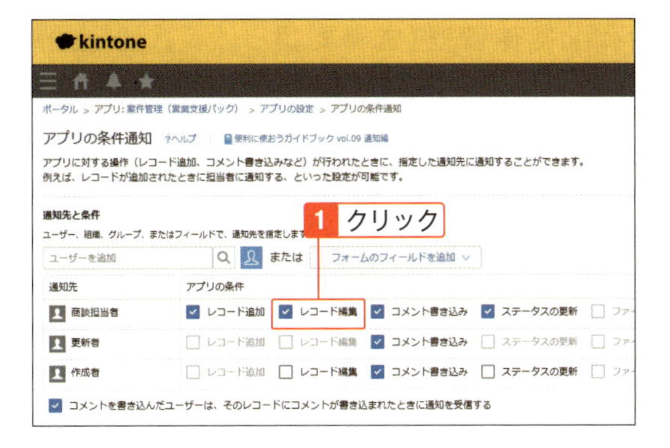

> **Check**
> ### 通知先の指定と通知の種類
> 通知先にユーザー／組織／グループを直接指定する場合と、フィールドを指定する場合とでは、受信する通知の種類が異なります。通知先にユーザーや組織を直接指定した場合、「すべて」の通知として受信します。通知先にフィールドを指定した場合、「自分宛」の通知として受信します。

> **Check**
> ### 通知の初期設定
> 通知の初期設定では、レコードにコメントが書き込まれたときに、次のユーザーに通知が送信されます。
>
> - **そのレコードの作成者**
> - **そのレコードの更新者**
> - **過去にそのレコードにコメントを書き込んだユーザー**

⚠ Check

通知が送信されない場合

アプリを操作した本人、およびアプリやレコードに閲覧権限を持たないユーザーには、通知は送信されません。
また、チェックを付けられない操作に対しては、通知を送信できません。

- **更新者：コメント書き込みのみ条件に指定できます。それ以外の操作は、チェックを付けられない**
- **作成者：レコード編集、コメント書き込み、プロセス管理のステータスの更新を条件に指定できる。それ以外の操作は、チェックを付けられない**

レコードが特定の条件を満たしたときの通知（レコードの条件通知）を設定

レコードの条件通知を設定すると、フィールドの値が特定の条件を満たすレコードを登録したときや、レコードを編集した結果フィールドの値が特定の条件を満たしたときに、指定した通知先に通知できます。たとえば、確度が100%になったときに、商談担当者に通知する、といった設定が可能です。レコードを編集する前に、フィールドの値が条件をすでに満たしていた場合は、通知されません。

1 「案件管理（営業支援パック）」アプリの設定画面の「設定」タブを表示。「レコードの条件通知」をクリック。

2 「追加する」をクリック。

3 「レコード番号」をクリック。「確度」を選択。

> **Check**
> ### レコードの条件
> 「レコードの条件」に、通知する条件を設定します。ここでは、例として「確度が100%になったときに、商談担当者に通知する」という条件通知を設定します。

4 「100%」をクリック。「通知内容」に「確度が100%になりました」と入力。「フォームのフィールドを追加」をクリックし、「商談担当者」をクリック。画面右下の「保存」をクリック。

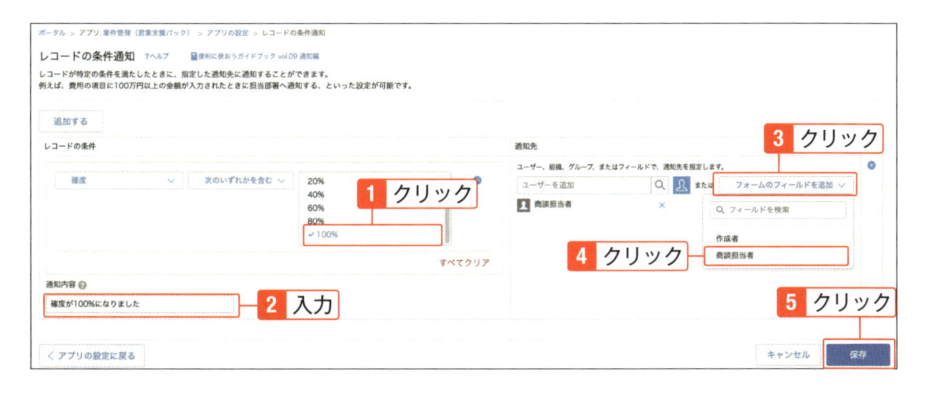

> **Check**
> ### 通知内容
> 「通知内容」に、通知の件名として表示する文を入力します。

07 アプリを使いこなす

Check

通知が送信されない場合

レコードを操作した本人、およびアプリやレコードに閲覧権限を持たないユーザーには、通知は送信されません。

Excelファイルや CSV ファイルを読み込んでレコードを登録、または更新した場合は、フィールドの値が通知設定の条件を満たしても、通知は送信されません。

日時を条件にしたリマインド通知（リマインダーの条件通知）を設定

日付フィールドや日時フィールドの値を元に、日時の条件を指定して、リマインド通知を設定できます。「～日前」、「～日後」といった設定ができるので、事前に確認の通知を届けたり、一定期間経過したらお知らせしたりできます。たとえば、受注予定日の7日前の9時に、商談担当者に通知する、といった設定が可能です。

1 「案件管理（営業支援パック）」アプリの設定画面の「設定」タブを表示。「リマインダーの条件通知」をクリック。

2 「追加する」をクリック。

3 「受注予定日」の右に「7」と入力。「12:00」をクリックし、「9:00」を選択。

⚠ Check

リマインドの条件と通知先

リマインドの条件に、「通知のタイミング」と「通知の条件」の2つを指定します。「通知のタイミング」に指定したタイミングで、「通知の条件」に指定した条件を満たしていれば、「通知先」に通知が送信されます。ここでは、例として「受注予定日の7日前の9時に、商談担当者に通知する」という条件通知を設定します。

⚠ Check

リマインドの条件の上限

リマインドの条件は、10件まで指定できます。

リマインドの条件1つにつき、通知の対象となるレコードは、レコード番号が大きい順に最大500件までです。通知の対象となるレコードが501件以上ある場合は、リマインドの条件を複数に分け、「通知の条件」でレコードを絞り込み、通知の対象となるレコードがそれぞれ500件以下になるように設定してください。

4 「通知内容」に「受注予定日の1週間前になりました」と入力。「フォームのフィールドを追加」をクリックし、「商談担当者」をクリック。画面右下の「保存」をクリック。画面右上の「アプリを更新」をクリック。確認画面で「アプリを更新」をクリック。

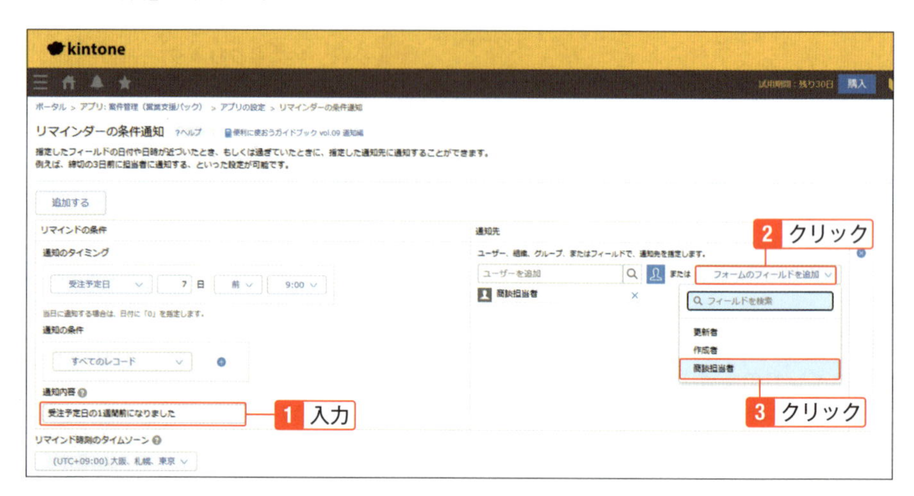

Hint

通知の条件と、リマインド時刻のタイムゾーン

必要に応じて、「通知の条件」を設定できます。「リマインド時刻のタイムゾーン」も選択できます。

Check

通知が送信されなかったり時間がずれる場合

アプリやレコードに閲覧権限を持たないユーザーには、通知は送信されません。

また、通知は、指定した時間から数分ずれる場合があります。

なお、定期メンテナンスでkintoneの停止中にリマインド条件を満たした通知があった場合、メンテナンス終了後にまとめて通知が送信されます。

プロセス管理

申請や承認など業務プロセスに沿った進捗管理を行う

申請の承認や稟議の決済、作業のタスク管理やクレーム処理など、複数のメンバーが担当する業務の進捗を管理し、スムーズに進められます。複数のユーザーでレコードの編集や確認をする業務でプロセス管理を利用すると、今、誰が、どのような対応をしているかが一目瞭然になります。

プロセス管理とは

「プロセス管理」機能で業務プロセスを設定すると、レコード詳細画面の上部にプロセスを進めるボタン（アクション）が表示されます。ボタン（アクション）をクリックするだけで、確認や承認をしたり、次の担当者に業務を回したりできます。レコードごとに、いま誰がどのような対応しているかの状況を把握できます。また、自分に作業が回ってきたタイミングで通知を受け取ったり、ポータルの「未処理」で作業する必要があるアプリを確認できるので、タスクを見逃しにくくなります。プロセス管理は、「申請の承認や稟議の決済を管理する」アプリ（稟議書、交通費申請、休暇申請など）や、「複数のユーザーで作業するタスクを管理する」アプリ（作業タスク管理、クレーム処理など）でよく使われます。たとえば、「休暇申請」アプリでの申請手順は以下のようになります。

1 「05-13 見やすくするフィールド」で作成した「休暇申請（おすすめ機能体験パック）」アプリを表示。＋（レコードを追加する）をクリック。

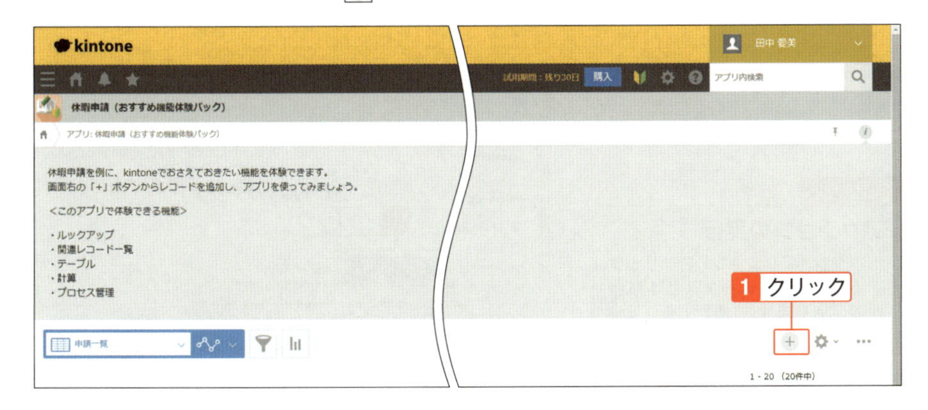

2 「承認者」にログインしているユーザーを選択し、「保存」をクリック。

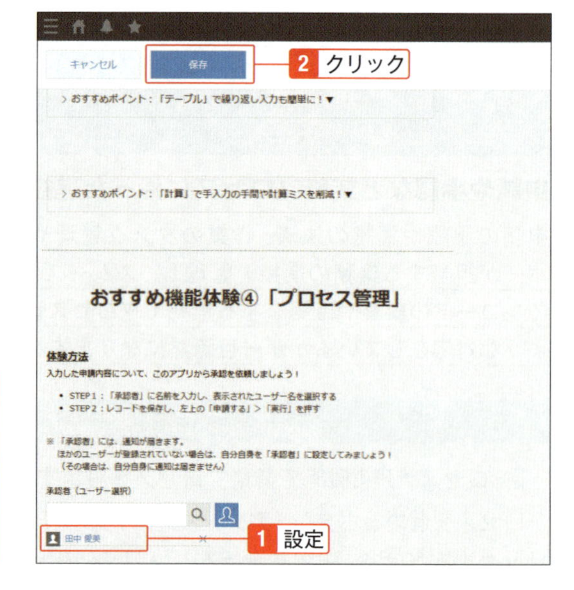

> **Check**
> **プロセス管理を利用するには、レコードを保存**
> 　レコードを保存すると最初のステータスが表示され、次のステータスに進めるためのボタン（アクション）が表示されます。

3 「申請する」をクリック。

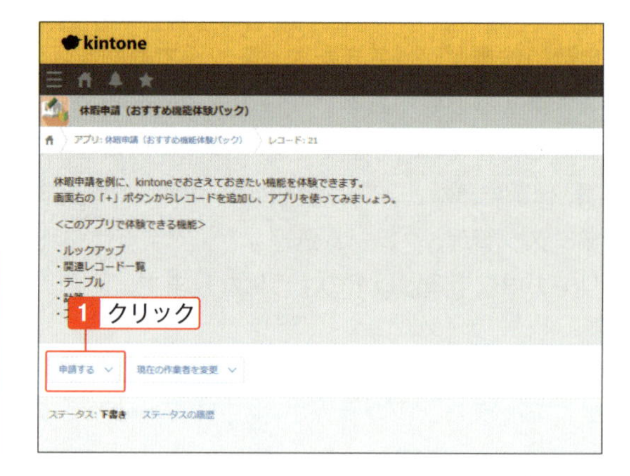

> **Check**
> **現在の作業者を変更**
> 　アプリの管理権限があるユーザーには、次のステータスに進めるためのボタン（アクション）の他に、「現在の作業者を変更」のボタンが表示されます。

4 「実行」をクリック。

> **Check**
> **アクションの実行**
> 　ボタン（アクション）をクリックすると、次のステータスと作業者が表示されます。「実行」をクリックすると、ステータスと作業者が変更されます。

5 ポータルを表示。「未処理」の「休暇申請（おすすめ機能体験パック）」をクリック。

> **Check**
> ### 未処理
> ポータルの「未処理」に、自分が作業者に指定されているレコードの件数が、アプリごとに表示されます。「未処理」のアプリをクリックすると、対応が必要なレコードの一覧が表示されます。

> **Check**
> ### 作業者のユーザーへの通知
> プロセス管理の作業者になったユーザーには、「自分宛」の通知が届きます。通知をクリックすると、レコードの詳細が表示されます。自分自身が作業者になるアクションを実行しても、自分自身に通知は届きません

6 レコード左端の（レコードの詳細を表示する）アイコンをクリック。

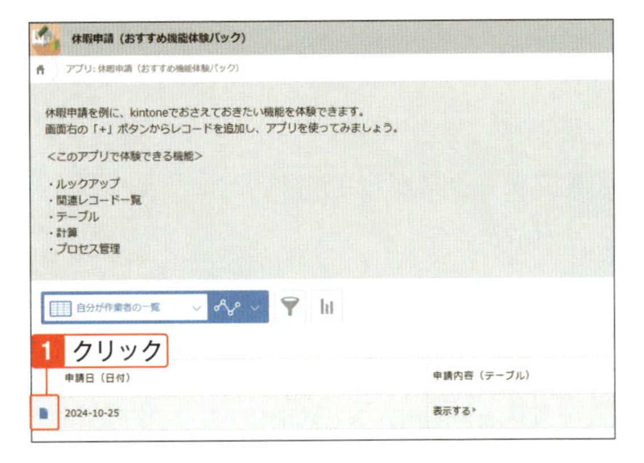

> **Check**
> ### （自分が作業者）の一覧
> 「未処理」のアプリをクリックすると、対応が必要なレコードの一覧として（自分が作業者）の一覧が表示されます。それぞれのレコード詳細を表示して、アクションを実行します。

7 「承認する」をクリック。

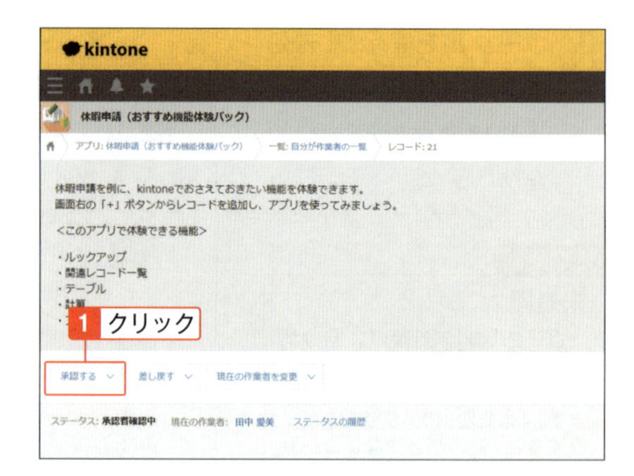

8 「実行」をクリック。

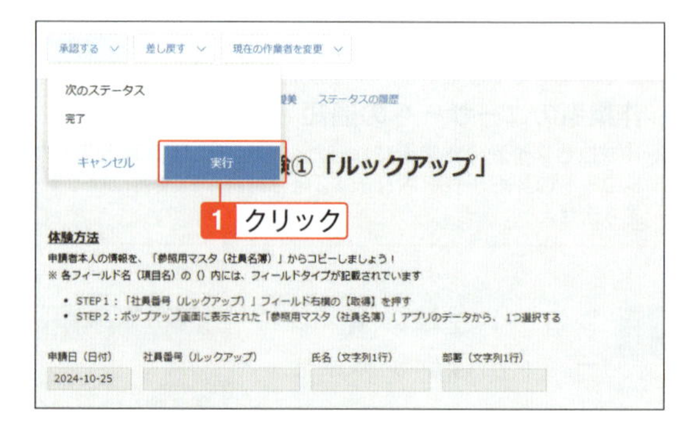

9 ステータスが「完了」になった。

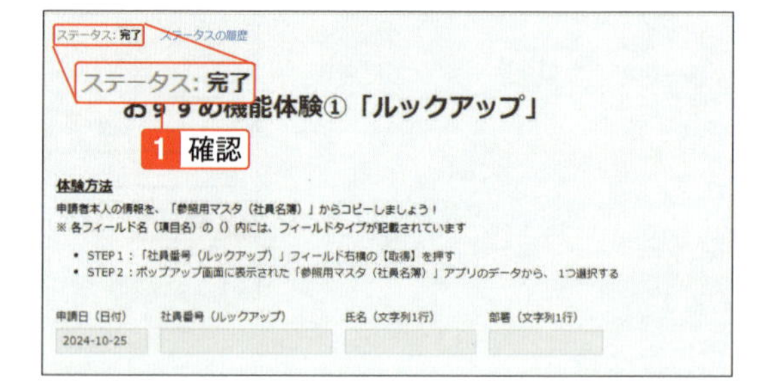

Hint

ステータスの履歴

「ステータスの履歴」をクリックして、いつ誰が承認したかなどの経緯を確認できます。

Check

完了のステータス

ステータスが変更されて他のユーザーが作業者になるか、完了のステータスに到達すると、アクションのボタンが表示されなくなります。

プロセス管理の設定

　プロセス管理は、「ステータス」「アクション」「作業者」という3つの項目を組み合わせて設定します。

　たとえば、「申請内容を記載したレコードを登録し、承認者は、承認するか差し戻す」というプロセスを設定するとします。

●プロセス管理の設定例

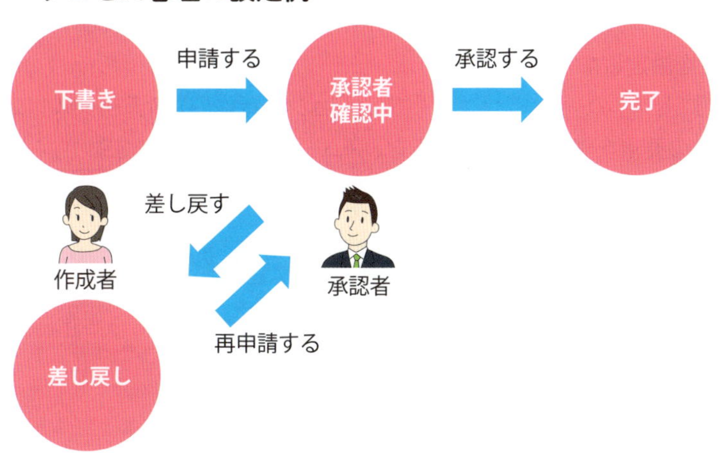

「ステータス」「アクション」「作業者」には、それぞれ以下が該当します。

●ステータス：下書き、承認者確認中、差し戻し、完了

　ステータスとは、レコードの処理状況です。

　ステータスを設定すると、各レコードに現在のステータスが表示されるようになります。

●アクション：申請する、承認する、差し戻す、再申請する

　アクションとは、レコードを別のステータスに変更するための操作です。

　アクションを設定すると、レコード詳細画面にアクションを実行するためのボタンが表示されます。ユーザーがボタンをクリックすると、レコードのステータスが変更されます。

●作業者：作成者、承認者

　作業者とは、アクションを実行する担当者として指定されているユーザーです。

各レコードの現在の作業者が誰であるかは、レコード詳細画面の「現在の作業者」欄で確認できます。作業者の設定は任意です。

作業者を設定した場合は、アクションを実行するためのボタンは、作業者だけに表示されます。

作業者を設定していない場合は、アクションを実行するためのボタンは、すべてのユーザーに表示されます。

プロセス管理の設定画面では業務の流れに沿って、「アクション実行前のステータス」、「作業者」、「アクションが実行できる条件」、「アクション名」、および「実行後のステータス」を設定します。

「レコードのプロセス」の一覧表として、「(アクション実行前の) ステータス」に対応するそれぞれの要素を表に整理しておくと、スムーズに設定できます。

●「レコードのプロセス」の一覧表

ステータス	作業者	条件	アクション	次のステータス
下書き	設定しない		申請する	承認者確認中
承認者確認中	承認者		承認する	承認済
			差し戻す	差し戻し
差し戻し	作成者		再申請する	承認者確認中

●「作業者」

作業者はステータスごとに設定できます。1つのステータスに複数の作業者を設定することができます。

最初のステータスと、途中のステータスに、作業者を設定できます。

最後のステータス (完了のステータス) には、作業者はありません。

複数の作業者を設定する場合は、レコードのステータスが変更される条件を、次のいずれかから選択します。

- **前のステータスの作業者が指定したユーザーがアクションを実行したら、ステータスが変更される**
- **作業者全員がアクションを実行したら、ステータスが変更される**
- **作業者のうち誰か1人がアクションを実行したら、ステータスが変更される**

●「条件」

フィールドの値を使用して、特定の条件を満たしたときだけアクションが実行されるように設定することもできます。

たとえば、「費用」フィールドの値が100万円以上の場合のみ実行できるアクションと、値が100万円未満の場合のみ実行できるアクションを設定すれば、費用の金額に応じて、ユーザーが実行できるアクションが変わります。

●「アクション」と「次のステータス」

アクションはステータスごとに設定できます。1つのステータスに複数のアクションを設定することができます。

最初のステータスと、途中のステータスには、アクションとアクション実行後のステータスを設定します。

最後のステータス（完了のステータス）には、アクションを設定する必要はありません。

ここでは例として、「休暇申請」に設定されているプロセス管理を確認します。

1 「休暇申請（おすすめ機能体験パック）」アプリの設定画面の「設定」タブを表示。「プロセス管理」をクリック。

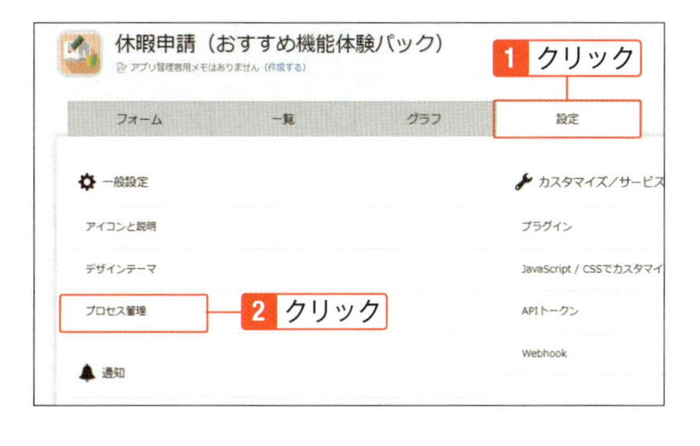

2 「1. 有効化」で、「プロセス管理を有効にする」にチェックが付いていることを確認。続いて「2. ステータス」に、それぞれのステータスが設定されていることを確認。

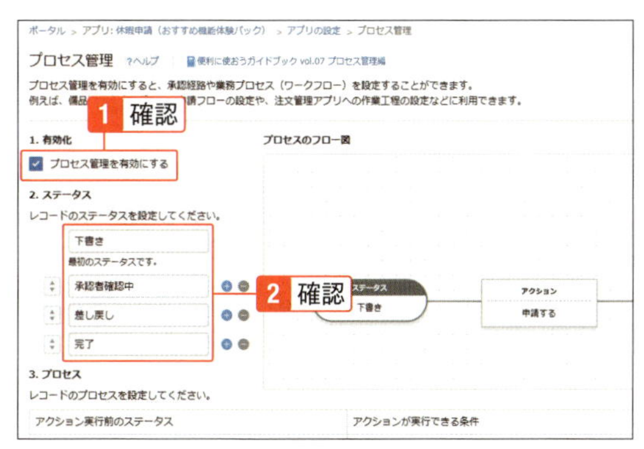

3 「3. プロセス」に、レコードのプロセスが設定されていることを確認。

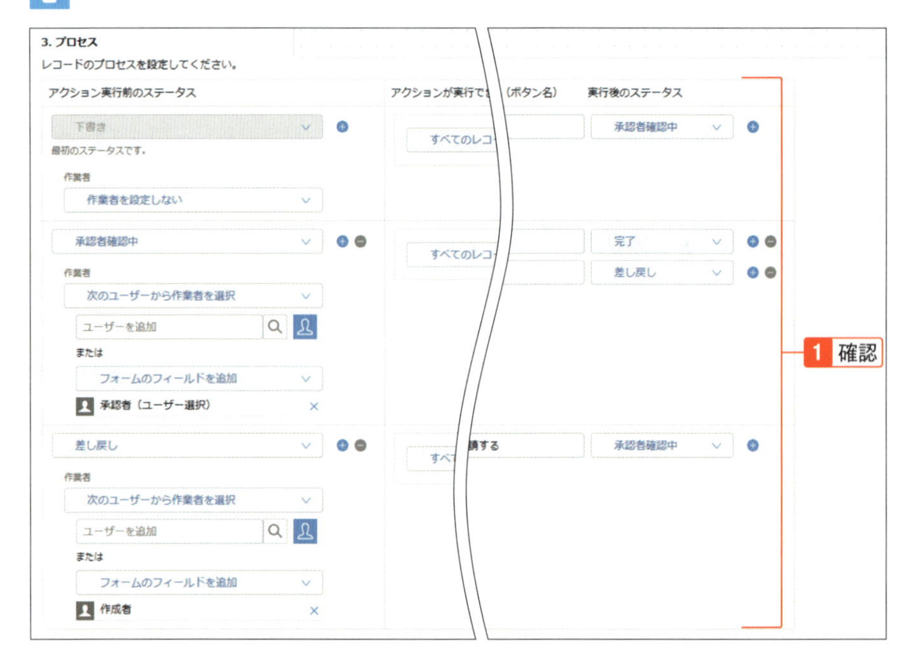

Check

アクションが実行できる条件

「アクションが実行できる条件」を設定すると、条件によって分かれるプロセス管理を設定できます。

Check

最初のステータス

最初の「アクション実行前のステータス」には、前の手順で確認した「最初のステータス」が自動で設定されます。

最初のステータスでは、作業者として「作業者を設定しない」か、レコードを作成したユーザーを作業者とする「作成者」かのどちらかを選択できます。

Check

次のユーザーから作業者を選択

「次のユーザーから作業者を選択」では、設定画面で設定したユーザーは、そのステータスの作業者の候補となります。候補者のうち、前のステータスの作業者によって指定されたユーザー1人が、そのステータスの作業者になります。

「次のユーザーから作業者を選択」をクリックし、「次のユーザー全員」を選択すると、設定画面で設定したユーザー全員が作業者になります。作業者全員がアクションを実行したら、ステータスが変わります。

「次のユーザーのうち1人」を選択すると、設定画面で設定したユーザー全員が作業者になります。作業者のうち誰か1人がアクションを実行したら、ステータスが変わります。

07-05

カテゴリーの設定

カテゴリーを設定し、レコード一覧で情報を絞り込みやすくする

カテゴリーでは、レコードの分類（カテゴリー）を登録できます。カテゴリーを設定すると、レコード一覧画面の左側にカテゴリーが階層形式で表示され、カテゴリーを選択するとレコード一覧が絞り込まれて表示されます。

カテゴリーを設定する

カテゴリーでは、アプリに登録されたレコードを階層形式で分類、表示できます。カテゴリーが有効になっている、サンプルアプリの「FAQ」を追加し、階層の設定を確認します。

1 ポータルまたはスペースの「アプリ」の＋（アプリを作成する）をクリックして、kintoneアプリストアを表示。「アプリを探す」の検索欄に「FAQ」と入力して検索。「FAQ」の「このアプリを追加」をクリックして、「追加」をクリック。

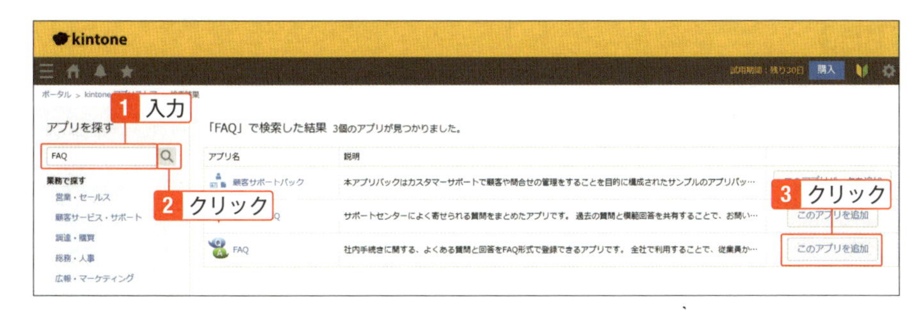

2 「FAQ」アプリの設定画面の「設定」タブを表示。「カテゴリー」をクリック。

3 「カテゴリーを有効にする」にチェックが付いていることを確認。続いて、「カテゴリーの階層」に、階層化されたカテゴリー名が入力されていることを確認。

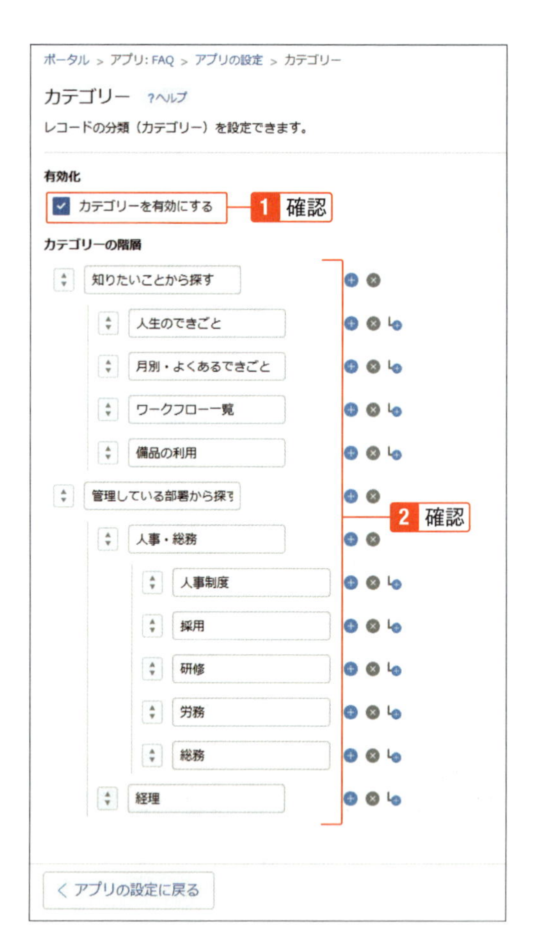

Hint

カテゴリーを有効にする

「カテゴリーを有効にする」にチェックを付けると、カテゴリーを利用できるようになります。

Check

カテゴリーの階層

「カテゴリーの階層」で、カテゴリー名の右側にある「[+]」(追加する) アイコンをクリックして、カテゴリー名を入力します。カテゴリーは、親カテゴリーを含め5階層、合計1,000個まで追加できます。

カテゴリーの利用

各レコードのカテゴリーは、レコードの追加または編集画面に表示される「カテゴリー」から選択して登録します。各レコードのカテゴリーを登録後、レコード一覧画面左側に表示されるカテゴリーをクリックすると、そのカテゴリーに分類されたレコードが一覧で表示されます。階層化された親カテゴリーをクリックした場合は、その階層下の子カテゴリーに分類されているレコードもまとめて表示されます。

1 「FAQ」アプリのレコード一覧画面を表示。[+]（レコードを追加する）をクリック。

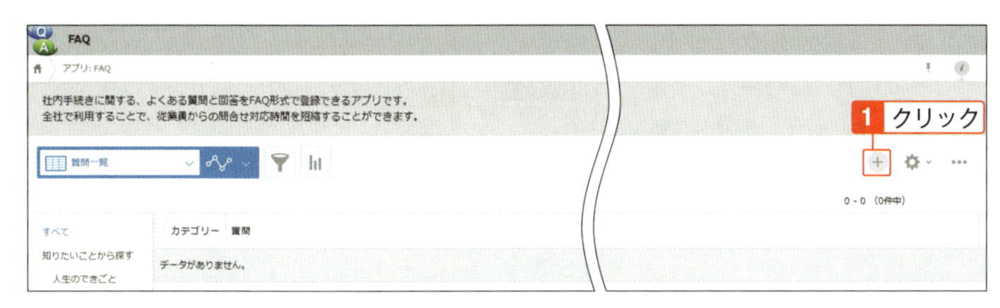

2 カテゴリーをクリックして選択。他のフィールドにも値を入力し、「保存」をクリック。

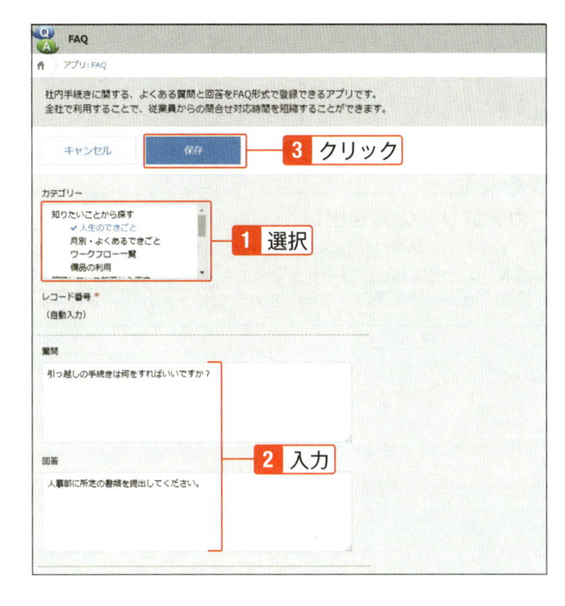

Hint

カテゴリーの選択

カテゴリーは複数選択できます。

3 カテゴリーが登録された。他にもレコードを追加。アプリ名をクリックして、レコード一覧画面を表示。

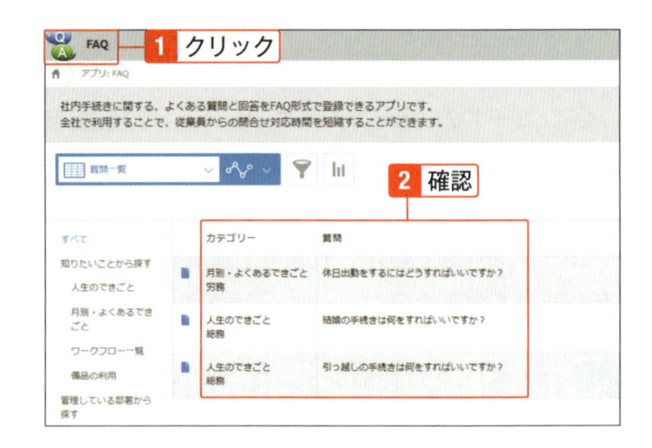

4 カテゴリーをクリック。そのカテゴリーに分類されたレコードが一覧で表示される。

Check

カテゴリー別にレコードを分類

階層化されたカテゴリーをクリックした場合は、その階層下のカテゴリーに分類されているレコードもまとめて表示されます。

Hint

カテゴリーの書き出し

カテゴリーが有効の場合、カテゴリーをファイルに書き出すことや、ファイルから読み込むことができます。たとえば、レコードを登録したあとに、カテゴリーを設定した場合、ファイルからデータを読み込むことで、登録済みレコードもカテゴリーに分類できます。

07-06

レコードのタイトル

検索や通知のタイトルに、わかりやすい項目を表示する

レコードのタイトルとは、検索結果や通知などに表示されるレコードの見出しです。レコードのタイトルを設定することで、検索結果や通知に適切な項目が表示されるようにできます。

レコードのタイトルを設定する

レコードのタイトルとは、次の項目で表示される文字列のことです。

- **検索結果に表示される各レコードの見出し**
- **通知の見出し**
- **レコード詳細画面のページタイトル**

初期設定では、フォームの一番上にある「文字列（1行）」フィールドがレコードのタイトルになります。 特定のフィールドを選択することもできます。

1 「07-05 カテゴリーの設定」で作成した「FAQ」アプリの設定画面の「設定」タブを表示。「レコードのタイトル」をクリック。

2 「レコードのタイトルとして利用するフィールド」として「質問」が設定されていることを確認。

Check

自動設定を利用する

初期設定では、「自動設定を利用する」が選択され、フォームの一番上にある「文字列（1行）」フィールドがレコードのタイトルになります。「文字列（1行）」フィールドがない場合、「レコード番号」フィールドがレコードのタイトルになります。

Hint

フィールドを選択する

特定のフィールドをレコードのタイトルに指定できます。「FAQ」アプリのフォームには「文字列（1行）」フィールドがなく、初期設定の「自動設定を利用する」では「レコード番号」フィールドがレコードのタイトルになりわかりにくくなるため、「フィールドを選択する」で「質問」フィールドが設定されています。

自動設定とフィールド選択の比較

新しくアプリをつくるときは、初期設定の「自動設定を利用する」が選択されます。アプリのフィールドの配置によっては、自動設定で選択されたフィールドが、レコードタイトルとして適切でない場合があります。検索結果や通知などに表示される見出しがわかりやすくなるように、適切なフィールドをレコードタイトルとして設定しましょう。

●「FAQ」アプリで「自動設定を利用する」を選択した場合の表示例

▲検索結果に表示される各レコードの見出し

▲通知の見出し

検索結果や通知の見出しにレコード番号が表示され、一見して何のレコードかが把握しにくくなります。

●「FAQ」アプリで「フィールドを選択する」で「質問」が選択されている場合の表示例

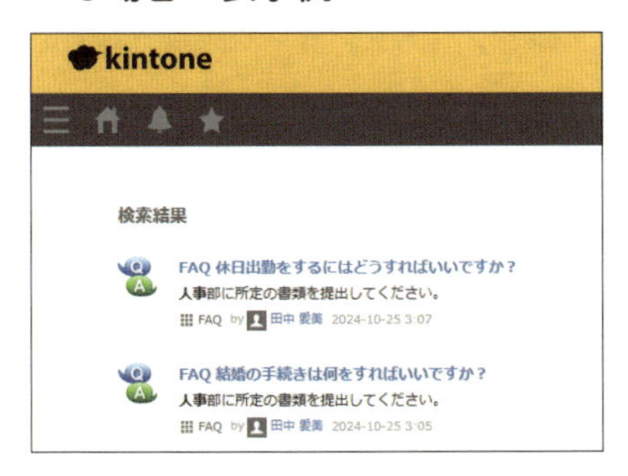

▲検索結果に表示される各レコードの見出し

▲通知の見出し

検索結果や通知の表示に適切なフィールドを、レコードのタイトルとして選択します。

07-07 アプリアクション

アプリ間を連携したりレコードを再利用しやすくする

アプリアクションは、登録されたレコードのデータを指定したアプリに転記するときに使用します。同じ情報を入力する手間を省いたり入力ミスを防いだりできます。

アプリアクションを設定する

アプリアクションを設定すると、レコードのデータを別のアプリや同じアプリに転記するボタンを作成できます。たとえば、活動履歴アプリで毎回顧客や案件の情報を手入力している場合、すでに別のアプリで管理している案件から転記する、といったことができます。「活動履歴」に転記するアプリアクションが設定されている「案件管理」で設定を確認します。

1 「05-02 サンプルアプリを選んで作成」で追加した「案件管理（営業支援パック）」アプリの設定画面の「設定」タブを表示。「アクション」をクリック。

2 アクション右側の（編集）をクリック。

Hint

アクションの作成

「＋作成する」をクリックして、新しいアクションを作成できます。

3 「アクション名」に「活動履歴を登録する」と入力されていることを確認。次に、「コピー先」に「活動履歴（営業支援パック）」が選択されていることを確認。続いて、「フィールドの関連付け」に「顧客名」「案件名」「部署名」「担当者名」が設定されていることを確認し、最後に「アクションの利用者」に「Everyone」が選択されていることを確認。

Hint

コピー先のアプリ

レコードのデータを同じアプリに転記することもできます。同じアプリ内の同じフィールドをコピー先に指定して、レコードを再利用するアクションを作成できます。

Hint

アクションの利用者

「アクションの利用者」で、アクションボタンを表示するユーザーを制限できます。必要に応じて、あらかじめ設定されている「Everyone」の設定を削除して、アクションを利用するユーザー／組織／グループを追加します。

アプリアクションを利用する

アプリアクションを利用すると、指定されたアプリにレコードのデータを転記できます。「レコード詳細」画面に表示されるアクションボタンをクリックし、必要な情報を転記したレコードを作成できます。

1 「案件管理（営業支援パック）」アプリの任意のレコード詳細画面を表示。「顧客名」「案件名」「部署名」「担当者名」を確認。「活動履歴を登録する」をクリック。

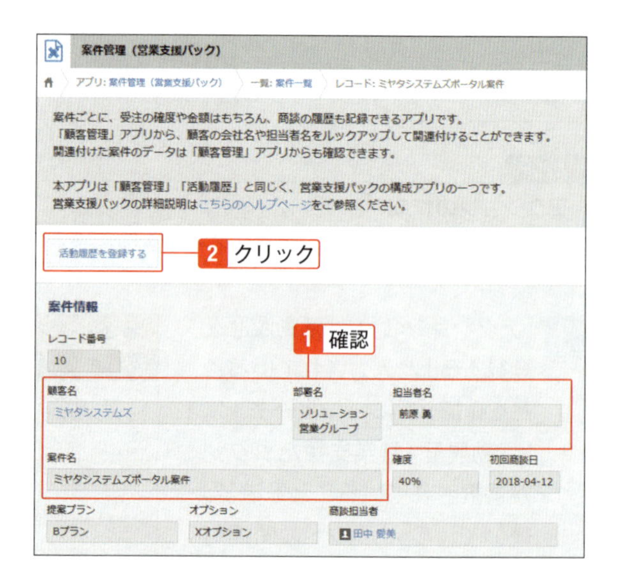

2 「活動履歴（営業支援パック）」アプリで、指定したフィールド（「顧客名」「案件名」「部署名」「担当者名」）の入力内容が転記されたレコード追加画面が表示される。

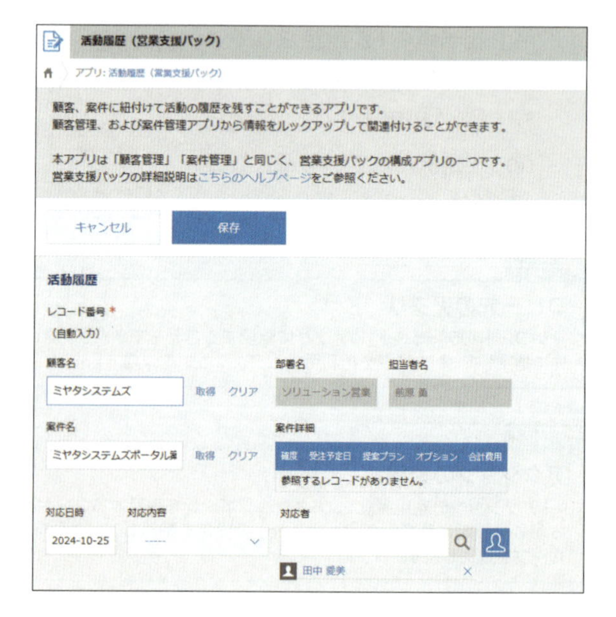

07-08

高度な設定

必要に応じてアプリコードを設定したり一括削除を利用できるようにする

「高度な設定」では、アプリをより便利に活用するための、「アプリコード」を設定したり、不要な多数のデータを削除するための「一括削除」を有効にしたりできます。他にも、様々な設定を変更できます。「高度な設定」は、ほかの「その他の設定」の項目に入らなかった「さらにその他の設定」と捉えてもいいでしょう。

「高度な設定」で可能な設定

アプリの設定画面の「設定」タブの「高度な設定」では、次の設定ができます。

- 画像のサムネイル表示を設定する
- アプリコードを設定する
- レコードを一括で削除する
- レコードの変更履歴の記録機能を無効にする
- レコードのコメント機能を無効にする
- レコードの再利用機能を無効にする
- レコード一覧でのレコードの直接編集と削除を無効にする
- 数値の有効桁数と丸めかたを設定する
- 四半期の開始月を変更する

Hint

言語ごとの名称を設定する

設定タブの「言語ごとの名称を設定する」で、アプリの説明やフィールド名などを、日本語、英語、中国語（簡体字）の言語ごとに設定できます。ユーザーの表示言語設定に応じて、言語ごとの名称で設定した言語に画面の表示を切り替えます。

高度な設定 ?ヘルプ

画像

☑ サムネイルを表示する

アプリコード

アルファベットから始まる半角英数字

アプリコードを設定すると、レコード番号の値が「（アプリコード）-（レコード番号）」に置き換わります。
kintoneのアプリやスペースにこの文字列が記載されている場合、自動的に該当するレコードへのリンクになります。

アプリコードはあとから変更できますが、このアプリのレコードへのリンクが解除されます。
ほかのアプリでそのアプリコードが再利用された場合、そのアプリへのリンクに自動的に置き換わります。
アプリコードを変更するときの注意点（ヘルプ）

一括削除

☐ レコード一括削除を有効にする

レコードの変更履歴

☑ レコードの変更履歴を記録する

チェックを外すと、過去に記録された変更履歴は削除されます。

レコードのコメント

☑ レコードのコメント機能を有効にする

レコードの再利用

☑ 「レコードを再利用する」機能を有効にする

レコードの再利用を使用すると、レコードの入力内容全体がコピーされた状態の新規レコード追加画面を開くことができ、レコードの入力負担を軽減することが可能です。

アプリの「アクション」機能でも、レコードを再利用するためのボタンを作成できます（ヘルプ）。
2つの機能にはボタンの表示位置や設定できる項目などに違いがあるため、アプリの利用方法に適した機能を選択してください。

レコード一覧でのインライン編集

☑ レコード一覧でのレコードの直接編集と削除を有効にする

数値と計算の精度

数値の精度を指定できます。ここで指定した精度は、計算結果や計算途中の値にも適用されます。
計算結果の四捨五入、切り捨て、切り上げを行いたい場合は、この設定ではなく、以下の設定を行ってください。
・計算式でROUND関数・ROUNDDOWN関数・ROUNDUP関数を使用する
・計算フィールドの設定にある「小数点以下の表示桁数」を指定する
詳しくはヘルプを参照してください。

全体の桁数 16　小数部の桁数 4　丸めかた 最近接偶数への丸め

第一四半期の開始月

4月

画像のサムネイル表示を設定する

画像

☑ サムネイルを表示する

レコードに添付した画像のサムネイル（縮小画像）を表示するかどうかを設定し

ます。初期設定では、サムネイルの表示の設定は有効です。

サムネイルの表示を有効にする場合、チェックボックスにチェックを入れます。サムネイルの表示が有効な場合、「添付ファイル」フィールドに次の形式の画像を添付すると、画像のサムネイルが表示されます。

- BMP
- GIF
- JPG
- PNG

無効にする場合、チェックボックスを外します。設定が無効の場合、ファイル名が表示されます。

アプリコードを設定する

アプリコード

アルファベットから始まる半角英数字

アプリコードを設定すると、レコード番号の値が「（アプリコード）-（レコード番号）」に置き換わります。
kintoneのアプリやスペースにこの文字列が記載されている場合、自動的に該当するレコードへのリンクになります。

アプリコードはあとから変更できますが、このアプリのレコードへのリンクが解除されます。
ほかのアプリでそのアプリコードが再利用された場合、そのアプリへのリンクに自動的に置き換わります。
アプリコードを変更するときの注意点（ヘルプ）

アプリコードとは、アプリを識別するためのコードです。アプリコードを設定したアプリのレコードには、アプリコードを含んだレコード番号が付きます。

●例：アプリコード設定前のレコード番号が「1」、「2」などの場合

アプリコード「apcd」を設定したアプリのレコード番号フィールドの値は「apcd-1」、「apcd-2」などになります。

アプリコードを含んだレコード番号をkintoneのアプリやスペースなどに書くと、対応するレコードへ自動的にリンクされます。

また、アプリコードは、ほかのアプリと重複できません。

なお、アプリコードは、アルファベットから始まる半角英数字である必要があります。

レコードを一括で削除する

一括削除

☐ レコード一括削除を有効にする

アプリに登録したデータ（レコード）を、一括で削除できます。

アプリの設定で一括削除機能を有効にすると、アプリの管理者が、アプリのレコード一覧画面右上の「オプション」アイコンをクリックし、「一括削除」をクリックして、レコードを一括で削除できるようになります。

Check

レコード一括削除の注意点

削除したレコードを復旧することはできません。初期設定では誤って一括削除しないように、無効になっています。

有効にすると、アプリの管理権限と削除権限があれば、一覧で絞り込んだレコードを削除できます。不要なレコードを削除した後は、無効に戻すのがおすすめです。

なお、1度に5万件までのレコードを削除できます。

レコードの変更履歴の記録機能を無効にする

レコードの変更履歴

☑ レコードの変更履歴を記録する

チェックを外すと、過去に記録された変更履歴は削除されます。

レコードの変更履歴の記録機能が有効の場合、レコードの更新頻度によっては、レコードの変更履歴がディスク容量を圧迫する場合があります。そのような場合は、必要に応じて、変更履歴の記録機能を無効にします。

変更履歴の記録機能を無効にすると、そのアプリのレコードの変更履歴が削除されます。

レコードのコメント機能を無効にする

レコードのコメント

☑ レコードのコメント機能を有効にする

レコードのコメント機能は、初期設定では有効になっています。必要に応じて、コメント機能を無効にできます。

コメント機能を無効にすると、コメントが非表示になり、コメントを書き込むことができなくなります。

なお、コメント機能を無効にしても、過去に書き込んだコメントは削除されません。

レコードの再利用機能を無効にする

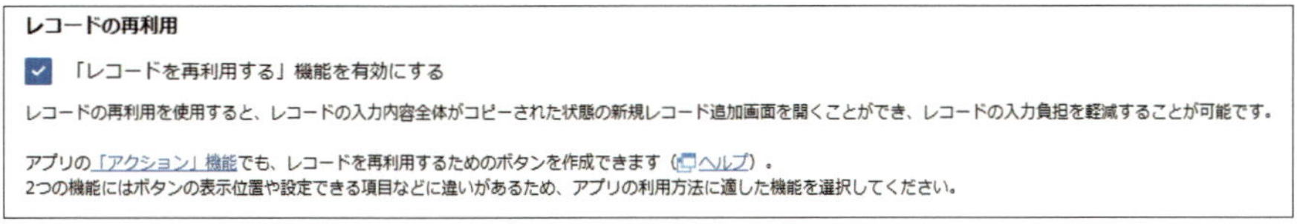

レコードの再利用

☑ 「レコードを再利用する」機能を有効にする

レコードの再利用を使用すると、レコードの入力内容全体がコピーされた状態の新規レコード追加画面を開くことができ、レコードの入力負担を軽減することが可能です。

アプリの「アクション」機能でも、レコードを再利用するためのボタンを作成できます（ヘルプ）。
2つの機能にはボタンの表示位置や設定できる項目などに違いがあるため、アプリの利用方法に適した機能を選択してください。

レコードの再利用機能は、初期設定では有効になっています。レコードの編集ボタンと誤ってレコードの再利用ボタンをクリックしがちで不要なレコードが生じてしまうなどの場合は、レコードの再利用機能を無効にして、レコードの再利用ボタンを非表示にできます。

Hint

アプリアクションの利用

レコードの再利用機能の代わりに、アプリアクションで同じアプリ（このアプリ）をコピー先に指定することで、特定のフィールドを転記（コピー）して新しいレコードを作成できます。

レコード一覧でのレコードの直接編集と削除を無効にする

レコード一覧でのインライン編集

☑ レコード一覧でのレコードの直接編集と削除を有効にする

アプリごとに、レコード一覧でのレコードの直接編集と削除を無効にするかどうかを設定できます。初期設定では、有効に設定されていて、レコード一覧でダブルクリックするか「編集」アイコンをクリックしてレコードを編集したり、「削除」アイコンをクリックしてレコードを削除できます。

数値の有効桁数と丸めかたを設定する

数値と計算の精度

数値の精度を指定できます。ここで指定した精度は、計算結果や計算途中の値にも適用されます。
計算結果の四捨五入、切り捨て、切り上げを行いたい場合は、この設定ではなく、以下の設定を行ってください。
・計算式でROUND関数・ROUNDDOWN関数・ROUNDUP関数を使用する
・計算フィールドの設定にある「小数点以下の表示桁数」を指定する
詳しくはヘルプを参照してください。

全体の桁数	小数部の桁数	丸めかた
16	4	最近接偶数への丸め

「数値」や「計算」のフィールドの数値の有効桁数、および丸めかたを設定します。
この設定を変更すると、次にレコードを更新したときに、数値フィールドと計算フィールドの値が、設定に合わせて変わります。

- **全体の桁数**：小数部も含めた、数値全体の最大桁数を、1から30までの整数で指定する。数値の整数部は、「全体の桁数」の値から「小数部の桁数」の値を引いた桁数まで入力できる
- **小数部の桁数**：小数部の有効桁数を、0から10までの整数で指定する
- **丸めかた**：小数部の丸めかたを「最近接偶数への丸め」、「切り上げ」、「切り捨て」から選択できる。「最近接偶数への丸め」は、「端数が0.5より小さい場合は切り捨て、端数が0.5より大きい場合は切り上げ、端数がちょうど0.5の場合は切り捨てと切り上げのうち結果が偶数となるほうへ丸める」という端数処理。「四捨五入」と「最近接偶数への丸め」の違いは、端数がちょうど0.5になるとき。切り捨てと切り上げのうち、結果が偶数になる方に丸められる

四半期の開始月を変更する

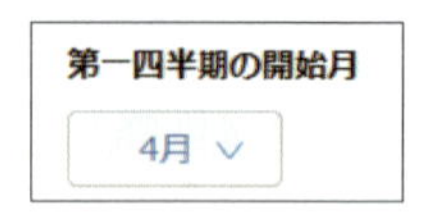

四半期の開始月の設定は、グラフ機能や集計機能で使われます。グラフ機能や集計機能では、日時フィールドの値を基に、四半期ごとに分類してデータを集計できます。初期設定では、第一四半期の開始月は4月に設定されています。

07-09

カスタマイズ、サービス連携

プラグイン、JavaScriptカスタマイズやサービス連携で、kintoneの機能を拡張

kintoneをより便利に使うためのプラグインを適用したり、JavaScriptカスタマイズすることで、標準機能だけでは難しい機能を利用できるようになります。API連携やWebhookで外部サービスとも組み合わせられます。カスタマイズとサービス連携でkintoneの機能を拡張して、利用の幅を広げられます。契約コースがスタンダードコース以上の場合に、これらの拡張機能を利用できます。ライトコースでは利用できません。

アプリにプラグインを追加する

プラグインを利用すると、アプリの機能を拡張できます。アプリでプラグインを利用するには、あらかじめkintoneシステム管理者が、kintoneシステム管理でプラグインを追加する必要があります。kintoneシステム管理で追加されているプラグインのみ、アプリに追加できます。

1 アプリの設定画面の「設定」タブを表示。「プラグイン」をクリック。

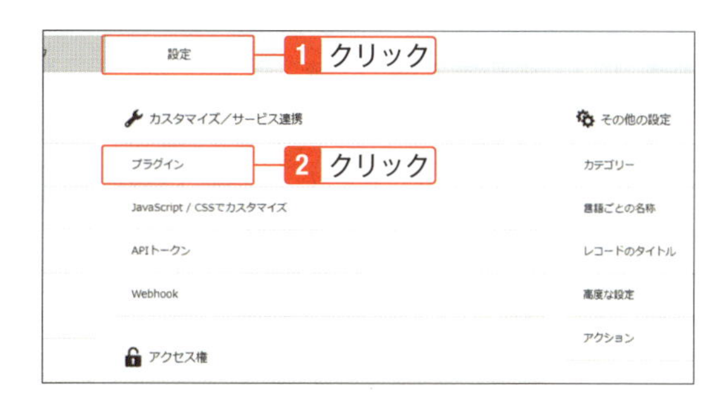

2 「＋追加する」をクリック。

3 利用可能なプラグインがあれば表示され、画面右下の「追加」をクリックして追加できる。

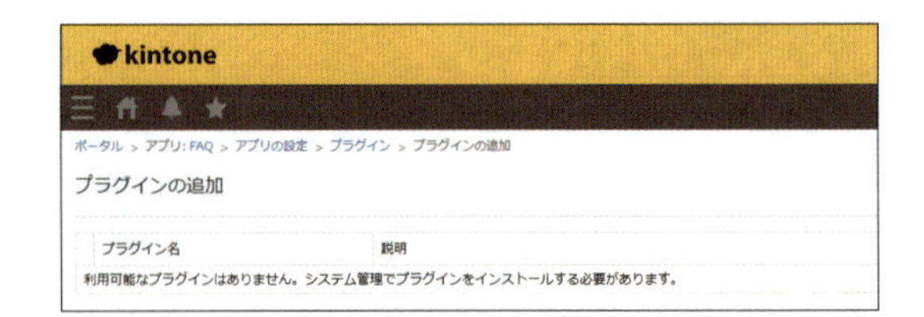

Check

利用可能なプラグイン

　プラグインの一覧には、kintoneシステム管理で追加され、該当のアプリを利用許可しているプラグインが表示されます。

　アプリに追加したいプラグインが一覧にない場合は、kintoneシステム管理者がkintoneシステム管理でプラグインを追加し、該当のアプリの利用許可を設定する必要があります。

JavaScriptやCSSでアプリをカスタマイズする

　JavaScriptやCSSを利用して、アプリの動作や画面をカスタマイズします。JavaScriptやCSSを用いて作成したカスタマイズファイルを、kintoneのシステム管理者だけが、アプリに適用できます。

　JavaScriptやCSSのカスタマイズファイルはPC用とスマートフォン用で分けて作成し、追加できます。

1 アプリの設定画面の「設定」タブを表示。「JavaScript / CSSでカスタマイズ」をクリック。

2 「JavaScript / CSSでカスタマイズ」画面で、カスタマイズの適用範囲を、「すべてのユーザーに適用」「アプリ管理者だけに適用」「適用しない」の中から選択。
「URL指定で追加」または「アップロードして追加」をクリックし、適用するファイルを選択できる。

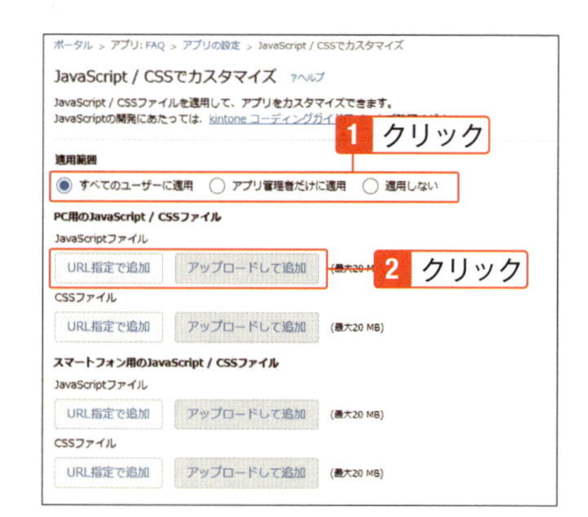

Hint

JavaScriptの開発

JavaScriptの開発に必要な情報は、kintone開発者向けサイト「cybozu developer network」に掲載されています。

APIトークンを生成する

APIトークンは、外部のプログラムからkintoneを操作する際の認証に利用する情報です。プラグインなどでAPIトークンが必要な場合に、生成できます。

1 アプリの設定画面の「設定」タブを表示。「APIトークン」をクリック。

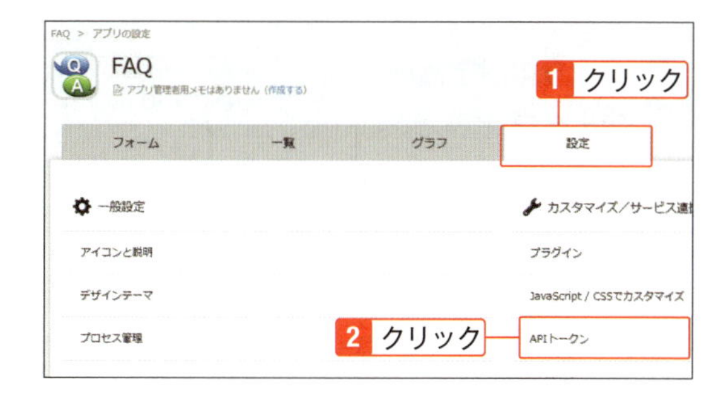

2 「生成する」をクリック。

3 生成されたAPIトークンに対して、「アクセス権」で許可する操作にチェックを付ける。必要に応じて、「メモ」の（編集する）アイコンをクリックして、各APIトークンのメモを入力。画面右下の「保存」をクリックし、アプリを更新すると、APIトークンが有効になる。

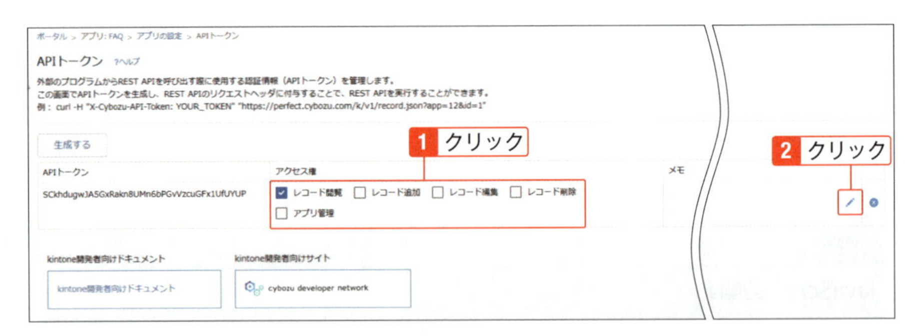

Webhookを設定する

kintoneでWebhookを利用すると、kintoneのアプリで特定の操作が行われた際に、その内容を指定した外部サービスに送信します。たとえば、レコードが追加されたときにその内容をチャットサービスに投稿する、といった連携を、プログラムを書くことなく設定できます。

1 アプリの設定画面の「設定」タブを表示。「Webhook」をクリック。

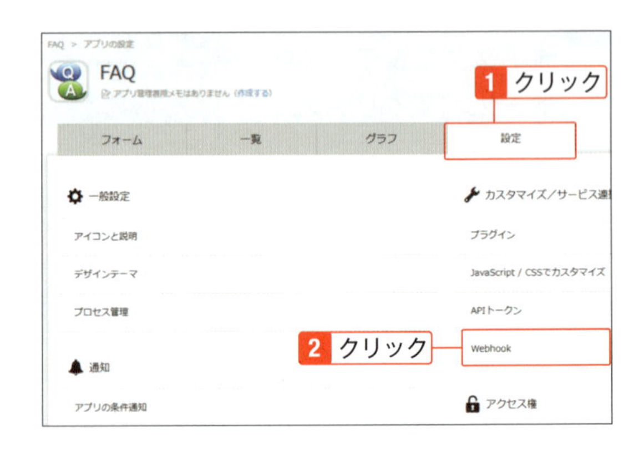

2 「＋追加する」をクリック。

3 「説明」に設定するWebhookの説明を入力。「Webhook URL」に、送信先の外部サービスのURLを入力。「通知を送信する条件」でWebhookの通知を送信する操作を指定。「このWebhookを有効にする」にチェックが付いていることを確認。画面右下の「保存」をクリックし、アプリを更新すると、Webhookが有効になる。

07-10 運用管理

アプリの運用管理のために、動作テストや別のスペースへの移動などをする

アプリの運用を管理するために、アプリの動作テストを行なったり、所属するスペースを変更したり、メンテナンスモードにしたりできます。アプリの設定内容を共有するためにテンプレートとしてダウンロードしたり、アプリの設定変更の影響範囲を把握するために参照するアプリを確認したりできます。

アプリの動作テストをする

「アプリの動作テスト」では、作成したアプリを公開する前に、アプリが意図したとおりに動作するかをテストできます。また、公開中のアプリの設定を変更する場合にも、運用環境に反映する前にアプリの動作をテストできます。アプリの動作テスト環境を利用するには、アプリの管理権限が必要です。

1 アプリの設定画面の「設定」タブを表示。「アプリの動作テスト」をクリック。

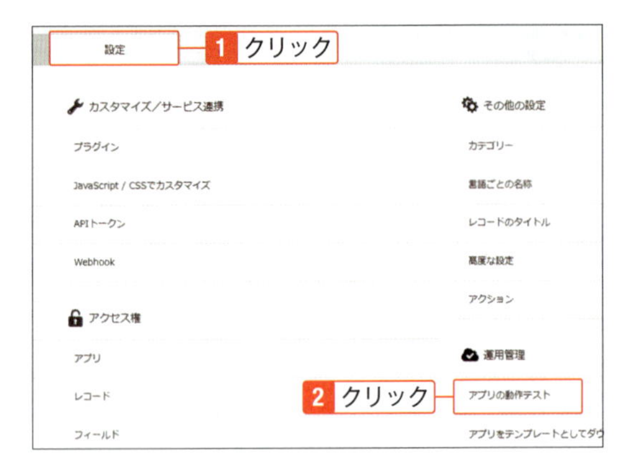

2 アプリの動作を確認するためのテスト環境が表示される。

アプリをテンプレートとしてダウンロードする

アプリの設定画面から、そのアプリの設定内容のテンプレート作成とダウンロードを一括で行うことができます。ダウンロードしたテンプレートファイルは、ドメインが異なるkintoneでも読み込めるので、アプリの設定内容を外部のkintoneユーザーに共有したい場面などで活用できます。アプリをテンプレートとしてダウンロードするには、アプリの管理権限およびkintoneのシステム管理権限が必要です。

1 アプリの設定画面の「設定」タブを表示。「アプリをテンプレートとしてダウンロード」をクリック。

2 「テンプレート名」を入力し、「ダウンロード」をクリックして、テンプレートファイルをダウンロード。

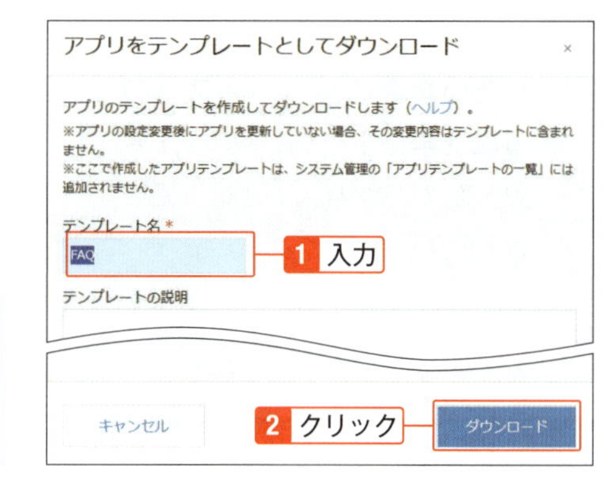

> **Check**
> ### テンプレートの説明
> テンプレートの説明は、テンプレートの読み込み時に表示されます。入力は任意です。

> **Check**
> ### テンプレートに含まれるアプリ
> 「テンプレートに含まれるアプリ」には、今回作成するテンプレートに含まれるすべてのアプリが表示されます。現在操作中のアプリでルックアップ、関連レコード一覧、またはアプリアクションを設定している場合は、参照しているアプリもテンプレートに含まれます。さらにその先にも参照しているアプリがあれば、それらも同じテンプレートに含まれます。

アプリの所属するスペースを変更する

登録済みのレコードやアプリの設定内容など、アプリの各種データを維持したまま、アプリの所属するスペースを変更できます。たとえば、「試験運用中のアプリを配置するスペース」と「本番運用中のアプリを配置するスペース」を作成したうえで、アプリの運用状況の変化に応じてアプリの所属するスペースを変更できます。

1 アプリの設定画面の「設定」タブを表示。「アプリの所属するスペースを変更」をクリック。

2 変更先のスペース名を検索して選択。スペースへの所属を解除したい場合は、「スペースへの所属を解除」をクリック。「変更」をクリックし、「確認して実行」をクリック。

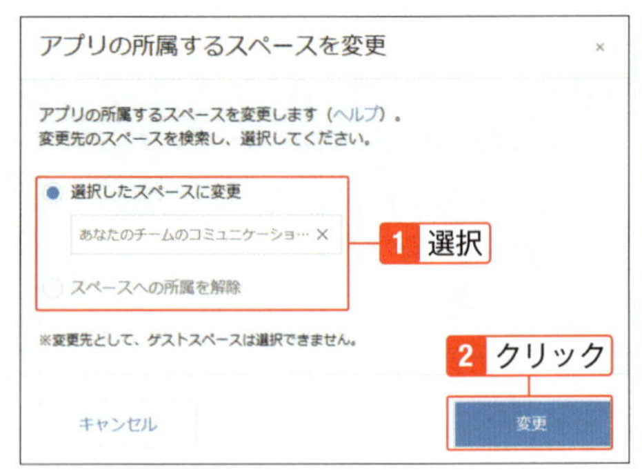

Check

アプリの更新は不要

アプリの更新操作なしに、アプリの所属するスペースが変更されます。

Check

ゲストスペース

ゲストスペースからの所属変更や、ゲストスペースへの所属変更はできません。

このアプリを参照しているアプリを確認する

ルックアップフィールドまたは関連レコード一覧フィールドを経由して、現在開いているアプリを参照しているアプリを、一覧で確認できます。どのアプリから参照されているかを確認できるため、アプリを削除したり、アプリの設定を変更したりする前に、影響範囲を把握するのに役立ちます。

1 「05-02 サンプルアプリを選んで作成」で追加した「顧客管理(営業支援パック)」アプリの設定画面の「設定」タブを表示。「このアプリを参照しているアプリ」をクリック。

2 「このアプリを参照しているアプリ」の一覧が表示される。

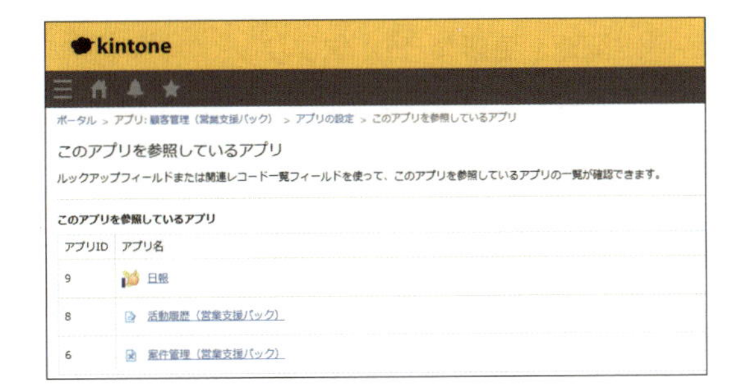

Check

「このアプリを参照しているアプリ」画面に表示される項目

- **アプリID：現在開いているアプリを参照しているアプリのアプリID**
- **アプリ名：現在開いているアプリを参照しているアプリのアプリ名。アプリ名をクリックすると、現在開いているアプリを参照しているアプリの「レコードの一覧」画面が表示される**
- **設定：「アプリの設定」(歯車のアイコン) アイコンをクリックすると、現在開いているアプリを参照しているアプリの「アプリの設定」画面が表示される**

アプリのメンテナンスモード

アプリのメンテナンスモードは、アプリの利用を一時的に制限できる機能です。メンテナンスモードを開始すると、アプリ内のデータの閲覧や更新など、アプリの利用ができなくなります。

1 アプリの設定画面の「設定」タブを表示。「アプリのメンテナンスモード」をクリック。

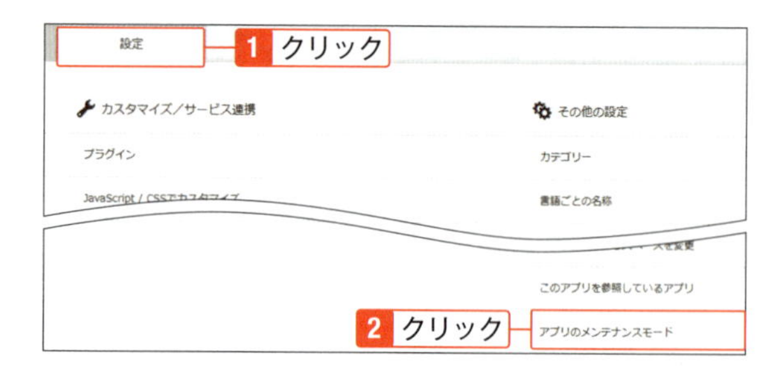

2 「メンテナンスモードを有効にする」にチェックを付け、「保存」をクリック。「メンテナンス作業者」に指定されたユーザーは、メンテナンスモード中に、アプリのレコード閲覧や更新などの、アプリ利用操作が可能となる。

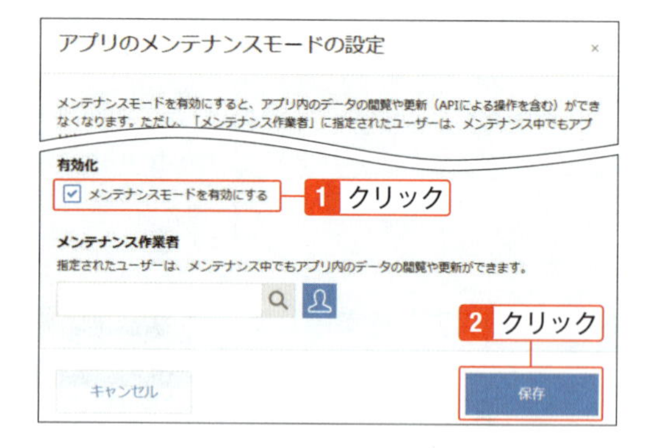

3 メンテナンスモードが開始された。「アプリのメンテナンスモード」で「メンテナンスモードを有効にする」のチェックをはずして「保存」をクリックすると、メンテナンスモードが終了する。

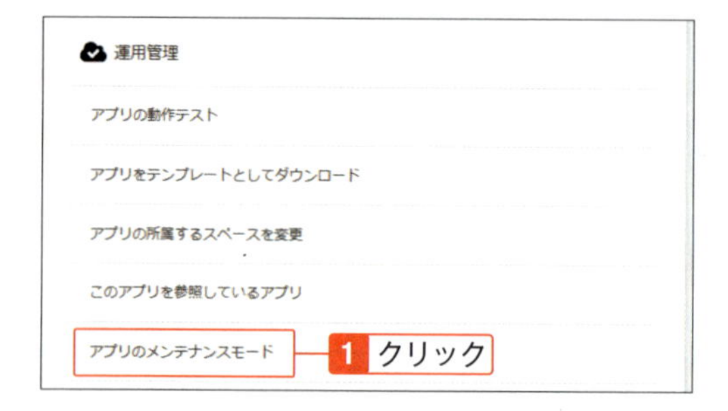

Check

メンテナンス中

メンテナンス中は、「メンテナンス作業者」に指定されたユーザー以外は、アプリ内のデータの閲覧や更新ができません。

07-11

アプリの削除

不要なアプリを削除する

アプリの設定画面から、アプリを削除できます。削除時にはそのアプリと参照関係のあるアプリがないか自動的にチェックされ、検出された場合は「まとめて削除機能」でアプリをまとめて削除できます。

アプリを削除する

不要なアプリを削除できます。アプリを削除すると、アプリ内のすべてのデータ（レコードの内容、コメント、変更履歴、一覧／グラフ、アプリの設定など）が利用できなくなります。アプリ管理画面からも自分が管理権限を持つアプリを削除できます。

1 「05-02 サンプルアプリを選んで作成」で追加した「顧客管理（営業支援パック）」アプリの設定画面の「設定」タブを表示。「アプリを削除する」をクリック。なお、ここでは削除の操作の確認のみを行い、実際に削除はしない。

2 「このアプリを削除」をクリック。

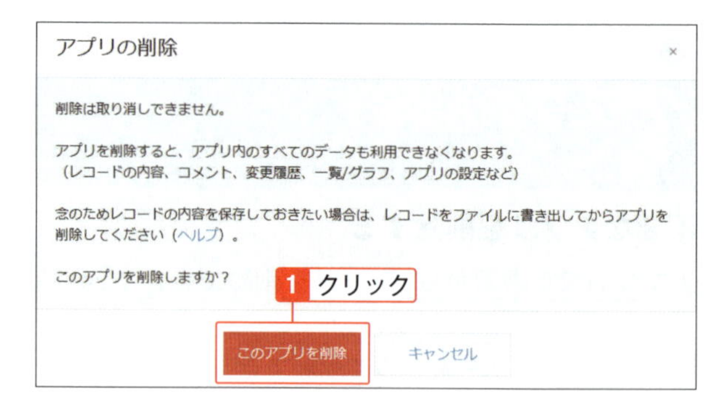

3 「削除の実行」をクリック。

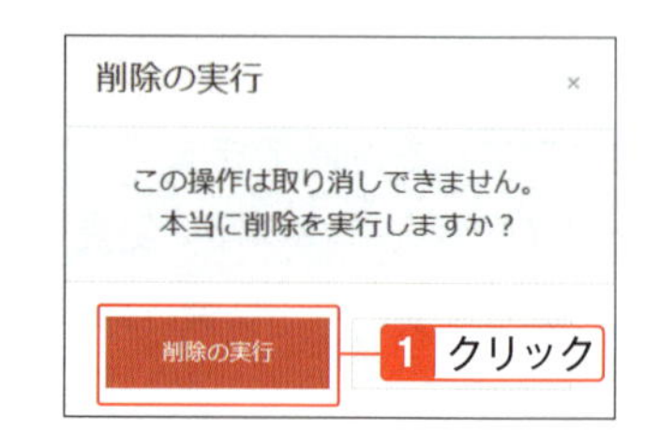

Check

参照関係のあるアプリがなかった場合

削除が実行されます。以降の操作は必要ありません。

4 「このアプリを参照しているアプリが見つかりました」と表示される。右上の☒（閉じる）アイコンをクリック。

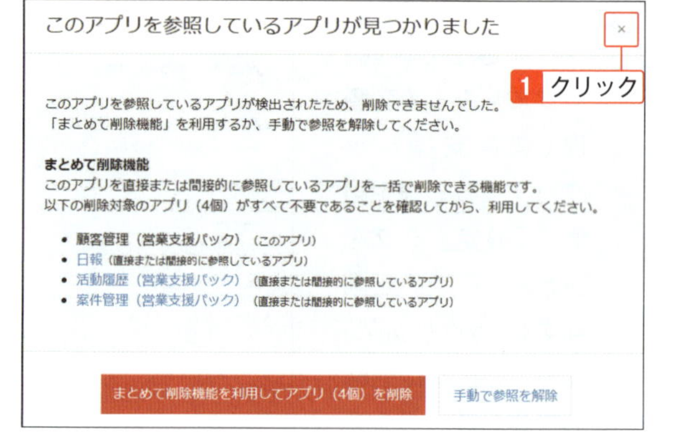

Hint

まとめて削除する場合

「まとめて削除機能を利用してアプリを削除」をクリックし、「複数アプリの一括削除」画面で、「削除の実行」ボタンをクリックします。アプリがまとめて削除されます。

Hint

アプリの復旧

アプリを誤って削除してしまった場合、cybozu.com共通管理者がアプリを復旧できる可能性があります。ただし、削除してから14日以上経過したアプリは復旧できません。また、一部の設定は復旧できないなど制限があります。詳しくは、「10-06 その他のkintoneシステム管理」を参照してください。

Chapter

08

スペースを設定する

スペースとは、必要なやり取りや情報を集約できる「チームの場所」のようなものです。チームにとって必要な情報や連絡事項などを集約することができます。チームやプロジェクトごとにスペースを作成し、そのスペースに参加するメンバーを自由に設定できます。

08-01

スペースを作成する

業務に応じてスペースを作成し、情報や連絡事項を集約する

「スペース」とは、チーム単位で必要なコミュニケーションやアプリを集約できる機能です。参加者を選んでスペースを作り、参加者同士で議論したり、情報を共有したりできます。チームに見てほしい情報をスペースに集約し、適切な公開範囲を設定することで、チームメンバーが必要な情報にアクセスしやすくなります。

スレッドを追加できるスペースを作る

kintoneのポータルからスペースを作成できます。スペースを作成する際に、そのスペースで複数のスレッドを運用するか、1つのスレッドのみにするかを指定できます。「スレッド」とは、スペース内でテーマごとに作成できる掲示板のような機能です。チーム内の様々なテーマに対して別々のスレッドを作りたい場合は、複数のスレッドを運用できるスペースを作成します。たとえば、営業部のメンバーとさまざまな情報を共有するための「営業部」スペースを作成できます。

1 kintoneのポータルで、「スペース」エリアにある＋（スペースを作成する）アイコンをクリック。「スペースを作成」をクリック。

Check

スペースを作成できるユーザー

kintoneシステム管理で「スペースの作成」が許可されたユーザーと、cybozu.com共通管理者がスペースを作成できます。

2 「はじめから作る」をクリック。

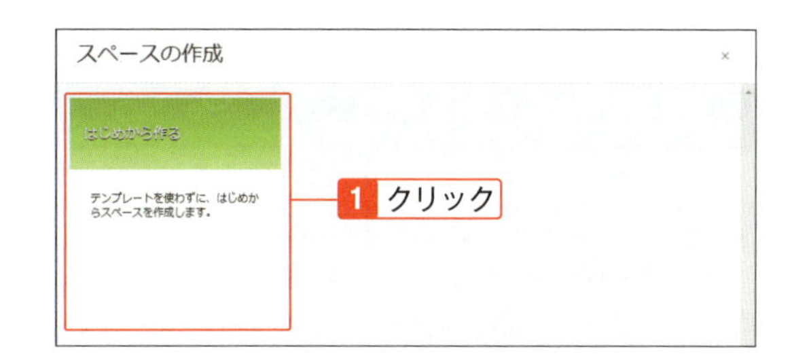

⚠ Check

スペーステンプレートをもとにスペースを作成

スペーステンプレートは、スペースの作成に使用するひな型です。スペーステンプレートが登録されている場合は、「スペースの作成」画面に登録されたスペーステンプレートが表示されます。スペーステンプレートを使用して、お知らせやスレッドやアプリなどがあらかじめ用意されたスペースを作成できます。

3 スペース名を「営業部」と入力。「スペースのポータルと複数のスレッドを使用する」にチェックを付ける。カバー画像を選択。

08 スペースを設定する

●「基本設定」タブの各項目

項目	説明
スペース名	スペースの名前を入力する
参加メンバーだけにこのスペースを公開する	スペースを非公開にする場合はチェックを付ける。チェックを付けると、参加者以外のユーザーにはスペースは公開されない
スペースのポータルと複数のスレッドを使用する	スレッドを追加できるようにする場合はチェックを付ける。いったんチェックを付けて保存すると、チェックを外すことはできない
スペースの参加/退会、スレッドのフォロー/フォロー解除を禁止する	チェックを付けると、スペースの参加メンバーに対して、スペースへの参加／退会、およびスレッドのフォロー／フォロー解除の操作が禁止される。また、スペースに未参加のユーザーに対して、スペースへの参加と、スレッドのフォローが禁止される
アプリ作成できるユーザーをスペースの管理者に限定する	チェックを付けると、このスペースにアプリを作成できるユーザーが、スペースの管理者に限定される。スペースの管理者は「参加メンバー」タブで設定する
カバー画像	スペースのカバー画像を選択する。画像をアップロードしてカバー画像にすることもできる
スペースのポータルに表示するコンテンツ	「お知らせ」「スレッド」「アプリ」「ピープル」「関連リンク」をそれぞれ表示する場合は、チェックを付ける。非表示にする場合はチェックを外す。「スペースのポータルと複数のスレッドを使用する」が有効な場合のみ設定できる

4 「参加メンバー」タブをクリック。スペースのメンバーを追加。「保存」をクリック。

Check

参加メンバーを追加

ユーザー／組織／グループは、ユーザーを検索するか、ユーザー検索の右側にある「組織やグループから選択」アイコンから選択します。

Check

スペースの管理者

「管理者」のチェックを付けると、スペースの管理者権限を付与できます。最低1人のメンバーを、管理者として指定する必要があります。

Check

下位組織も含める

「下位組織も含める」のチェックを付けると、組織に所属する下位の組織もメンバーに追加できます。

5 「営業部」スペースのポータルが表示される。

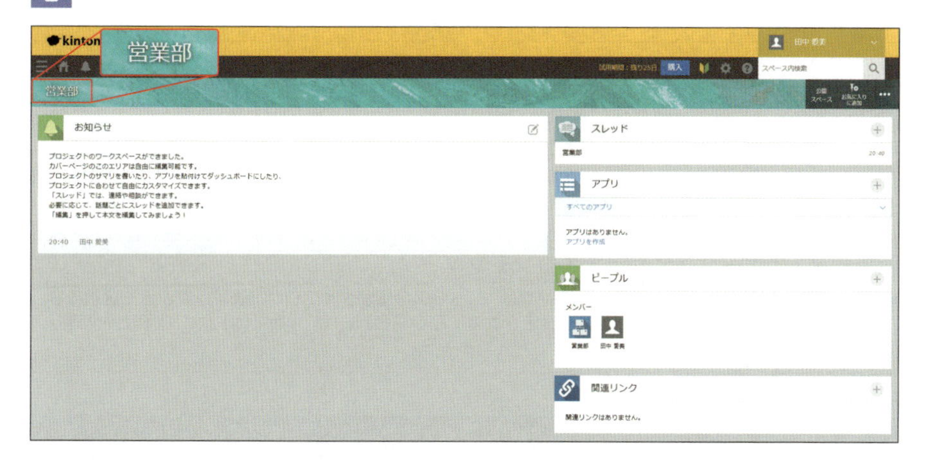

スペースのポータル

スペースを「スペースのポータルと複数のスレッドを使用する」のチェックを付けて作成した場合は、スペースのポータルが表示されます。スペースのポータルは、そのスペースのトップページとして表示される画面で、スペースの入り口の役割を持ちます。

初期設定では、スペースのポータルには次の情報が表示されます。

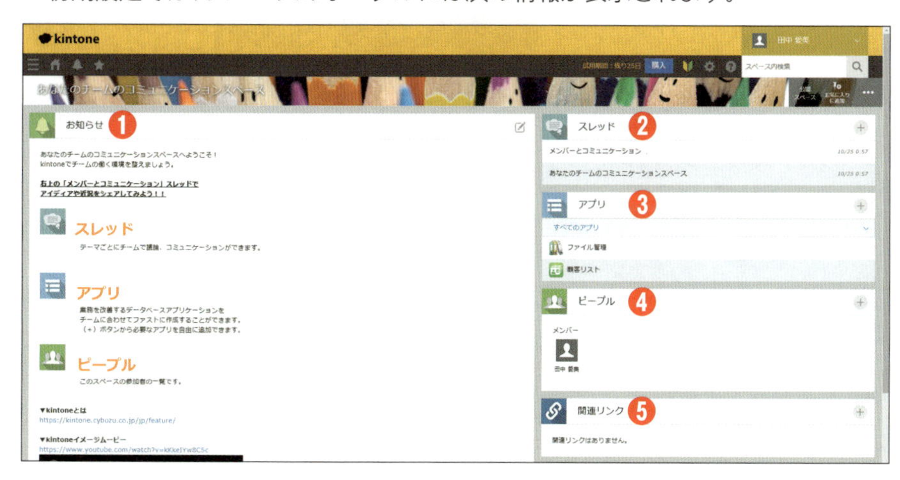

08 スペースを設定する

項目	説明
❶お知らせ（スペースの本文）	このスペースで共有したい情報を自由に記述できるエリア。アプリのレコード一覧やグラフを配置することもできる。通達事項や、よく使うアプリへのリンクなど、参加メンバーに積極的に見せたい情報を掲示するのに活用できる
❷スレッド	このスペース内で作成したスレッドが表示される
❸アプリ	このスペースに所属するアプリ（スペース内アプリ）の一覧が表示される
❹ピープル	このスペースに参加しているメンバーが表示される
❺関連リンク	このスペースに関連するアプリやスペースへのリンクが表示される

Check

スペースのポータルに表示するコンテンツ

スペースのポータルに表示するコンテンツは、スペースの管理ダイアログで表示か非表示を選択できます。スペース内アプリや関連リンクが設定されていない場合、モバイル版では「アプリ」欄と「関連リンク」欄は表示されません。

1つのスレッドのみのスペースを作る

スペースを作成する際に、「スペースのポータルと複数のスレッドを使用する」のチェックを付けずに作成した場合は、1つのスレッドのみ表示されたスペースが表示されます。シンプルなテーマで情報を共有する場合に使用します。あとから「スペースのポータルと複数のスレッドを使用する」スペースに変更することもできます。

1 kintoneのポータルで、「スペース」エリアにある＋（スペースを作成する）アイコンをクリック。「スペースを作成」をクリック。

2 「はじめから作る」をクリック。

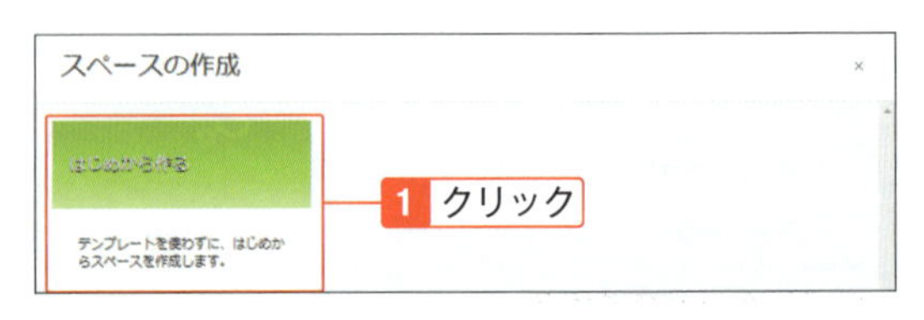

3 スペース名を入力。「スペースのポータルと複数のスレッドを使用する」にチェックを付けない。カバー画像を選択。

4 「参加メンバー」タブをクリック。スペースのメンバーを追加。「保存」をクリック。

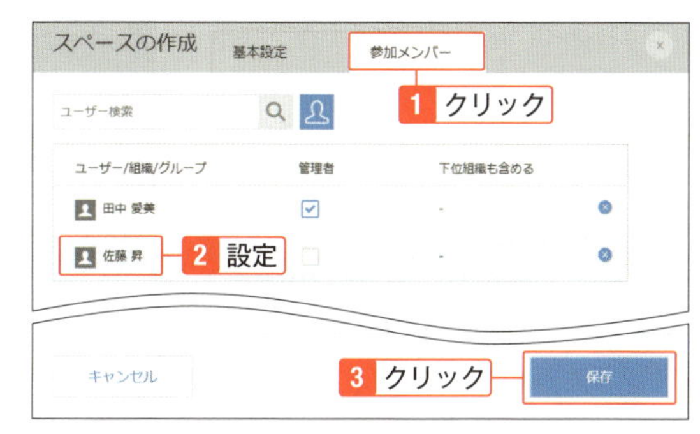

5 スペースのスレッドが表示される。

Hint

スペースのスレッドのみの画面

「スペースのポータルと複数のスレッドを使用する」のチェックを付けずに作成した場合は、スペースのスレッド画面が表示されます。

08-02

スペースの設定を変更する

スペースの基本情報やメンバーを設定する

それぞれのスペースの管理者は、スペースの管理画面を表示できます。スペース名や、スペースを公開するかどうかなど基本的な設定や、スペースの参加メンバーを変更できます。

スペースの設定を変更する

スペースごとに、スペース名や、スペースを公開するかどうか、スペースのポータルに表示するコンテンツなどの設定を変更できます。

1 スペース画面右上の…（オプション）をクリックし、「スペースを設定」をクリック。

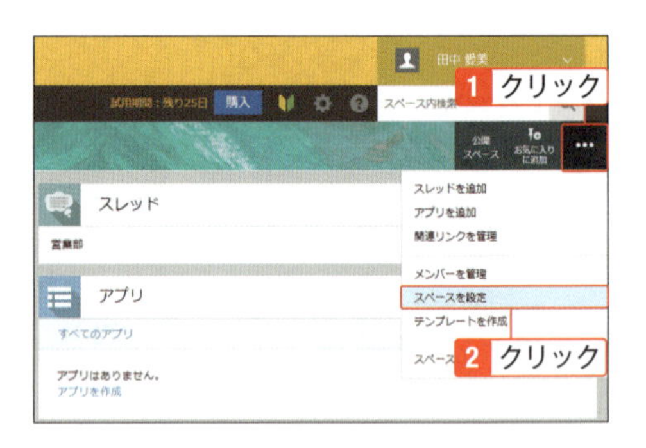

⚠ Check

スペースを設定

「スペースを設定」は、スペースの管理者のみに表示されるメニューです。

2 スペースの管理画面の「基本設定」タブで設定を変更し、「保存」をクリック。

Check

スペースの管理画面

スペースの管理画面の「基本設定」と「参加メンバー」の各項目については、「08-01 スペースを作成する」を参照してください。

Check

スペースの削除

スペース管理者は、スペース画面右上の … (オプション) の「スペースを削除」で、スペースを削除できます。

スペースのメンバーを変更する

スペースごとに、参加メンバーを追加、削除できます。また、そのスペースの管理者を設定できます。

1 スペース画面右上の … (オプション) をクリックし、「メンバーを管理」をクリック。

Hint

スペースの「ピープル」からメンバーを追加

ポータルがあるスペースでは、スペースのポータルの「ピープル」エリアにある + (メンバーを追加) アイコンからも、同様の操作が可能です。

Check

メンバーを管理

「メンバーを管理」メニューや、+ (メンバーを追加) アイコンは、スペースの管理者のみに表示されるメニューです。

2 スペースの管理画面の「参加メンバー」タブで設定を変更し、「保存」をクリック。

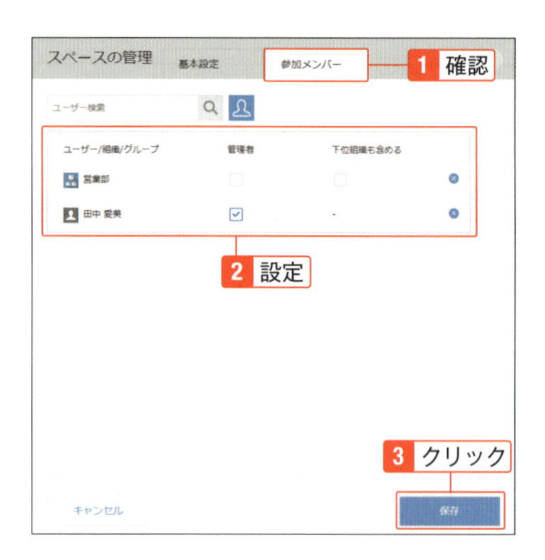

Check

スペースのポータルの「ピープル」

ポータルがあるスペースでは、追加されたメンバーは、スペースのポータルの「ピープル」に表示されます。削除されたメンバーは、「ピープル」に表示されなくなります。

Check

スペース内のスレッドのフォロー

スペースに追加されたメンバーは、スペース内のスレッドを自動的にフォローします。ただし、スペースに参加する前にユーザー自身でフォローを解除したことがあるスレッドは、自動的にフォローできません。ユーザーが手動でフォローする必要があります。

スペースから削除されたメンバーは、スペース内のスレッドのフォローが自動的に解除されます。スペースが公開スペースの場合、ユーザー自身が手動でフォローしたことのあるスレッドはフォローが解除されません。ユーザーが手動でフォローを解除する必要があります。スレッドのフォローについては「04-07 スレッドをフォローする」を参照してください。

Check

スペースの管理者の追加

スペースを作成したユーザーは、自動的にそのスペースの管理者に設定されます。あとからスペースの管理者になるには、現在のスペースの管理者が「メンバーを管理」から管理権限を付与するか、システム管理者がkintoneシステム管理の「スペース管理」で「管理者として参加」をクリックします。

Check

スペースの退会

メンバーに組織またはグループを追加した場合は、ユーザーごとの退会ができません。ユーザーごとの退会を許可する場合は、組織またはグループではなく、ユーザーを選択して設定します。

お知らせを利用する

スペースのメンバーに共有したい情報を「お知らせ」に表示する

スペースの「お知らせ」は、スペースのメンバーに共有したい情報を集約できるエリアです。グラフを表示したり、リンク集を作ったりして、ダッシュボードや部門ポータルとして活用できます。掲示した内容は、スペースのポータルに表示されます。「お知らせ」の内容は、スペース管理者のみが編集できます。

お知らせの内容を編集する

「お知らせ」は、スペースの設定で「スペースのポータルと複数のスレッドを使用する」にチェックを付けた場合に、スペースのポータルに初期設定で表示されます。通達事項やよく使うアプリへのリンクなど、参加メンバーに積極的に見せたい情報を掲示したり、アプリのレコード一覧やグラフを貼り付けて情報のダッシュボードのように利用します。たとえば、スペースの「お知らせ」に、案件の「確度別の見込み金額」の情報を共有するために、案件管理アプリのグラフを貼り付けられます。

1 「お知らせ」右上の（スペースの本文を編集）をクリック。

2 グラフを挿入する場所をクリック。「アプリ貼り付け」をクリック。

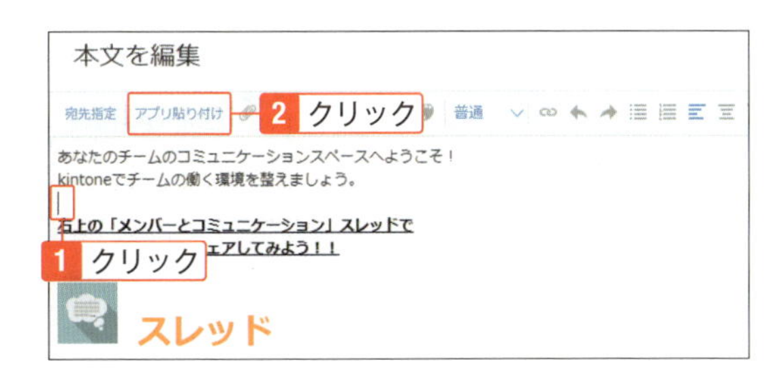

Hint

本文を編集

「お知らせ」にアプリを貼り付けたり、表示する文章の内容や書式を設定したり、ファイルを添付したりできます。

3 「05-02 サンプルアプリを選んで作成」で作成した「案件管理（営業支援パック）」アプリをクリック。グラフの「見込み金額（確度別）」を選択。「OK」をクリック。

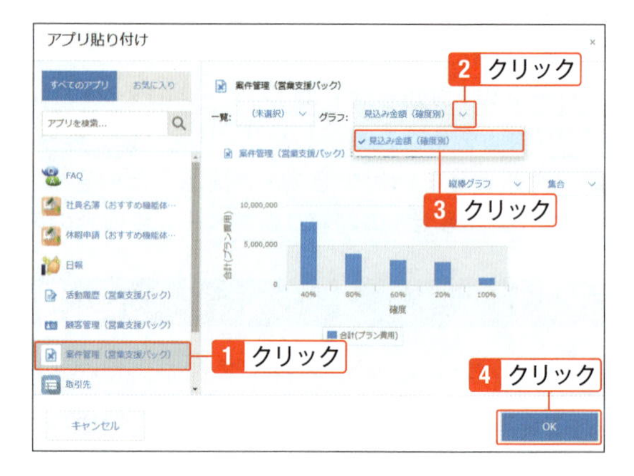

Check

アプリ貼り付け

アプリのレコード一覧を貼り付ける場合は、「一覧」から、貼り付ける一覧を選択します。グラフを貼り付ける場合は、「グラフ」から、貼り付けるグラフを選択します。カレンダー形式の一覧は貼り付けられません。カレンダー形式の一覧を選択した場合、表形式で表示されます。カスタマイズ形式の一覧は貼り付けられません。

4 「保存」をクリック。

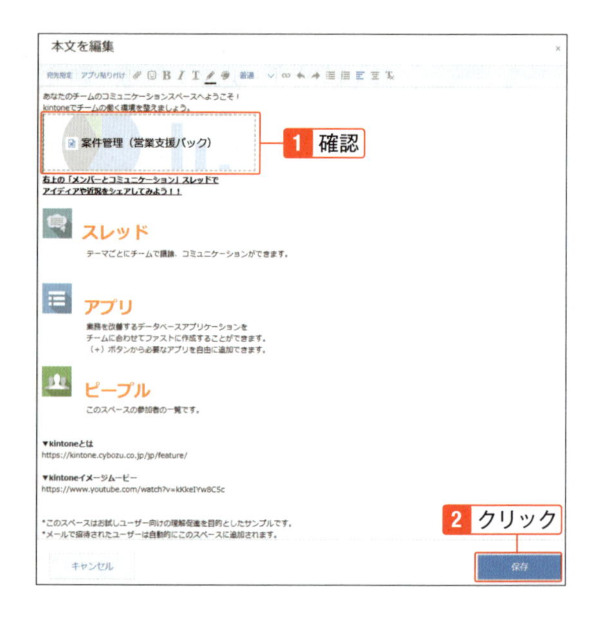

5 「お知らせ」にグラフが表示された。

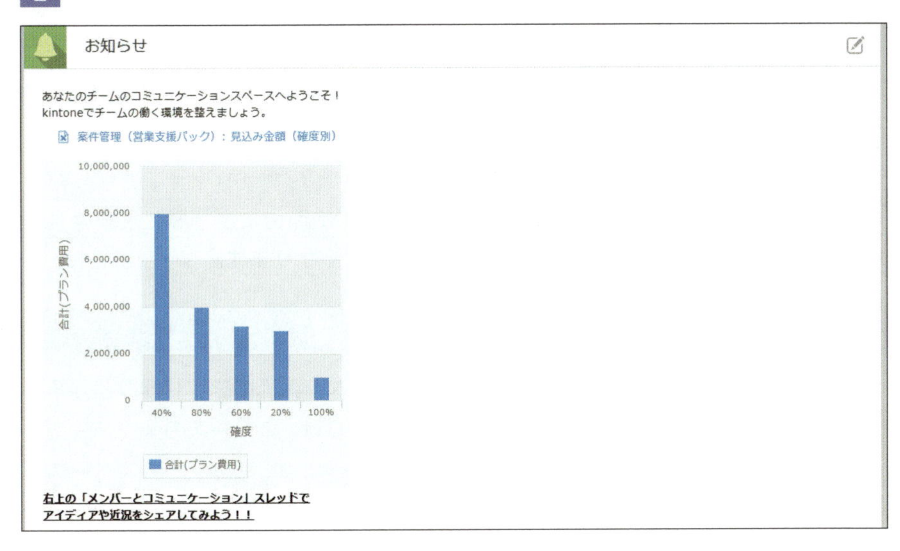

Check

レコード一覧やグラフの表示

貼り付けられたアプリの閲覧権限がないユーザーには、貼り付けられたレコード一覧やグラフは表示されません。

Hint

スレッドの本文の設定

スペースのスレッドの本文も、「お知らせ」と同様にアプリを貼り付けるなどの編集ができます。スレッドの本文は、スペース管理者だけでなく、スレッドを作成したユーザーも編集できます。

08-04 アプリを利用する

スペースのメンバーが利用するアプリを追加する

「スペース内アプリ」とは、スペースに関連付けられたアプリです。アプリがスペースに所属していると、そのスペースのポータル画面のアプリ欄に表示されるため、そのスペースに関連するアプリを利用しやすくなります。

スペース内アプリを追加

スペースにアプリを作成すると、スペースのポータル画面のアプリ欄などからアプリにアクセスできます。非公開スペース内のアプリは、スペースのメンバーだけが利用できるため、アプリの利用者を簡単に限定できます。また、どのスペースに所属しているかによって、どんな用途で利用されているアプリかを推測しやすくなり、アプリの整理を進めやすくなります。スペース内でのチームのやり取りに必要な情報、文書、ToDoなどをアプリで管理する際には、アプリを関連するスペースに所属させます。たとえば、スペース内にToDoアプリを追加できます。

1 スペースのポータル画面の「アプリ」の＋（スペース内アプリを作成）をクリック。

Hint

1つのスレッドのみのスペース

ポータルのない、1つのスレッドのみのスペースで、スペース内アプリを追加するには、スペース右側の…（オプション）アイコンをクリックし、「アプリを追加」をクリックします。

Check

アプリの＋アイコンが表示されず、アプリを作成できない場合

アプリの作成権限がないと、アプリの＋アイコンが表示されず、アプリを作成できません。　管理者がスペースでのアプリの作成を制限していて、アプリの＋アイコンが表示されないこともあります。本書のデモ環境では、デモユーザーはアプリの作成権限がなく、アプリを作成できません。本書を参考にアプリの作成をする場合は、30日間試用版など自分がアプリを作成できる環境で、操作をしましょう。

2 「アプリを探す」の検索欄に「To Do」と入力して検索。検索した結果の「To do」の「このアプリを追加」をクリックして、「追加」をクリック。

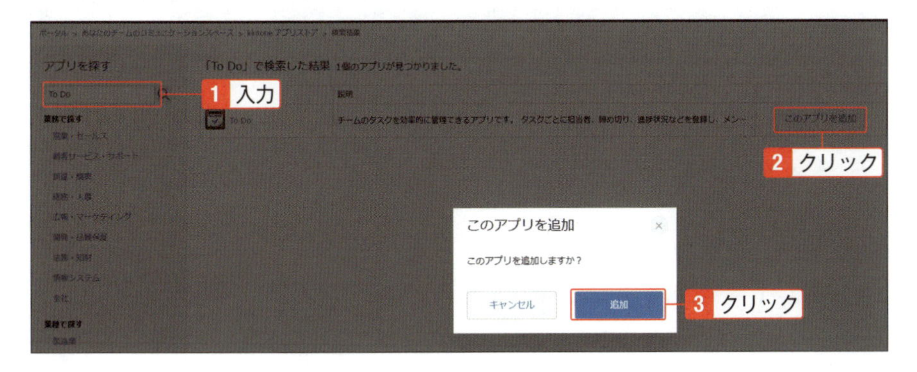

3 スペースに「To Do」アプリが追加される。（ポータル）をクリック。

Hint

スペース内アプリの表示

ポータルがあるスペースでは、「最近公開されたアプリ」と「すべてのアプリ」をドロップダウンリストで切り替えできます。

- **最近公開されたアプリ：アプリが公開された順に一覧表示される**
- **すべてのアプリ：アプリが名前順に一覧表示される**

1つのスレッドのみのスペースでは、アプリが名前順に一覧表示されます。

4 ポータルにも「To Do」アプリが表示される。

Check

ポータルのアプリの表示

参加しているスペースのアプリは、kintoneのポータル（トップページ）の「すべてのアプリ」と「最近公開されたアプリ」に表示されます。
参加していないスペースのアプリは、どちらにも表示されません。

Check

非公開スペース

非公開のスペースに作成したアプリには、スペースのメンバーだけがアクセスできます。

Hint

スペースごとに、アプリを作成できるユーザーを限定する

スペースにアプリを作成できるユーザーを、そのスペースの管理者に限定できます。この設定は、スペースごとに行います。初期設定では、そのスペースを閲覧可能なユーザーであれば、スペース内アプリを作成できます。
スペースの管理画面で「アプリ作成できるユーザーをスペースの管理者に限定する」にチェックを入れると、アプリを作成できるユーザーがそのスペースの管理者のみになります。

08-05 スレッドを利用する

スレッドで情報を共有したり、アプリに転記する

スレッドとは、スペース内でテーマごとに作成できる掲示板のような機能です。複数のテーマがある場合でも、情報を整理しながらコミュニケーションを円滑に進めることができます。

スレッドの作成と削除、本文の編集

スペースを表示できるメンバーは、誰でもスレッドを作成し、チームメンバーと情報の共有や連絡ができます。スレッドを作成したユーザーは、そのスレッドの本文の編集や削除ができます。たとえば、スレッドの「本文」に案件管理アプリの一覧を貼り付けられます。スレッドの作成については、「04-08 スレッドを作成する」を参照してください。

1 スペースのスレッドを表示。右上の（タイトルや本文を編集する）をクリック。

Check

スレッドの本文の編集やスレッドの削除

自分が作成したスレッドのみ、スレッドの本文の編集やスレッドの削除ができます。スペース管理者は、スペース内のスレッドの本文の編集やスレッドの削除ができます。

2 一覧を挿入する場所をクリック。「アプリ貼り付け」をクリック。

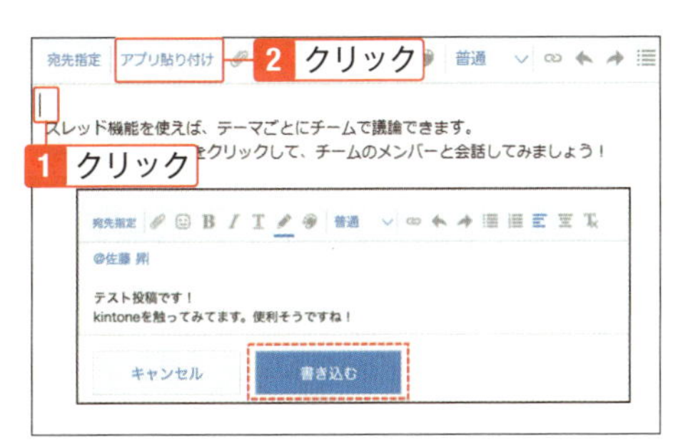

Check

画像の挿入

スレッドの本文に画像を挿入するには、（ファイルを添付する）で画像ファイルを挿入します。画像をコピーして貼り付けでは挿入できません。

3 「05-02 サンプルアプリを選んで作成」で作成した「案件管理(営業支援パック)」アプリをクリック。一覧で「案件一覧」が選択されていることを確認。「OK」をクリック。

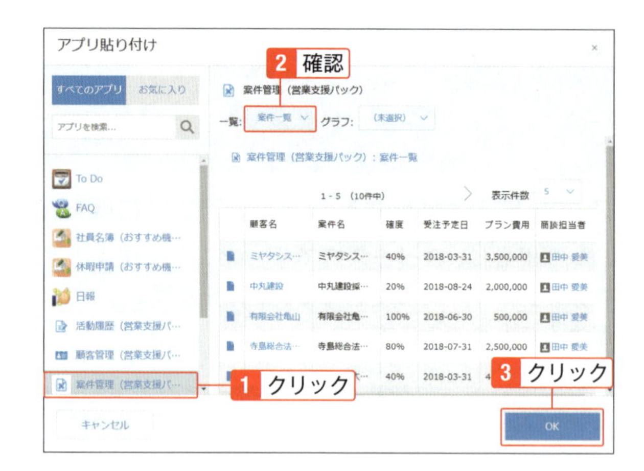

4 「保存」をクリック。

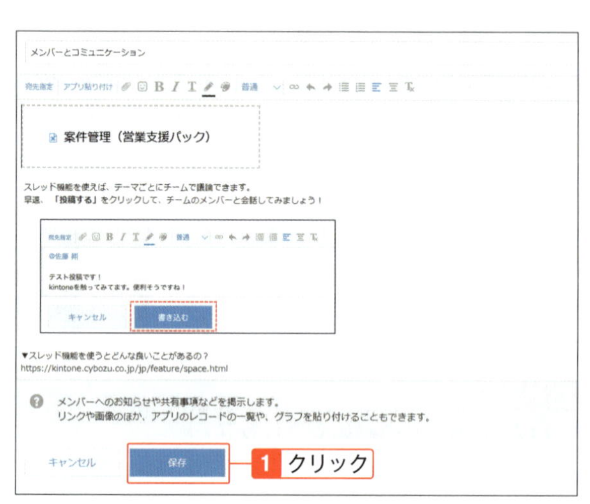

5 「お知らせ」に一覧が表示された。

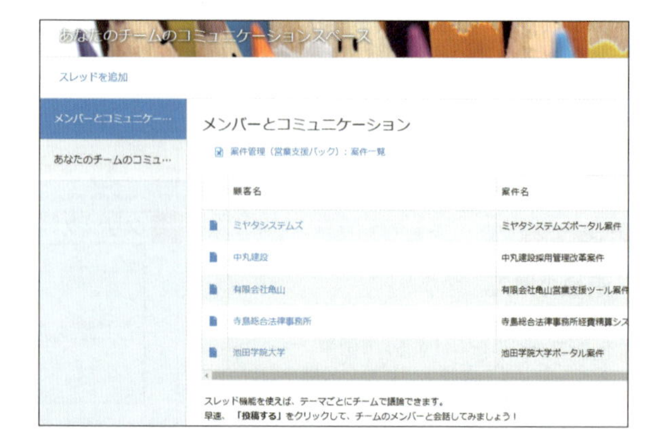

スレッドアクションを作成する

スレッドアクションとは、スレッドに書き込まれたコメントやURLを、指定したアプリのレコードに転記できる機能です。スレッドの書き込みをピックアップして保存できます。たとえば、スレッドのコメントで発生したタスクをToDo管理アプリに登録できます。

1 スレッドのコメントを投稿。コメントにマウスポインタを合わせ、「アクション」をクリック。「アクションを作成する」をクリック。

⚠Check
コメントからスレッドアクションを作成
スレッドアクションは、スレッドなどの各コメント欄から作成できます。

2 「アクション名」を入力。「コピー先」のコピー先のアプリを選択。「フィールドの関連付け」で、コピー元のデータの種類とコピー先のフィールドを指定。

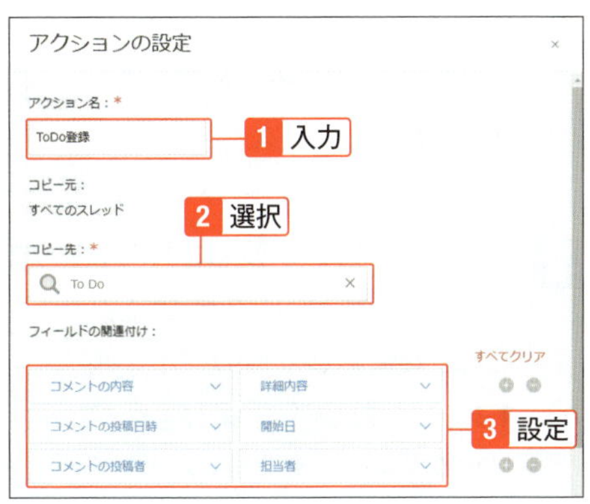

⚠Check
アクション名
アクション名は、アクションメニューに表示されるアクションの名前です。

3 「アクションの利用者」を指定。すべてのユーザーがアクションを利用する場合は、「Everyone」を追加。「保存」をクリック。

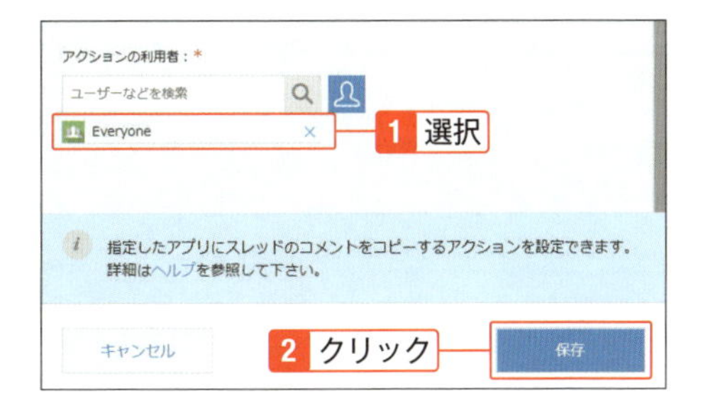

Check

コピー先に指定できるフィールド

スレッドアクションで転記できるデータは、コメントの内容、投稿日時、投稿者、URLです。転記するデータの種類によって、コピー先に指定できるフィールドが異なります。コピー先のアプリに該当フィールドが配置されているかを確認してから、スレッドアクションを作成します。

データの種類	コピー先として指定できるフィールド
コメントの内容	文字列（複数行）、リッチエディター
コメントの投稿日時	日時、日付、コメントの投稿者
コメントの投稿者	ユーザー選択
コメントのURL	「入力値の種類」を「Webサイトのアドレス」にしているリンクフィールド

スレッドアクションを利用する

作成したアクションは、スレッドやピープル、メッセージのコメントで「アクション」をクリックすると表示されるアクションメニューから利用できます。作成したアクションをクリックすると、指定したアプリのフィールドにコメント内容などが転記されたレコード追加画面が表示されます。

1 スレッドのコメントにマウスポインタを合わせ、「アクション」をクリック。「ToDo登録」をクリック。

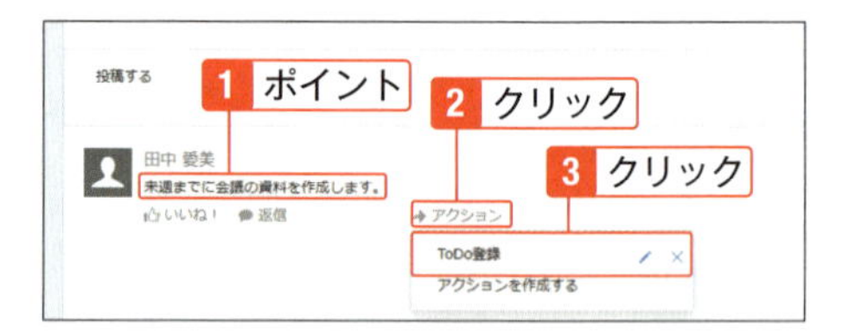

2 スレッドの内容が転記されたレコードの登録画面が表示される。必要に応じて他のフィールドにも入力して、「保存」をクリックすると、新しいレコードとして登録される。

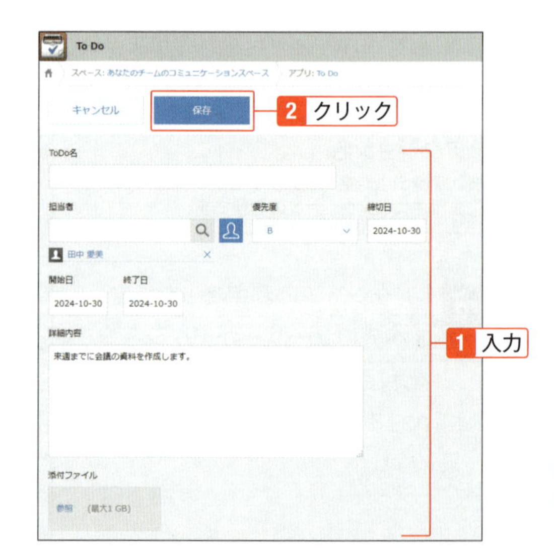

08-06

関連リンクを利用する

スペース外のアプリや他のスペースへの関連リンクを追加する

スペースの「関連リンク」欄には、そのスペースに関連するアプリやスペースへのリンクを追加できます。関連リンクを追加することにより、スペースの利用者が、リンク先のアプリやスペースに素早くアクセスできるようになります。

関連リンクをスペースに追加

スペースの利用者は、関連リンクをスペースに追加できます。

1 スペースの画面右下の「関連リンク」の＋（関連リンクを追加）をクリック。

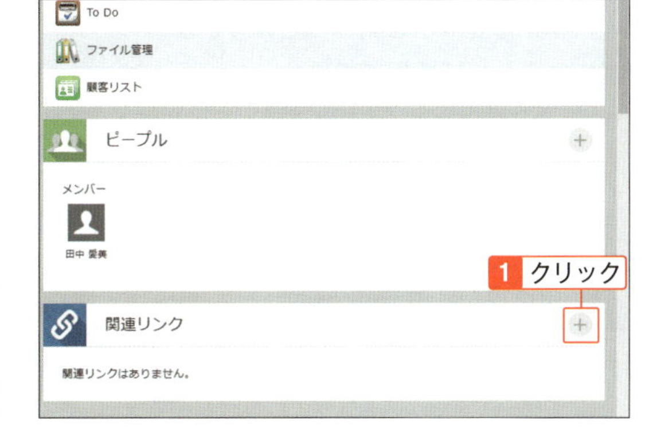

Hint

関連リンクの追加

スペース画面右上の…（オプション）で「関連リンクを管理」をクリックしても、関連リンクを追加できます。

2 関連リンクに追加したいアプリやスペースを検索し、選択する。「保存」をクリックすると、関連リンクが追加される。

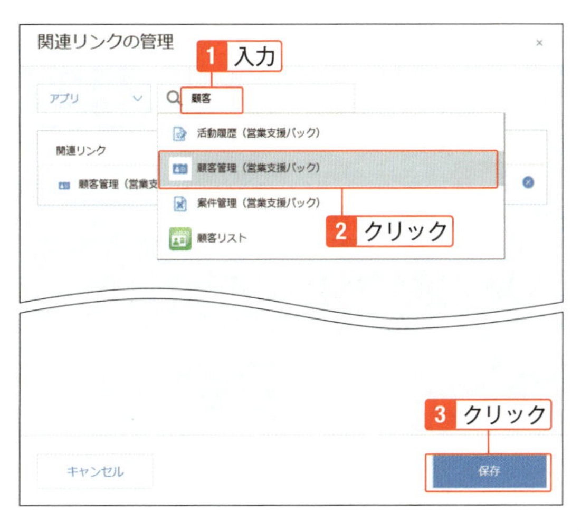

Check

関連リンクの削除

関連リンクを削除する場合も、手順1と同様に「関連リンクの管理」画面を開きます。削除したい関連リンクの右側の×（削除する）をクリックし、「保存」をクリックで、関連リンクが削除されます。

08-07

ゲストスペースを利用する

外部のユーザーを招待してアプリやスレッドで情報を共有し連絡する

ゲストスペースは、kintoneの利用ユーザー以外の人が、ゲストとして参加できるスペースです。顧客・取引先・協力会社など、社外の人を「ゲストユーザー」として招待し、共同でアプリやスレッドを利用できます。

ゲストスペースを作成

ゲストスペースは、社内の環境と分離されているため、社外秘の情報が漏れることなく安全に情報共有を行えます。ゲストユーザーは、招待された「ゲストスペース」内の情報のみを閲覧できます。社外のメンバーとの共同プロジェクトなどに、連絡の場として使用できます。

kintoneのポータルからゲストスペースを作成できます。通常のスペースと同様に、はじめから作ったり、テンプレートをもとに作成できます。

1 kintoneのポータルで、「スペース」エリアにある＋（スペースを作成する）アイコンをクリック。「ゲストスペースを作成」をクリック。

Check

ゲストスペースを作成できるユーザー

kintoneシステム管理で「ゲストスペースの作成」が許可されたユーザーと、cybozu.com共通管理者がスペースを作成できます。

2 「はじめから作る」をクリック。

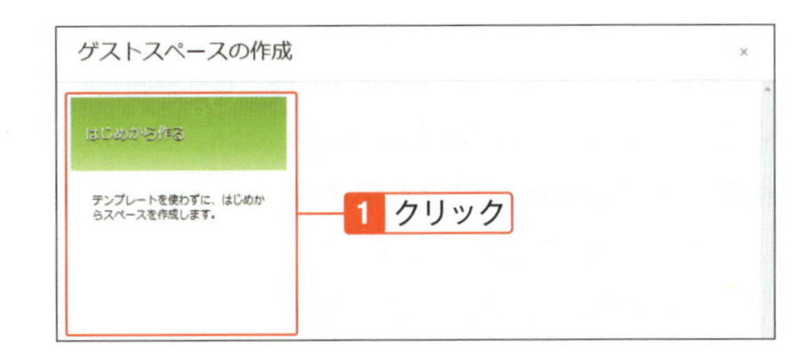

⚠ Check

スペーステンプレートをもとにゲストスペースを作成

スペーステンプレートが登録されている場合は、「スペースの作成」画面に登録されたスペーステンプレートが表示されます。スペーステンプレートを使用して、お知らせやスレッドやアプリなどがあらかじめ用意されたスペースを作成できます。

3 「スペースの作成」ダイアログの「基本設定」タブで、各項目を指定。

⚠ Check

非公開

ゲストスペースは、参加者以外のユーザーには非公開になります。

4 「参加メンバー」タブをクリック。スペースのメンバーを追加。「保存」をクリック。

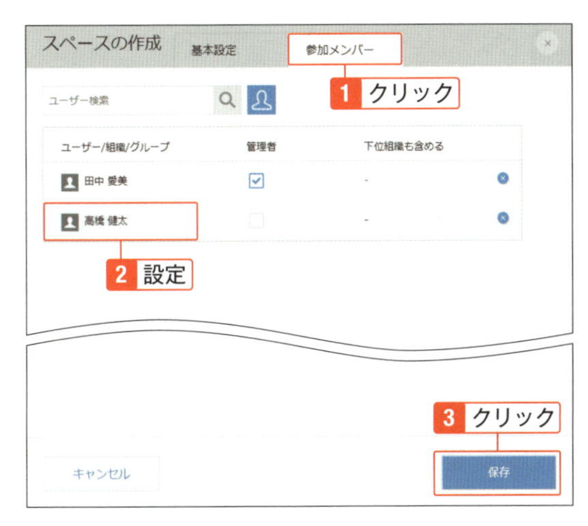

ゲストの招待

ゲストスペースの管理者は、ゲストに招待メールを送信し、ゲストスペースに招待できます。招待されたゲストは、招待メールからkintoneにアクセスし、ゲストアカウントを作成できます。ゲストスペースに招待されたユーザーはゲストユーザーと呼びます。ゲストユーザーは、招待されたスペースと、そのスペースに所属するアプリだけにアクセスできます。そのほかのデータは閲覧できません。

1 ゲストスペース画面右上の…（オプション）をクリックし、「ゲストメンバーを管理」をクリック。

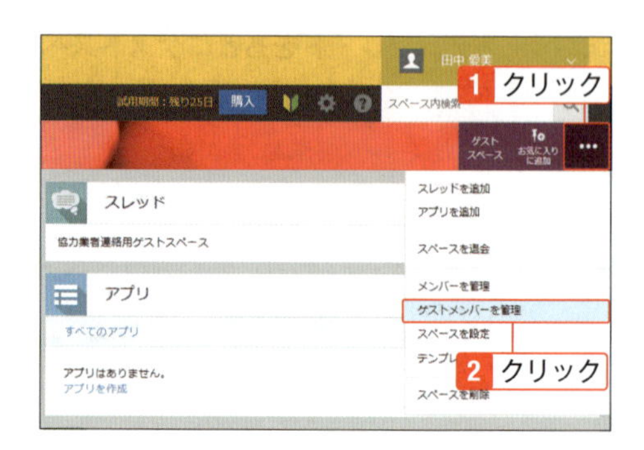

2 「ゲストを招待」をクリック。

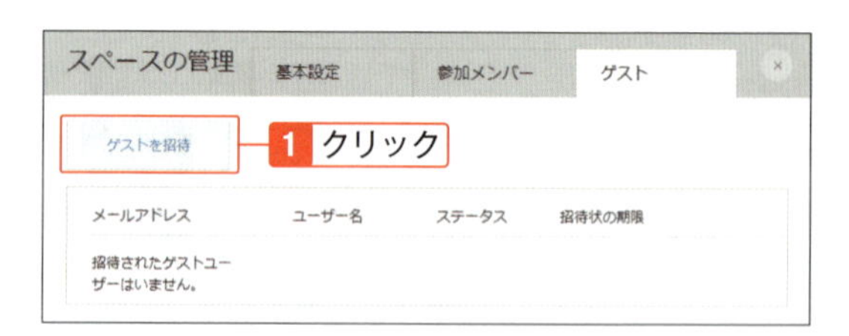

3 「宛先」にゲストのメールアドレスを入力。「本文」に招待メールの本文に追加するメッセージを入力。「招待メール送信」をクリック。

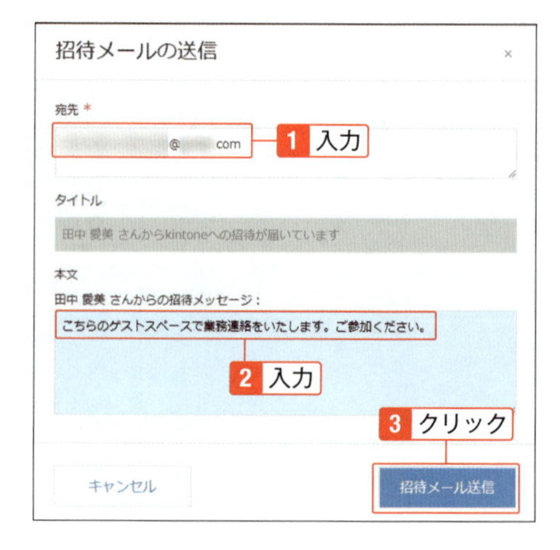

> **Hint**
> **宛先**
> 「,（カンマ）」区切りで、複数のメールアドレスを入力できます。

4 宛先に指定したゲストに、招待メールが送信される。「保存」をクリック。

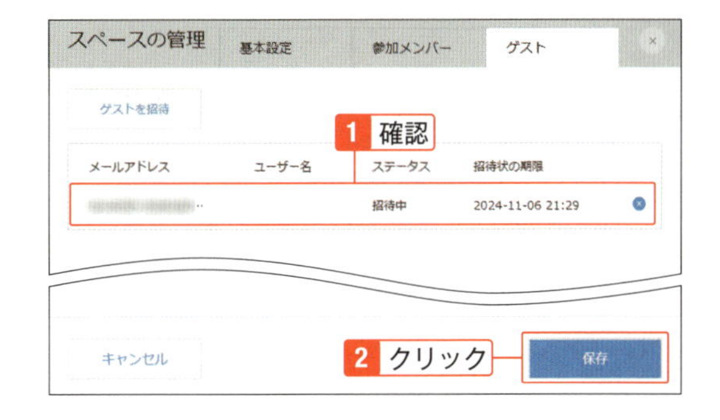

Check

招待メールの有効期間

招待メールの有効期間は1週間です。有効期限を過ぎた場合は再度招待メールを送信してください。

Check

ゲストユーザーの利用料

ゲストユーザーを招待した側に、ゲストユーザーの利用料がかかります。ゲストユーザーとして招待する相手がすでにkintoneを契約中の場合、利用中のkintoneと招待されたゲストスペースとでアカウントを共通化すると、ゲストユーザーの利用料が無料になります。

招待されたゲストスペースに参加する

ゲストスペースに招待された場合、すでにkintoneを利用しているかどうかによって、参加方法が異なります。

自分の会社などでkintoneを利用中の場合は、招待メールに記載されたリンクをクリックしてから、利用中のkintoneのアカウントで、招待されたゲストスペースに参加できます。この操作によってアカウントが共通化され、利用中のkintoneのトップページからゲストスペースを開けるようになります。

kintoneを利用していない場合は、招待メールに記載されたリンクをクリックして、新規登録して参加します。

1 招待メールに記載されたリンクをクリック。

2 kintoneを利用していない場合は、左側の入力欄にパスワードと名前を入力し、「新規登録して参加」をクリック。

Check

アカウントの共通化

自分の会社などでkintoneを利用中の場合は、利用中のkintoneのサブドメインを入力し、「kintoneアカウントで参加」をクリックします。

3 ゲストスペースに参加できた。

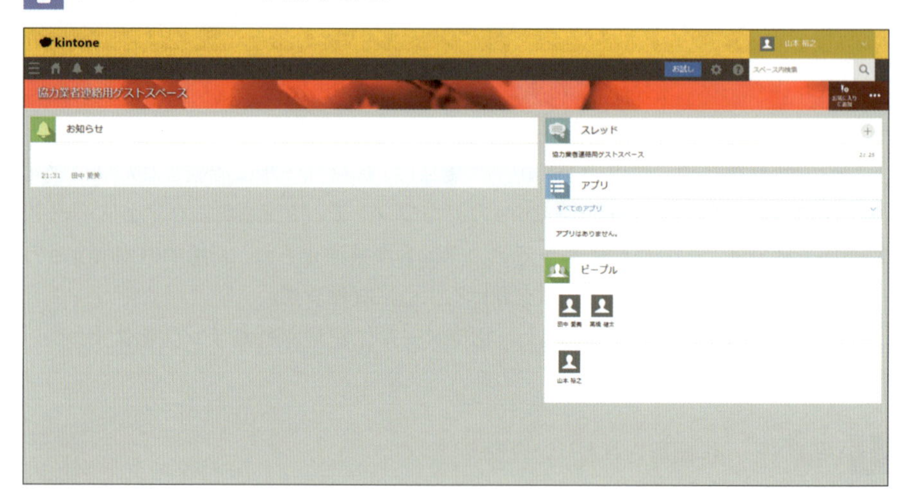

Check

ピープル

kintoneユーザーとゲストユーザーが、線で分けられて表示されます。

Hint

後からアカウントを共通化

「新規登録して参加」を選択し、あとからアカウントを共通化することもできます。あとからアカウントを共通化するには、kintoneの画面上部の⚙（設定）をクリックし、「アカウントの共通化」をクリックします。

Chapter

09

利用環境を設定する

kintoneを複数人で利用するには、利用するユーザーを追加する必要があります。また、部署などを「組織」として追加し、複数のユーザーを管理することができます。kintoneの入り口となるログイン画面の設定もできます。kintoneの利用環境を整えるcybozu.com管理者向けの機能や手順を解説します。

09-01 kintoneの管理者

kintoneの設定や運用を役割分担

kintoneの設定を行う管理者には、kintone全体に関わる設定を行うcybozu.com共通管理者とシステム管理者、各スペースや各アプリそれぞれの設定を行うスペース管理者、アプリ管理者などがあり、kintoneの設定や運用を役割分担します。

管理者の種類と設定

cybozu.com共通管理者：
ユーザーや組織の設定、セキュリティの設定など、kintoneの利用に必要な設定を行う。最上位の管理者で、システム管理者の権限も持ち、すべてのアプリに対してアプリ管理者の権限も持つ。
アプリやスペースの復旧など、kintoneシステム管理の一部の設定はcybozu.com共通管理者のみが行える。

システム管理者：
ポータルの設定、アプリやスペースの作成権限の設定など、kintoneを運用するための設定を行う。すべてのスペースに対して、スペース管理者として参加できる。

スペース管理者：各スペースの設定を行う。

アプリ管理者：各アプリの設定を行う。

設定＼管理者の種類	cybozu.com共通管理者	kintoneシステム管理者	スペース管理者	アプリ管理者	本書のChapter
ユーザーや組織の設定	○	－	－	－	09
セキュリティの設定	○	－	－	－	09
ポータルの設定	○	○	－	－	10
アプリやスペースの作成権限の設定	○	○	－	－	10
スペースの設定	－	－	○	－	08
アプリの設定	○	－	－	○	05-07
アプリやスペースの復旧	○	－	－	－	10
スペースに管理者として参加	○	○	－	－	10

● その他の管理者

組織の管理者：
cybozu.com共通管理者が、個別の組織に対して、組織の管理者を設定できる。組織の管理者は、管理権限を割り当てられた組織とその子組織に対して、ユーザーや組織を設定できる。
サイボウズドットコムストアの管理者：
試用版を申し込んだユーザーが、サイボウズドットコムストアの管理者となる。
サイボウズドットコムストアで、契約内容を管理する。サービスの発注や契約内容の変更、IPアドレス制限やBasic認証の設定、ドメイン、サイボウズドットコムストアの管理者の追加などを行う。

Check

試用版の申込者

試用版を申し込んだユーザーは、サイボウズドットコムストアの管理者と、cybozu.com共通管理者になります。kintoneの契約から運用まで、必要な操作を全て行うことができます。

cybozu.com共通管理者

cybozu.com共通管理者は、cybozu.com共通管理画面にアクセスし、kintone利用に必要な下記の設定ができます。

また、cybozu.com共通管理者は、他のユーザーをcybozu.com共通管理者に追加できます。

- **ユーザーや組織の設定**
- **役職やグループの設定**
- **組織の事前設定、一括操作**
- **セキュリティの設定**

1 画面上部右側の⚙（設定）をクリックして、「cybozu.com共通管理」をクリック。

2 「管理者の設定」をクリック。管理者に追加するユーザーを選択し、「追加」、「保存」と順にクリックし、cybozu.com共通管理者を追加。

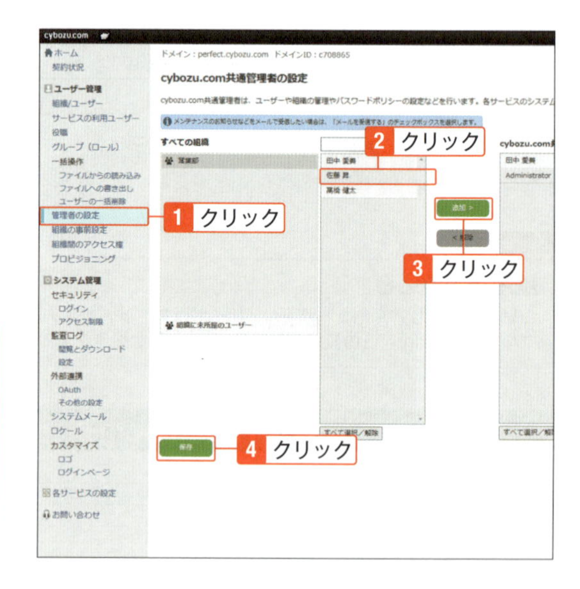

Check

管理者の設定

cybozu.com共通管理の「管理者の設定」で、「cybozu.com共通管理者」になっているユーザーが、cybozu.com共通管理者です。試用版の初期設定では、申し込んだユーザーがcybozu.com共通管理者です。

Check

特別なユーザーアカウント

Administratorは、cybozu.comの作成時に、システムによって自動で追加される特別なアカウントです。ユーザーとして利用できません。

システム管理者

システム管理者は、kintoneシステム管理画面にアクセスし、kintone全体に関わる下記の設定ができます。

また、システム管理者は、他のユーザーをシステム管理者に追加できます。cybozu.com共通管理者には、すべてのシステム管理権限が付与されます。

- アプリやスペースの作成権限の設定
- アプリやスペースのテンプレートの作成
- アプリやスペースの管理
- kintone全体のカスタマイズ
- アップデートオプションの設定
- プラグインの登録
- お知らせ掲示板の編集
- ポータルの設定

1 画面上部右側の⚙（設定）をクリックして、「kintoneシステム管理」をクリック。

2 「アクセス権」をクリック。

3 「追加する」をクリックし、管理者に追加するユーザーや組織、グループを選択する。選択したユーザーや組織、グループの「システムの管理」にチェックを付けて「保存」をクリックし、システム管理者を追加。

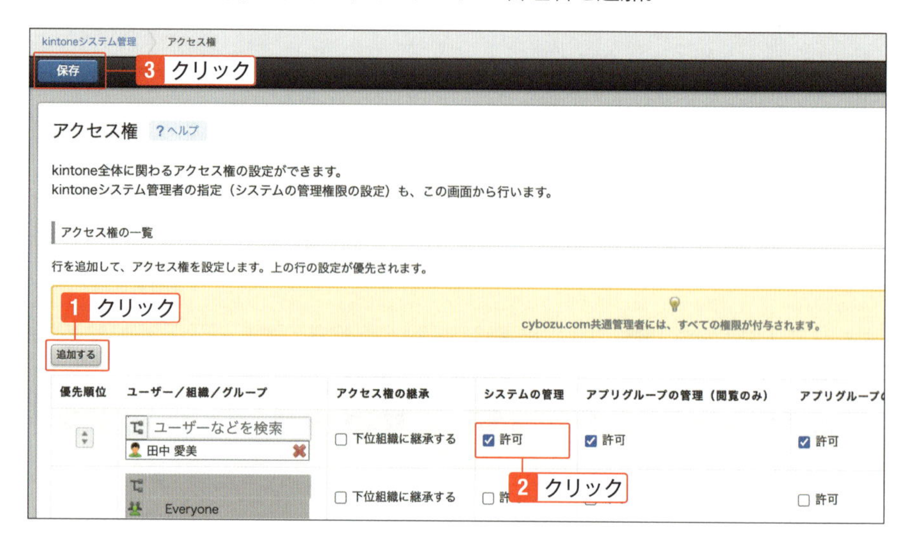

⚠ Check

kintoneシステム管理のアクセス権

kintoneシステム管理の「アクセス権」で、「システムの管理」が有効になっているユーザーが、システム管理者です。初期設定では、cybozu.com共通管理者のみがシステム管理者です。kintoneシステム管理のアクセス権の設定については、「10-04 アクセス権」を参照してください。

アプリ管理者

アプリ管理者はアプリごとに存在します。アプリの設定画面にアクセスし、アプリの下記の設定ができます。

また、アプリ管理者は、他のユーザーをアプリ管理者に追加できます。cybozu.com共通管理者には、すべてのアプリ管理権限が付与されます

- **アプリ名、管理者用メモの設定**
- **「フォーム」タブでの設定**
- **「一覧」タブでの設定**
- **「グラフ」タブでの設定**
- **「設定」タブでの設定**

1 アプリの⚙（アプリを設定）をクリック。

2 「設定」をクリック。アクセス権の「アプリ」をクリック。

3 管理者に追加するユーザーや組織、グループを選択して追加。追加したユーザーや組織、グループの「アプリ管理」にチェックを付けて、画面右下の「保存」をクリック。その後、画面右上の「アプリを更新」、確認画面の「アプリを更新」と順にクリックし、アプリ管理者を追加。

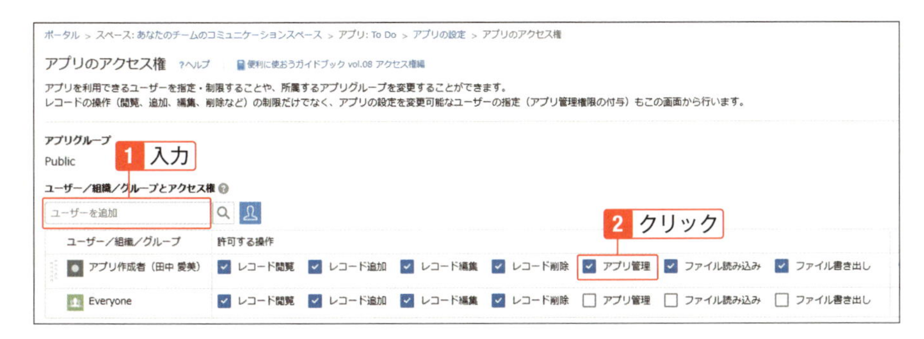

> **⚠ Check**
>
> ### アプリのアクセス権
>
> アプリの設定画面の「アプリのアクセス権」で、「アプリ管理」が有効になっているユーザーが、アプリ管理者です。初期設定では、アプリ作成者がアプリ管理者になっています。アプリのアクセス権の設定については、「07-02 アクセス権」を参照してください。

スペース管理者

スペース管理者はスペースごとに存在します。スペースの設定画面にアクセスし、スペースの下記の設定ができます。

また、スペース管理者は、他のユーザーをスペース管理者に追加できます。

- **スペースの公開を参加メンバーに限定するかどうかの設定**
- **複数のスレッドを使用するかどうかの設定**
- **参加メンバーの管理**

1 スペース画面右上の…（オプション）をクリックし、「メンバーを管理」をクリック。

2 管理者に追加するユーザーや組織、グループを選択して追加。追加したユーザーや組織、グループの「管理者」にチェックを付けて、「保存」をクリックし、スペース管理者を追加。

Check

スペースの参加メンバー

スペースの管理画面の「参加メンバー」タブで、「管理者」が有効になっているユーザーが、スペース管理者です。初期設定では、スペース作成者がスペース管理者になっています。スペースの参加メンバーの設定については、「08-02 スペースの設定を変更する」を参照してください。

09-02

お試しを申し込む

kintoneを30日間無料で試用する

kintoneを30日間無料で利用できるkintoneのお試しを申し込むと、kintoneの環境とその管理者のアカウントを作成できます。無料期間の終了後、自動的に課金されることはありません。kintoneの学習や、利用の準備のために、お試しを利用できます。

kintoneのお試しを申し込む

アプリやスペースの作成数には上限があるため、本書の読者のために公開しているデモ環境では、アプリやスペースの利用はできて、アプリやスペースの作成はできないアカウントを提供しています。kintoneのお試しを申し込んで、管理者のアカウントで操作をすると、アプリやスペースを自分で自由に作成できます。

1 kintoneのWebページ上部右側の「試してみる」にマウスをあわせて、「無料でお試しする」をクリック。

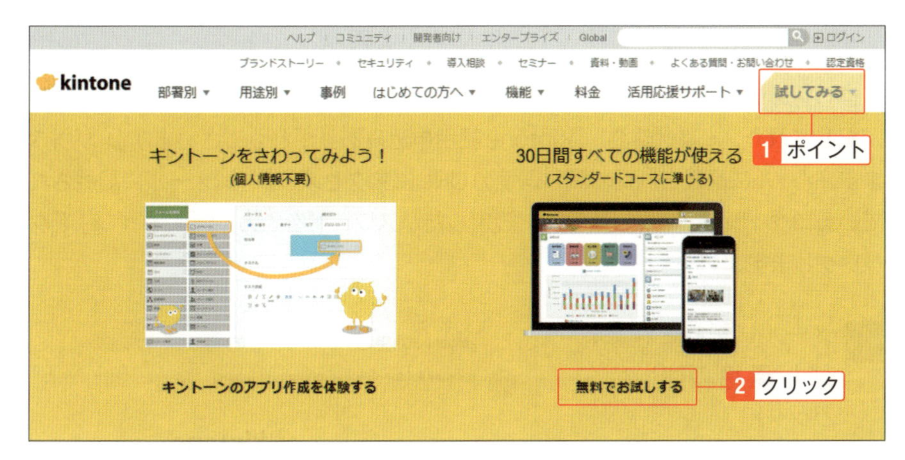

2 「無料お試し申し込み」の画面の指示に沿って、必要な情報を入力する。指示に沿って進めると、お試しに申し込める。

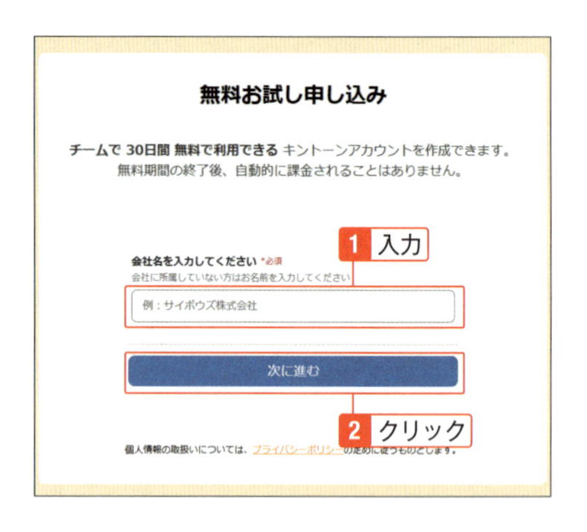

Check

試用期間

kintoneのお試しは、30日間無料で試用できます。試用期間の終了日を過ぎると、自動的に解約されます。申し込み時に入力したメールアドレス宛に、試用期間終了のお知らせとライセンスの購入についてのメールが届きます。試用期間の終了後に引き続きkintoneを利用したい場合は、ライセンスを購入します。

Check

再試用

再度お試しを申し込み、新規環境でお試しを利用できます。再試用するには、お試しを申し込んだメールアドレスで「サイボウズドットコムストア」にログインし、「契約管理」画面上部の「お試し」から「新しく環境を作成」を選択し、kintoneを選択して「お試し」をクリックします。サイボウズドットコムストアへのログインについては、「サブドメインを変更する」(323ページ) のHint「サイボウズドットコムストアで変更する場合」の冒頭を参照してください。

kintoneのお試しにログインする

申し込み時に入力したメールアドレス宛に、お試し環境のURLやログイン情報が記載されたメール（件名：「kintone試用申込みありがとうございます」）が届きます。メールに記載されたお試し環境のURLにアクセスします。メールに記載されているログイン名と、申し込み時に設定したパスワードを入力し、「ログイン」をクリックします。

1 メールに記載されたお試し環境のURLをクリック。

2 メールに記載されているログイン名と、申し込み時に設定したパスワードを入力し、「ログイン」をクリック。

3 「kintone」をクリック。

4 「kintoneへようこそ!」などの画面は、「次へ」をクリックして内容を確認する。確認が不要なら右上の☒（閉じる）をクリック。

Hint

URLを登録

URLをWebブラウザーのお気に入りやブックマークに登録しておくと、次回から直接アクセスできます。

Hint

初心者アイコン

30日間の無料お試し期間に、画面上部に（初心者）アイコンが表示されます。初心者アイコンをクリックすると、「kintoneへようこそ！」などで表示された一部の画面を表示できます。お試し期間が終了すると、初心者アイコンは表示されなくなります。

サブドメインを変更する

サブドメインは、cybozu.comのURLの一部分を指します。URL（ドメイン名）が「https://sample.cybozu.com」の場合は、「sample」がサブドメインです。お試しのサブドメインは、ランダムな英数字が設定されます。サブドメインを変更して、利用するチームに関連するようなわかりやすい文字列を設定できます。

kintoneを利用するのに、ランダムなURLにアクセスするよりも、わかりやすいURLにした方が使いやすいでしょう。ライセンスを購入して多くのメンバーがkintoneを利用開始した後にサブドメインを変更すると、メンバー各自がブックマークなどを変更する手間がかかります。

また、拡張機能やプラグインなどの利用に際しては、サブドメインを登録する必要なことが多く、あとで変更が困難になる可能性があります。試用版の利用開始時に、サブドメインを変更しておくと安心です。

1 画面上部右側の（設定）をクリック。「cybozu.com共通管理」をクリック。

2 「契約状況」の「詳細な契約状況」をクリック。

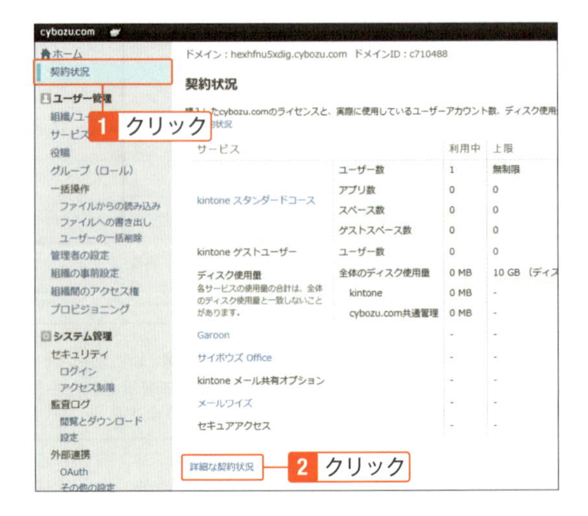

3 「ドメイン名」の「変更」をクリック。

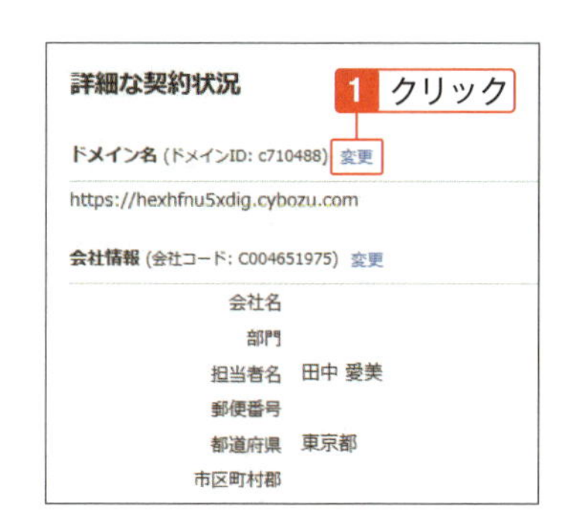

Hint

サイボウズドットコムストアで変更する場合

「見積・購入・請求履歴」の「サイボウズドットコムストア」をクリックして、サイボウズドットコムストアにログインして、サブドメインを変更することもできます。ログイン後、「ドメイン管理」画面の「ドメイン名の変更」欄の「変更」をクリックし、新しいサブドメインを入力して「保存」をクリックで変更できます。

4 新しいサブドメインを入力し、「保存」をクリック。

Check

ドメイン名変更に伴う作業

ドメイン名を変更した場合、これまで利用していたドメインを含むURLではkintoneにアクセスできなくなります。利用ユーザーへの連絡を行います。またブックマークしている場合や、kintone内などに記入したURLなどは、新しいドメインを含むURLに変更します。

Check

サブドメインに使用できる文字列

サブドメインは3文字以上32文字以下で設定します。英数字と「-」(ハイフン)を使用できます。サブドメインの先頭または末尾にハイフンを使用することはできません。すでに他者に使用されているサブドメインは使用できません。

Check

変更の反映時間

サブドメイン名の変更が反映されるまで、しばらく時間がかかることがあります。

09-03

組織とユーザーの追加

部署を組織として追加し、その組織に所属するユーザーを登録する

kintoneを複数人で利用するには、利用するユーザーを追加します。部署などを組織として追加し、組織ごとにユーザーを管理できます。組織やユーザーは、cybozu.com共通管理画面で登録します。先に組織を登録して、そのあとにユーザーを登録すると、所属する組織が設定された状態でユーザーを登録できます。なお、先にユーザーを追加して、あとから組織を登録することもできます。

組織を追加する

会社名を親組織にして、部署名を子組織にするなど、階層構造で組織を登録できます。組織の登録は任意ですが、ユーザーが所属する組織の情報を登録しておくと、組織ごとにさまざまな設定や操作を行うことができます。たとえば、アプリのアクセス権を設定して社員情報アプリの利用を人事部だけに制限、プロセス管理を設定して、物品購入申請アプリで承認フローを設定し総務部が承認、コメントで営業部全員宛てにメンションを送る、などができます。

1 画面上部右側の（設定）をクリック。「cybozu.com共通管理」をクリック。

2 「組織/ユーザー」をクリック。「組織の追加」をクリック。

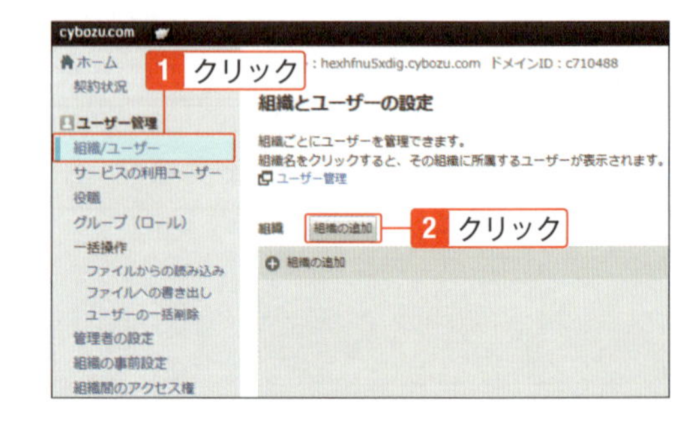

> **Hint**
> **子組織の追加**
> 既存の組織を選択して右側のから「子組織の追加」をクリックすると、既存の組織が親組織となり、子組織を追加できます。

3 各項目を入力し､｢保存｣をクリック。

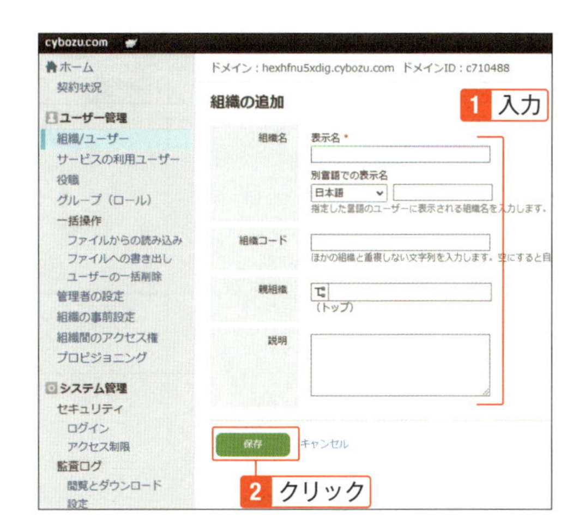

Hint

組織コード

組織を識別するための文字列を入力します。ほかの組織コードと重複しない文字列を入力します。組織選択フィールドの、ファイルへの書き出しやファイルからの読み込みで、組織コードが使用されます。入力は任意ですが、何も入力しない場合は自動で文字列が設定され、わかりにくくなります。組織名と同じにするなど、わかりやすい組織コードを設定しておくと便利です。

ユーザーを追加する

会社名を親組織にして、部署名を子組織にするなど、階層構造で組織を登録できます。組織の登録は任意ですが、ユーザーが所属する組織の情報を登録しておくと、組織ごとにさまざまな設定や操作を行うことができます。たとえば、アプリのアクセス権を設定して社員情報アプリの利用を人事部だけに制限、プロセス管理を設定して、物品購入申請アプリで承認フローを設定し総務部が承認、コメントで営業部全員宛てにメンションを送る、などができます。

1 cybozu.com共通管理の｢組織／ユーザー｣で､｢ユーザーの追加｣をクリック。

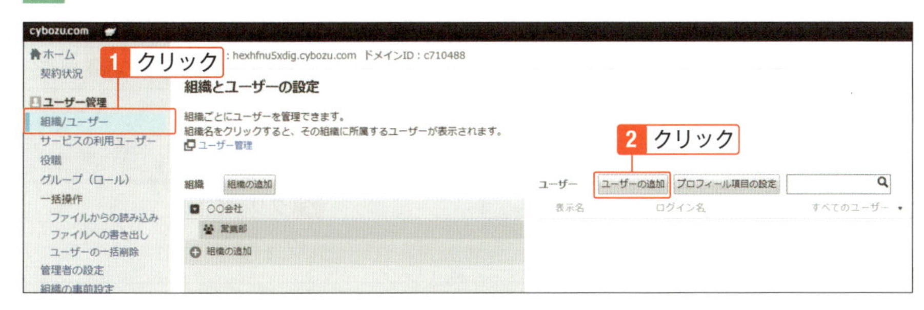

Hint

ユーザーのみの追加

組織を登録していない場合でも、ユーザーを追加できます。先にユーザーを追加し、あとから組織を登録することもできます。

2 各項目を入力し、「保存」をクリック。

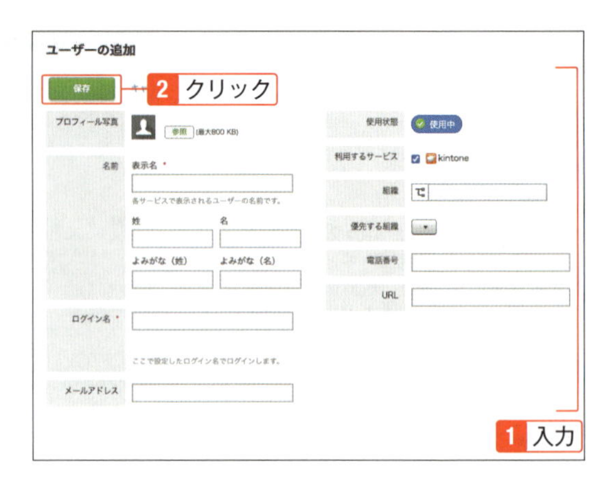

Check

優先する組織

ユーザーが複数の組織に所属する場合、「優先する組織」を指定できます。ユーザーが1つの組織のみに所属する場合、優先する組織は所属組織と同じです。

Check

利用するサービス

ユーザーごとに利用を許可するサービスを指定できます。「cybozu.com共通管理」の「サービスの利用ユーザー」から、サービスごとに利用を許可することもできます。

3 パスワードを設定。ユーザーへメールでログイン情報を連絡する場合は、「設定してメールを送信」をクリック。メール以外の手段で連絡する場合は、「設定」をクリック。

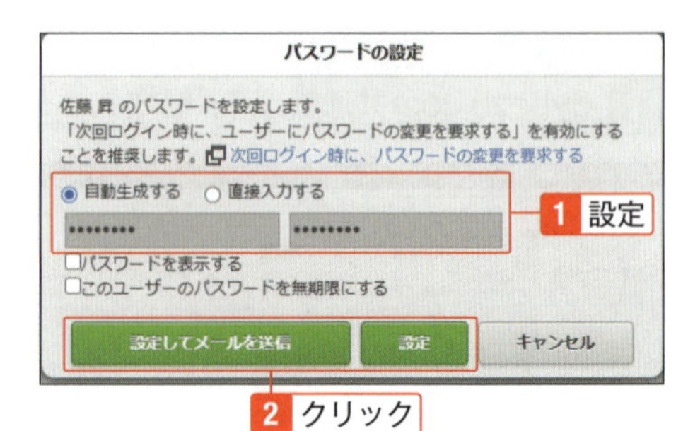

Hint

無料お試し期間中に招待機能を利用する

無料お試しを申し込み後にはじめてkintoneにログインすると、「kintoneへようこそ！」画面が表示されます。ようこそ画面の「次へ」をクリックし、「チームメンバーを招待しましょう」画面で招待したいメンバーのメールアドレスと名前を入力して、「招待」をクリックすると、招待したメンバーにメールが送信されます。メールを受け取ったメンバーは、招待メールからkintoneにログインできます。無料お試し期間中は、画面上部の（初心者）アイコンをクリックして何度でも招待機能を利用できます。

組織とユーザーを変更する

1 cybozu.com共通管理の「組織/ユーザー」をクリック。組織の右側の⚙をクリックし、「組織情報の変更」をクリックして、組織情報を変更できる。

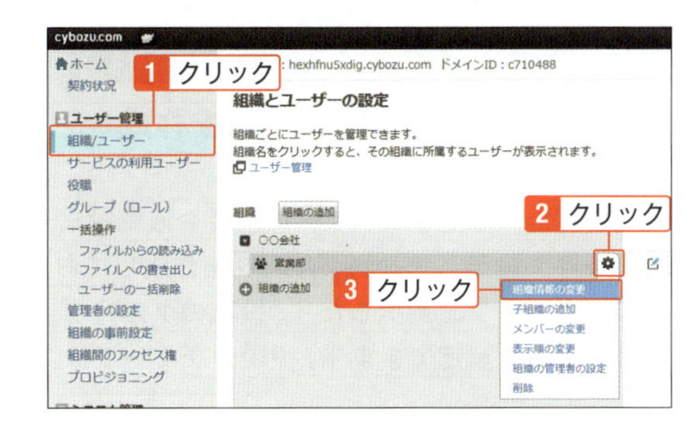

Check

組織の操作

組織の右側の歯車の形をしたアイコン⚙をクリックし、選択した組織に関して、下記の操作ができます。

- **組織情報の変更**
- **子組織の追加**
- **メンバーの変更**
- **表示順の変更**
- **組織の管理者の設定**
- **組織の削除**

Check

組織に所属するユーザー

組織名をクリックすると、その組織に所属するユーザーが表示されます。

Check

ユーザーの変更

ユーザー名の先頭にある (変更) アイコンをクリックし、ユーザー情報を変更できます。

Check

プロフィール項目の設定

「プロフィール項目の設定」をクリックし、ユーザーの項目(プロフィール項目)ごとに、利用者による変更の可否を設定できます。

Check

ユーザーの検索

「組織とユーザーの設定」の検索欄でユーザーを検索できます。

09-04

役職とグループを設定する

役職を条件に「動的グループ」を作成しアクセス権やプロセス管理の設定に利用する

役職を登録すると、ユーザーに部長や取締役などの役職情報を設定できます。役職を条件に設定した動的グループを作成しておくと、グループ選択フィールドで役職のグループを選択したり、役職のグループに対してアクセス権やプロセス管理の作業者を設定できます。役職やグループは、cybozu.com共通管理画面で登録します。

役職を追加する

部長や取締役などの役職を追加できます。役職の作成や管理は、cybozu.com共通管理の「役職の設定」画面で行います。

1 画面上部右側の（設定）をクリック。「cybozu.com共通管理」をクリック。

2 「役職」をクリック。「追加」をクリック。

3 各項目を入力し、「保存」をクリック。

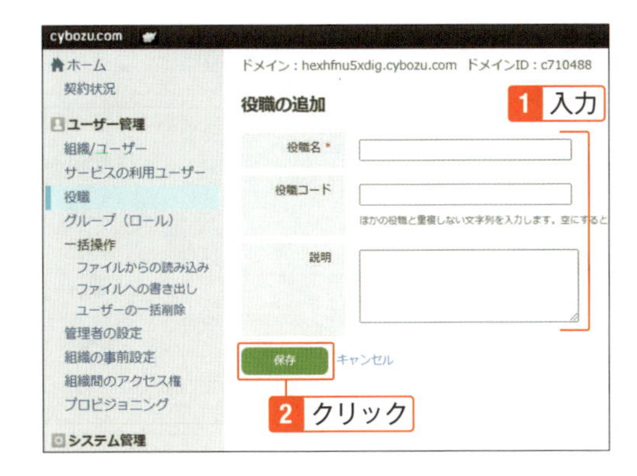

Hint

役職コード

役職を識別するための文字列を入力します。ほかの役職コードと重複しない文字列を入力します。入力は任意ですが、何も入力しない場合は、自動で文字列が設定され、わかりにくくなります。役職名と同じにするなど、わかりやすい役職コードを設定しておくと便利です。

Hint

役職情報の変更

登録した役職の先頭にある（変更）アイコンをクリックし、役職を変更できます。「表示順の変更」をクリックして、管理画面での一覧表示やドロップダウンリストでの役職の表示順を変更できます。

ユーザーに役職を設定する

1 cybozu.com共通管理の「組織／ユーザー」をクリック。ユーザー名の先頭にある（変更）アイコンをクリック。

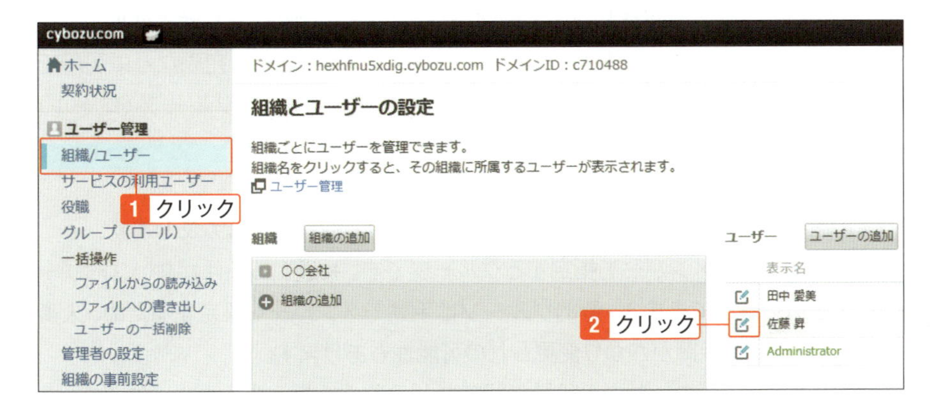

2 設定されている組織の右の「役職なし」をクリック。役職を選択。

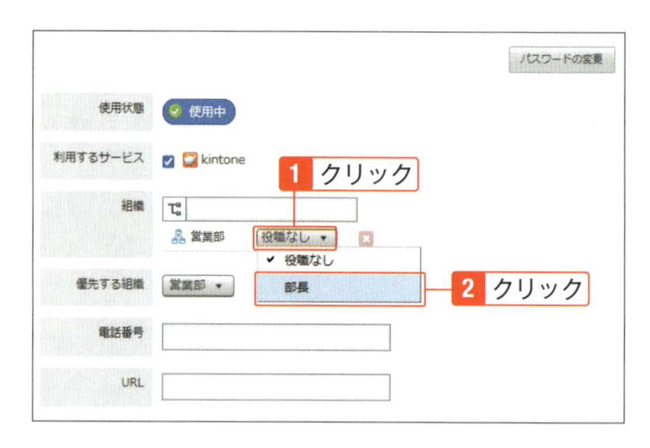

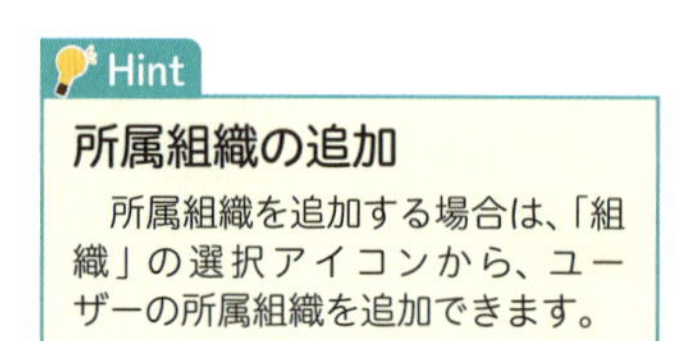
Hint

所属組織の追加

所属組織を追加する場合は、「組織」の選択アイコンから、ユーザーの所属組織を追加できます。

3 「保存」をクリック。

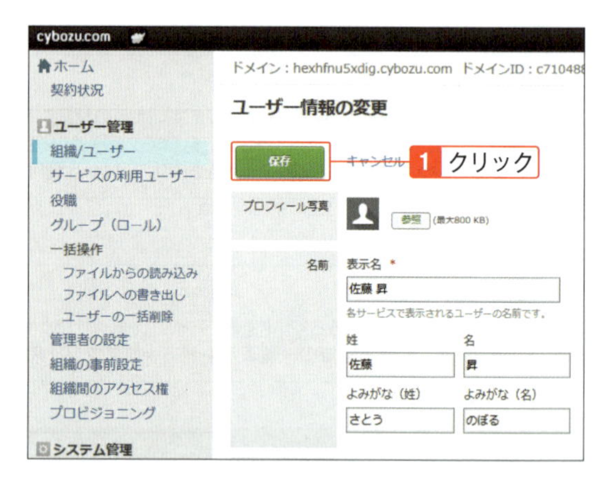

グループを追加する

グループとは、組織とは別に、役職や役割などで分類したユーザーのグループです。たとえば、「営業部部長」「新商品開発チーム」など、活動にあわせてグループを作ります。グループは、アクセス権の設定や、コメント・通知の宛先などに利用できます。グループの作成や管理は、cybozu.com共通管理の「グループ(ロール)の設定」画面で設定します。

グループには「静的グループ」と「動的グループ」の2つの種類があります。

静的グループはメンバーを指定するグループです。共通する条件がないユーザーなどを個別に選択できます。静的グループは手動でメンバーを設定するため、人事異動などの際に、手間がかかり変更漏れの可能性もあります。

動的グループは、ユーザーの役職や組織などの条件を指定するグループです。各件を指定すると、条件に合致するユーザーがグループのメンバーとして扱われます。たとえば、組織「営業部」のメンバーであり、役職「部長」であるユーザー、といった条件を指定します。動的グループのメンバーは、ユーザーに設定された組織や役職の変更に応じて変わります。たとえば、ユーザーの役職が「部長」なら、「部長グループ」という動的グループのメンバーに自動的になるように設定できます。ユーザーが所属する組織や役職の変更に応じて自動でメンバーが変わるので、手間がかからず変更漏れもありません。

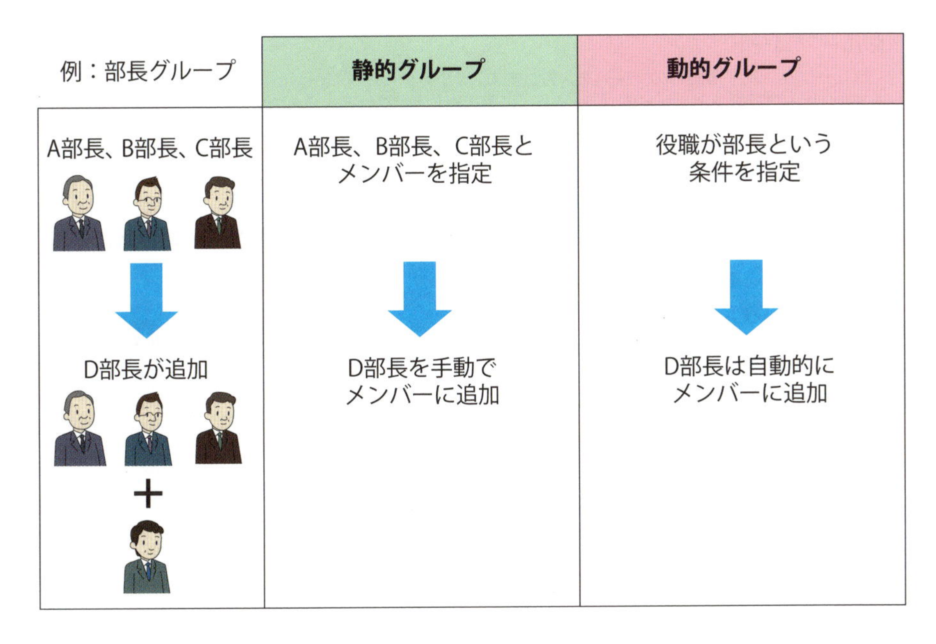

1 cybozu.com共通管理の「グループ（ロール）」をクリック。「追加」をクリック。

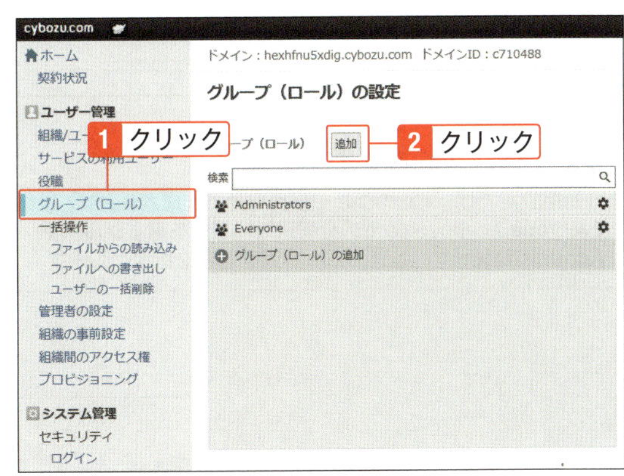

2 各項目を入力し、「保存」をクリック。

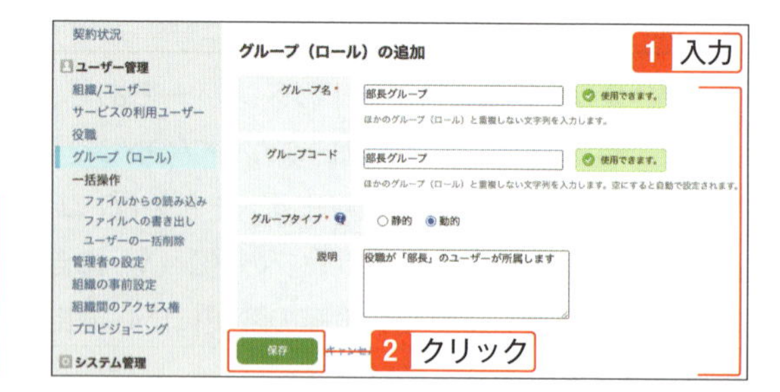

Check

グループタイプ

「静的グループ」または「動的グループ」を選択します。後から変更できません。

Hint

グループコード

グループを識別するための文字列を入力します。ほかのグループコードと重複しない文字列を入力します。グループ選択フィールドの、ファイルへの書き出しや、ファイルからの読み込みで、グループコードが使用されます。入力は任意ですが、何も入力しない場合は、自動で文字列が設定され、わかりにくくなります。グループ名と同じにするなど、わかりやすいグループコードを設定しておくと便利です。

3 グループ右側の（設定）アイコンをクリック。動的グループの場合は、「条件の変更」をクリックし、動的グループの条件を指定する。

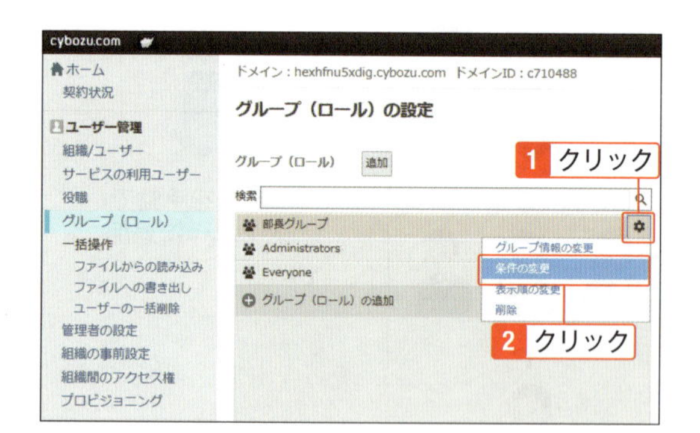

Check

静的グループのメンバー変更

静的グループの場合は、「メンバーの変更」をクリックし、静的グループのメンバーを変更します。

Check

自動で作成されるグループ

初期設定では、下記のグループが自動で作成されます。これらのグループは削除できません。

Everyone：cybozu.comの全利用ユーザーを指すグループ

Administrators：cybozu.com共通管理者を指すグループ

09-05

組織変更や人事異動に対応する

複数の組織やユーザーを一括で登録したり、変更予定のデータを予約する

組織変更や人事異動に対応するために、複数の組織やユーザーを一括で登録したり、前もって変更予定のデータを予約できます。

一括操作

ユーザー、組織、役職、グループなどのデータを、CSV形式などのテキストファイルに書き出せます。また、テキストファイルを使って、データを一括登録したり一括更新したりできます。

次のデータを、ファイルを使って入出力できます。

- **ユーザー**
- **ユーザーの利用サービス**
- **組織**
- **ユーザーが所属する組織**
- **役職**
- **グループ（ロール）**
- **ユーザーが所属する静的グループ（ロール）**

1 画面上部右側の⚙（設定）をクリック。「cybozu.com共通管理」をクリック。

2 「ファイルへの書き出し」をクリック。「ファイルに書き出す項目」をクリックして選択し、「書き出す」をクリック。

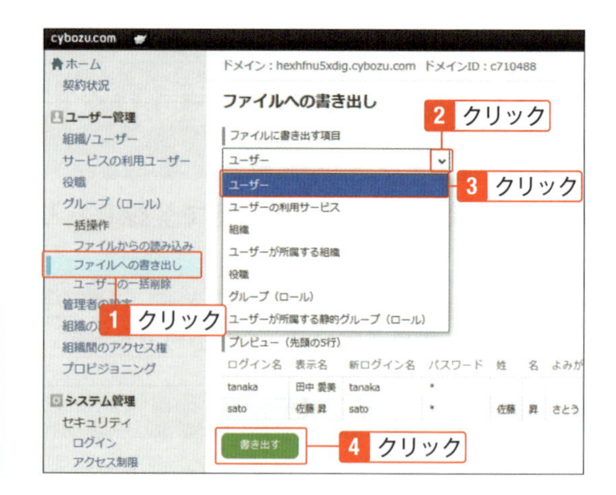

Hint

ユーザーの一括削除

「cybozu.com共通管理」の「ユーザーの一括削除」で、複数のユーザーを選択して一括削除できます。

Hint

ファイルからの読み込み

「cybozu.com共通管理」の「ファイルからの読み込み」で、CSV形式などのテキストファイルを使って、ユーザー、組織、役職、グループなどのデータをcybozu.comに一括で追加または変更できます。読み込み用のファイルは、cybozu.comに登録しているデータを書き出したり、テンプレートをダウンロードして準備します。

組織の事前設定

「組織の事前設定」は、組織変更や人事異動などでユーザーや組織のデータに大きく変更が入る場合に、前もって変更予定のデータを予約できる機能です。予約データは、日時を指定できます。たとえば、組織変更や人事異動を4月1日に予定している場合、前日までに変更予定のデータを予約し、当日に適用できます。

Check

組織間のアクセスを禁止する

kintoneのピープル機能では、ユーザーのプロフィールと連絡先を確認できます。グループ会社などで子会社のユーザー間でお互いの個人情報へのアクセスを禁止したい場合など、cybozu.com共通管理の「組織間のアクセス権」で組織間のアクセス権の設定を有効にします。有効にすると、所属している最上位組織が異なるユーザー間で、お互いのプロフィールと組織情報へのアクセスができなくなります。

Check

プロビジョニング

プロビジョニングとは、Microsoft Entra IDやOktaなどのIdentity Provider（IdP）を用いて、cybozu.comのユーザー情報を管理する機能です。cybozu.com共通管理の「プロビジョニング」でプロビジョニングを有効にすると、cybozu.comにIdPのユーザー情報が自動的に反映されます。

セキュリティの設定

パスワードポリシーやログインに失敗した時のメッセージなどを設定

kintoneに保存するデータを安全に管理するために、セキュリティの設定は重要です。パスワードポリシーやログインに失敗した時のメッセージなど、セキュリティ設定を行います。

ログインのセキュリティ設定

「ログインのセキュリティ設定」では、下記の項目を設定できます。各項目を、自社の運用に合わせた設定に変更します。

- SAML認証
- 2要素認証
- パスワードポリシー
- アカウントロックアウト
- ログイン失敗時のメッセージ
- ログインセッション
- ログインの簡略化
- API利用時の認証

1 画面上部右側の⚙（設定）をクリック。「cybozu.com共通管理」をクリック。

2 「ログイン」をクリック。ログインのセキュリティ設定の初期値を確認。

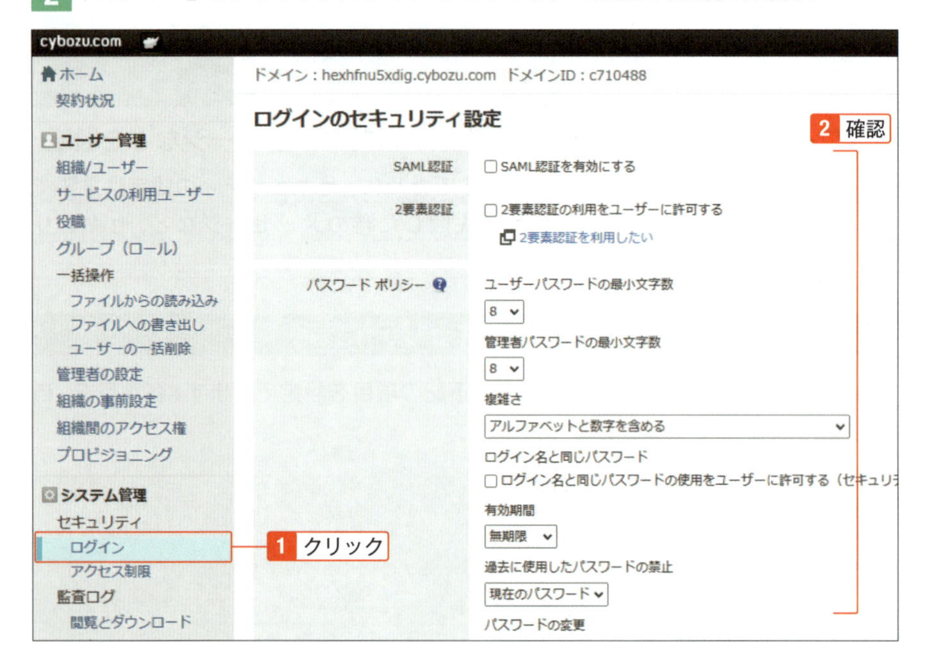

Hint

ユーザーのパスワードリセットを許可

「パスワードポリシー」の「パスワードのリセットをユーザーに許可する」にチェックを付けると、ユーザーがパスワードがわからずログインできない場合に備えて、ユーザーにパスワードリセットを許可できます。

Hint

ログイン失敗時のメッセージ

「パスワードポリシー」の「ログイン失敗時のメッセージ」欄で、ログインに失敗したユーザーへ向けて表示するメッセージを登録できます。ユーザーがログインできず困った際に、誰にどのような手段で連絡すれば良いかを案内できます。メッセージは、日本語のほかに、英語、中国語（簡体字）、中国語（繁体字）、スペイン語で登録できます。複数の言語でメッセージを登録しておくと、ユーザーが使うWebブラウザーの表示言語にあわせたメッセージが自動的に表示されます。

システム管理のその他の設定

cybozu.com共通管理のシステム管理では、ログインのセキュリティ設定の他に、下記の設定ができます。

アクセス制限：IPアドレス制限や、Basic認証を設定し、セキュリティを強化できる
監査ログの閲覧とダウンロードおよび設定：いつ、誰がどのような操作を行ったかを記録した監査ログを閲覧したり、保存期間を設定できる
外部連携のOAuthとその他の設定：cybozu.comをMicrosoft Power Automateなどの外部サービスと連携させるために必要な設定ができる
システムメール：cybozu.com共通管理からメールを送信する際に使用するメールサーバーを変更できる（通常は初期設定のままで問題ない）。
ロケール：タイムゾーンや言語の初期値を変更できる

09-07 ログイン画面を設定する

kintone画面上のロゴや、ログイン時に表示される背景画像やタイトルを変更

kintone画面上のロゴを変更したり、ログイン時に表示される背景画像やタイトルを変更できます。kintoneの画面やログインページに自社のロゴや画像を設定すると、利用者に自社のkintoneらしく感じてもらえます。

ヘッダーのロゴを変更する

kintoneの左上に表示するロゴ画像と、ロゴをクリックしたしたときに表示されるページのURLを変更できます。変更したロゴやURLは、すべてのユーザーに適用されます。たとえば、kintoneをより身近に感じてもらうために、自社のロゴやホームページのURLを設定できます。

1 画面上部右側の（設定）をクリック。「cybozu.com共通管理」をクリック。

2 「ロゴ」をクリック。「参照」をクリックして画像ファイルを変更。「URL」にロゴのリンク先を入力。「保存」をクリック。

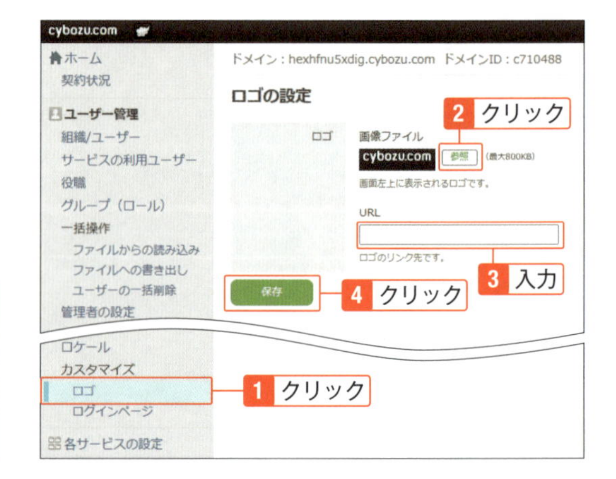

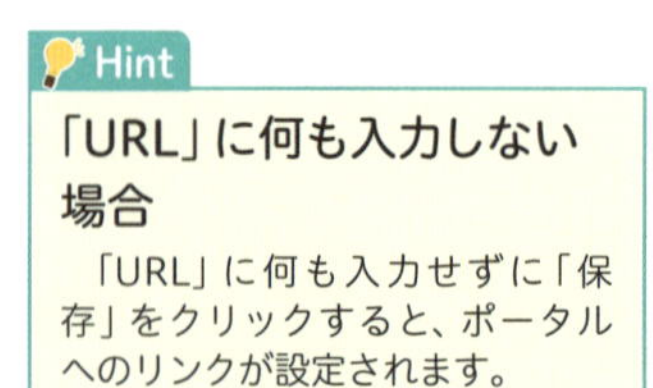

Hint
「URL」に何も入力しない場合
「URL」に何も入力せずに「保存」をクリックすると、ポータルへのリンクが設定されます。

ログイン画面をカスタマイズする

ログイン画面に表示する会社名や背景画像を変更できます。初期状態では、サイボウズドットコム ストアで登録した会社名が表示されます。

1 cybozu.com共通管理の「ログインページ」をクリック。会社名を変更する場合は、「タイトル」を入力。何も表示しない場合は空欄にする。背景画像を変更する場合は、「参照」をクリックして画像ファイルを設定。

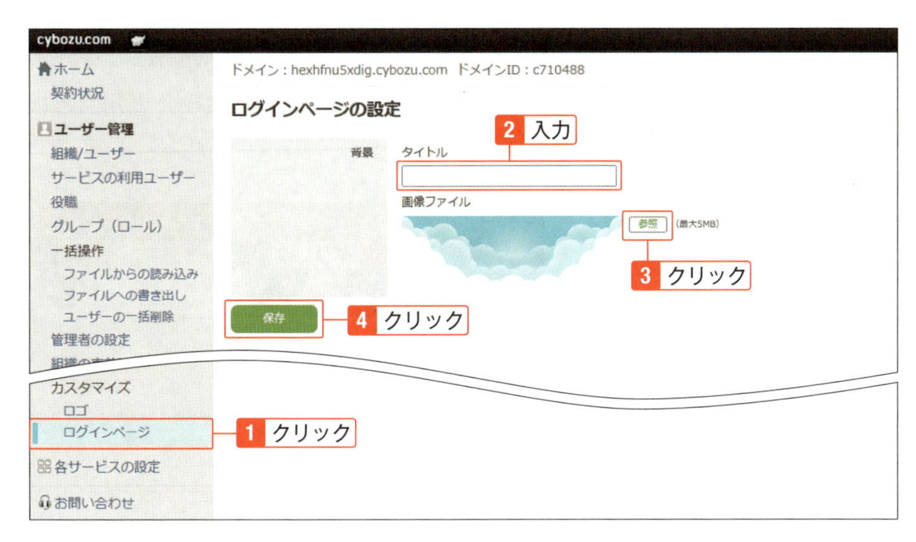

サイボウズへの問い合わせ

kintoneの困りごと・質問・相談を気軽に問い合わせる

アプリの設定や機能などkintoneに関する困りごとについて質問や相談をしたい場合は、カスタマーサポートにお問い合わせできます。

カスタマーサポートにお問い合わせ

kintoneの利用者向けに、電話やメール、チャットなどでのサポートが用意されています。

1 画面上部の ? (ヘルプ)をクリック。「お問い合わせ」を選択。

2 「管理者向けサポートポータル」が表示される。画面下部に「チャットでのお問い合わせ」、「メールでのお問い合わせ」、「お電話でのお問い合わせ」の相談先が記載されている。

> **Check**
> **お問い合わせができるユーザー**
> お問い合わせができるのは、cybozu.com共通管理者のみです。

Chapter

10

kintoneを運用する

kintoneを業務に応じて改善しながら運用するために、ポータルを設定したり、アプリやシステムを管理します。ユーザーの権限の設定や機能のカスタマイズなども行えます。kintoneの管理や保守に関する設定を行うkintoneのシステム管理者向けの機能や手順を解説します。

10-01 ポータルを設定する

kintoneの入り口にあたるページを使いやすくする

kintoneのトップページを「ポータル」と呼びます。kintoneの入り口にあたるページで、多くの場合、ユーザーのアクセスがもっとも多く集まります。kintoneのシステム管理者は、ポータルを編集できます。ユーザーに特に見てほしい情報に絞った画面にする、ユーザーがよく利用する情報にたどり着きやすくするなど、様々な工夫が可能です。

ポータルの設定を変更する

初期設定では、ポータルには次の情報が表示されます。

- **お知らせ掲示板**
- **通知**
- **未処理**
- **スペース**
- **アプリ**

kintoneのシステム管理を持つユーザーとcybozu.com共通管理者は、次の設定を変更できます。

- **「ポータル」の名称を変更できる**
- **ポータルのカバー画像を変更できる**
- **「お知らせ掲示板」や「アプリ」などの各エリアを必要に応じて非表示にできる**
- **「お知らせ掲示板」に掲示する内容を編集できる**

1 ポータル画面右上の**…**（オプション）をクリック。「ポータルの設定」を選択。

2 ポータル名やカバー画像、ポータルに表示するコンテンツを設定し、「保存」をクリック。

お知らせ掲示板の編集

お知らせ掲示板は、ユーザーに共有したい情報を集約できるエリアです。グラフを表示したり、リンク集を作ったりして、ダッシュボードやポータルとして活用できます。掲示した内容は、kintoneの全ユーザーのトップページに表示されます。お知らせ掲示板を編集できるのは、kintoneシステム管理者またはcybozu.com共通管理者のみです。

1 お知らせ掲示板の右上の![edit icon]（お知らせ掲示板を編集する）をクリック。

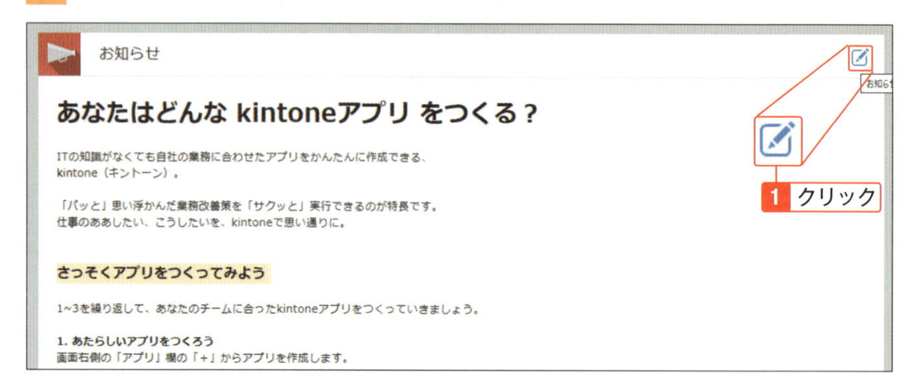

2 内容を編集後、「保存」をクリック。

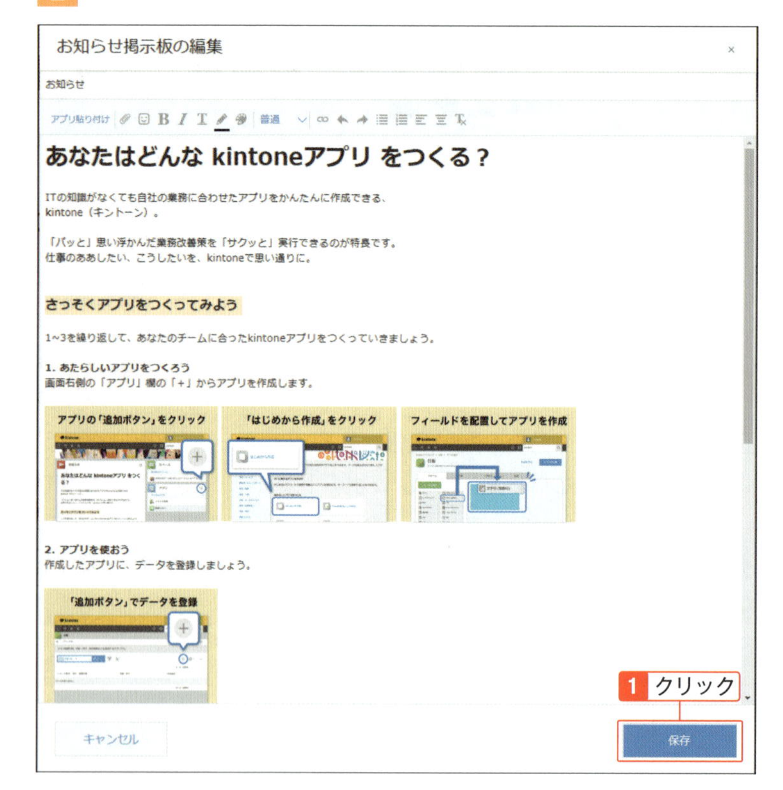

10-02

アプリを管理する

アプリの利用状況確認など、アプリやアプリテンプレートを管理する

システム管理者は、kintoneシステム管理の「アプリ」の各項目から、アプリやアプリテンプレートの管理ができます

アプリの管理

アプリの管理画面で、アプリのライセンス使用状況や、自分が管理権限を持つアプリを一覧で確認できます。管理権限のあるアプリのうち、自分が作成したアプリのみを絞り込み表示することもできます。アプリの一覧から、アプリの設定画面を開くことや、アプリを削除することもできます。不要なアプリの確認、整理などに活用できます。

1 画面上部右側の⚙（設定）をクリック。「アプリ管理」をクリック。

Hint

システム管理画面からアプリ管理画面を開く

cybozu.com共通管理者とkintoneのシステム管理者は、画面上部右側の⚙（設定）の「kintoneシステム管理」をクリックし、システム管理画面から「アプリ管理」をクリックしても、アプリ管理画面を開くことができます。

2 アプリのライセンス使用状況や、自分が管理権限を持つアプリを一覧で確認できる。

Hint

アプリの設定画面を開く

「アプリの一覧」の「設定」の⚙をクリックして、アプリの設定画面を開きます。

Check

アプリを削除する

「アプリの一覧」の右端の🗑（削除）をクリックして、不要なアプリを削除できます。

Hint

CSV形式でダウンロード

cybozu.com共通管理者は、「アプリの一覧」をCSV形式でダウンロードできます。

アプリテンプレートの管理

アプリテンプレートは、アプリの作成に使用するひな型です。アプリテンプレートを作成してkintoneに登録しておくと、ほかのユーザーも、そのテンプレートを元にアプリの作成を開始できます。アプリを誤って作成したときのバックアップ、といった用途にも対応できるようになります。アプリテンプレートの管理には、kintoneのシステム管理権限が必要です。アプリテンプレートの管理画面では、アプリテンプレートの作成や、ファイルへの書き出し、ファイルからの読み込み、削除ができます。

1 画面上部右側の⚙（設定）をクリック。「アプリ管理」をクリック。

2 「アプリテンプレート」をクリック。

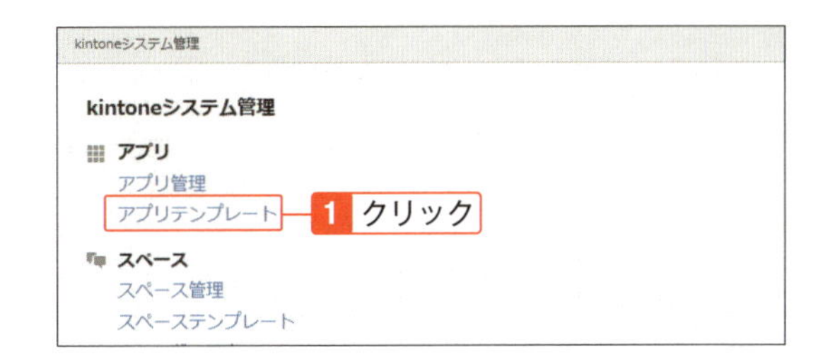

3 アプリテンプレートの作成、ファイルからの読み込み、ファイルへの書き出し、アプリテンプレートの削除ができる。

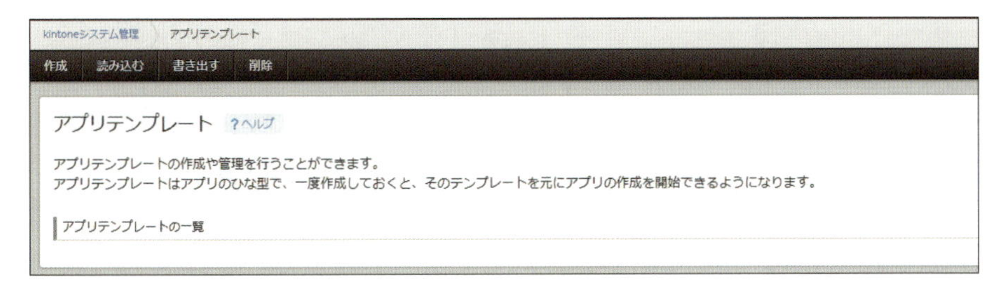

Hint

アプリテンプレートの作成

アプリテンプレートを作成すると、作成したテンプレートが「アプリテンプレートの一覧」に追加され、アプリストアの「登録済みのテンプレートから作成」で選択できるようになります。

Hint

アプリテンプレートファイル

アプリテンプレートをzipファイルとして書き出して、ほかのドメインのkintoneに読み込むこともできます。また、ほかのドメインのkintoneから書き出したアプリテンプレートのzipファイルを、利用中のkintoneに読み込むこともできます。

Hint

アプリの設定内容のバックアップとしてアプリテンプレートを利用

アプリテンプレートやテンプレートファイルは、アプリの設定内容のバックアップとしても活用できます。たとえば、アプリの設定を誤って変更してしまった場合などに、アプリテンプレートを利用することで、同じ設定内容のアプリを繰り返し作成できるようになります。

Check

アプリテンプレートに含まれない設定

アプリテンプレートやテンプレートファイルには、アクセス権や、利用環境固有のユーザー／組織／グループの値による設定など、一部の設定が含まれません。テンプレートからアプリを作成後に、含まれていない設定をし直す必要があります。

スペースを管理する

スペースの利用状況確認など、スペースやスペーステンプレートを管理する

システム管理者は、kintoneシステム管理の「スペース」の各項目から、スペース、スペーステンプレート、スレッドアクションの管理ができます。「ゲストユーザー」の各項目から、ゲストの管理ができます。

スペースの管理

スペースの管理画面で、スペースの利用状況を確認できます。スペースの一覧から、管理者として参加、スペースの退会、スペースの削除ができます。スペースのライセンス使用状況や利用状況を把握し、不要なスペースの確認、整理などに活用できます。

1 画面上部右側の（設定）をクリック。「kintoneシステム管理」をクリック。

2 「スペース管理」をクリック。

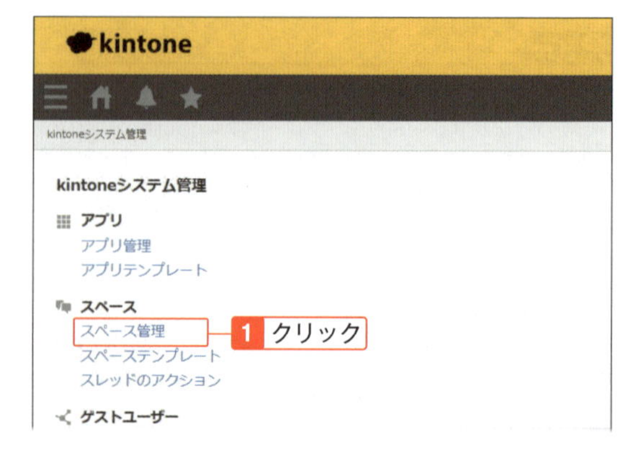

3 スペースの一覧から、スペースの参加／退会／削除ができる。

> **Hint**
>
> **管理者として参加**
>
> システム管理者は「管理者として参加」をクリックして、スペースの管理者として参加できます。

> **Hint**
>
> **CSV形式でダウンロード**
>
> cybozu.com共通管理者は、スペースの一覧をCSV形式でダウンロードできます。

スペーステンプレートの管理

スペーステンプレートは、スペースの作成に使用するひな型です。スペーステンプレートを作成しておくと、ほかのユーザーも、そのテンプレートを元にスペースを作成できるようになります。スペーステンプレートの管理には、kintoneのシステム管理権限が必要です。スペーステンプレートの管理画面では、スペーステンプレートのファイルへの書き出し、ファイルからの読み込み、削除ができます。

1 「kintoneシステム管理」画面の「スペーステンプレート」をクリック。

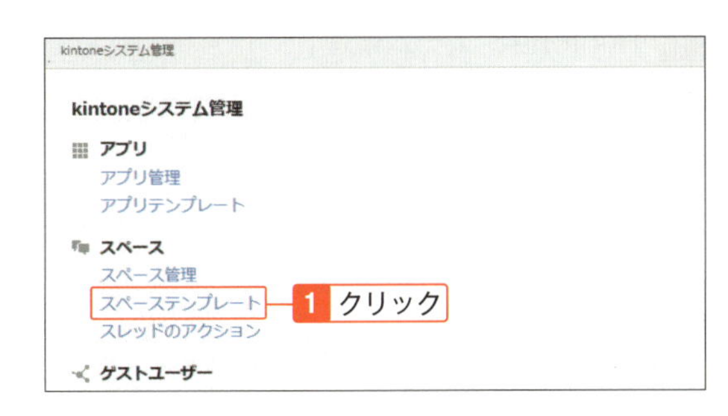

2 スペーステンプレートのファイルからの読み込み、ファイルへの書き出し、スペーステンプレートの削除ができる。

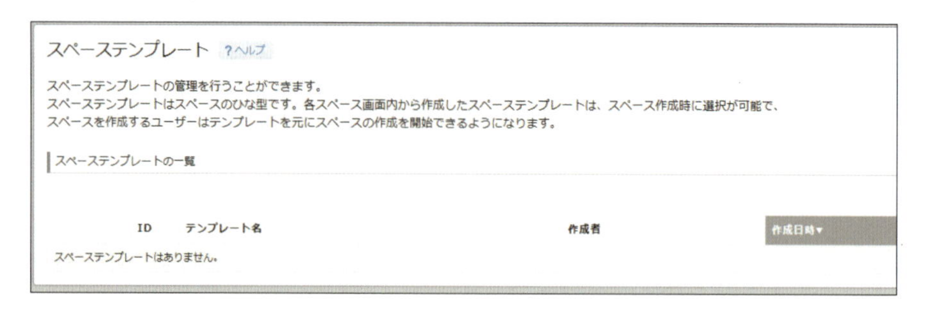

Check

スペーステンプレートの作成

スペーステンプレートを作成するには、テンプレート化するスペースのポータルで、画面右側の…(オプション)をクリックし、「テンプレートを作成」をクリックします。テンプレートの名前と説明を入力し、「保存」をクリックします。

Hint

スペーステンプレートファイル

作成したスペーステンプレートは、ファイルに書き出して、ほかのドメインのkintoneに読み込むこともできます。また、ほかのドメインのkintoneで書き出したスペーステンプレートのファイルを、利用中のkintoneに読み込んで登録することもできます。

スレッドアクションの管理

スレッドアクションとは、スレッドに書き込まれたコメントやURLを、指定したアプリのレコードに転記できる機能です。スレッドアクションの管理画面では、ユーザーが作成したスレッドアクションを一覧で確認できます。スレッドアクションの一覧から、スレッドアクションの設定変更や削除ができます。

1 「kintoneシステム管理」画面の「スレッドのアクション」をクリック。

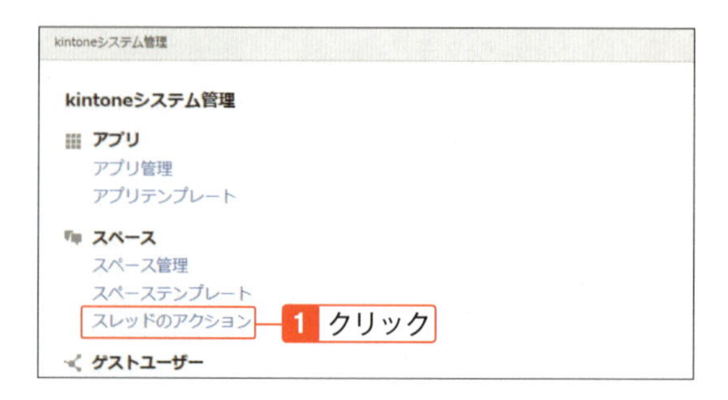

2 スレッドアクションの設定変更や削除ができる。

スレッドのアクション ?ヘルプ

ユーザーが作成したスレッドアクションを一覧できます。
スレッドアクションとは、スレッドのコメント内容やURLなどを、指定したアプリのレコードに転記できる機能です。
※スレッドアクションの作成は、各スレッドコメントの「アクション」から行うことができます。

スレッドアクションの一覧

アクション名	コピー先のアプリ
ToDo登録	To Do

Check

スレッドアクションの作成

スレッドアクションの作成は、各スレッドコメントの「アクション」から行えます。「08-05 スレッドを利用する」を参照してください。

ゲストの管理

ゲストユーザー管理画面で、ゲストユーザーとしてkintoneに参加しているユーザーの一覧や、ライセンスの使用状況を表示できます。ゲストユーザーのステータスやkintoneの利用状況を確認して不要なアカウントがあれば、ゲストユーザーの一覧でゲストユーザーを削除できます。ゲストユーザーの詳細情報を表示して、ステータスやログイン時のパスワードを変更できます。

1 「kintoneシステム管理」画面の「ゲストユーザー管理」をクリック。

2 ゲストユーザーの設定変更や削除ができる。

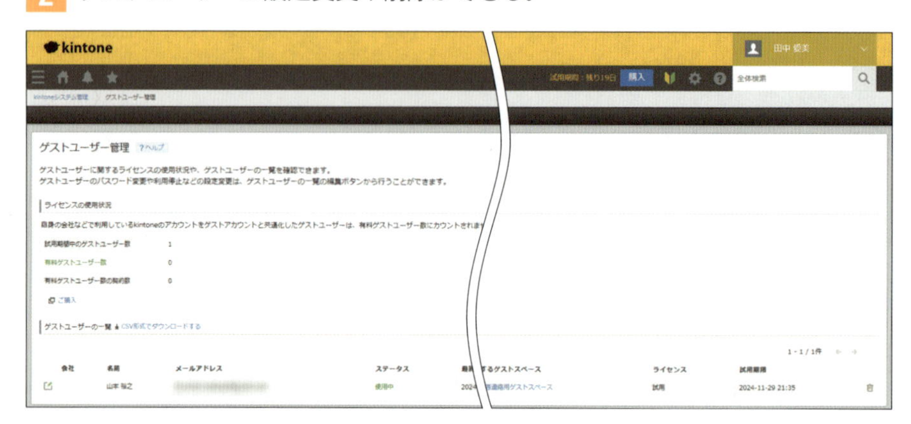

Hint

CSV形式でダウンロード

cybozu.com共通管理者は、ゲストユーザーの一覧をCSV形式でダウンロード可能です。

Check

ゲストユーザーの二段階認証を有効にする

「kintoneシステム管理」画面の「ゲストユーザーの認証」で、二段階認証を有効にして、ゲストユーザーのログイン認証を強化できます。二段階認証とは、メールアドレスとパスワードに加えて、ログインのたびに異なる確認コードを入力してログインする認証方式です。 1度ログインに使用した確認コードは無効になるため、万が一パスワードが他者に知られた場合でも、不正なログインを防止できます。 確認コードは、ゲストユーザーのログイン用のメールアドレスに送られます。

10-04

アクセス権

kintone全体に関わるアクセス権の設定

kintoneシステム管理の「アクセス権」では、アプリの作成権限やシステムの管理権限など、kintone全体に関わるアクセス権の設定を行います。ここでの設定にかかわらず、cybozu.com共通管理者には、すべての項目の権限が付与されます。

アクセス権

kintoneを利用する人数や目的、業務内容などに応じて、アクセス権を付与する範囲を検討し、柔軟に設定できます。システムの管理権限の設定もできます。

1 画面上部右側の⚙（設定）をクリック。「kintoneシステム管理」をクリック。

2 「アクセス権」をクリック。

3 ユーザー／組織／グループを追加するには、「追加する」をクリック。「ユーザー／組織／グループ」でアクセス権を設定したいユーザー／組織／グループを設定する。設定したいアクセス権のチェックボックスで、チェックを付けるか、チェックを外す。アクセス権の優先順位を変更したい場合は、「優先順位」の列の順位変更アイコンをドラッグ。 画面左上の「保存」をクリック。

Check

アクセス権の優先順位

複数のアクセス権を設定した場合は、より上に表示された行の設定が優先されます。「Everyone」グループの順位は変更できません。

Hint

設定できるアクセス権

アクセス権の継承	「ユーザー／組織／グループ」に組織を設定した状態で「アクセス権の継承」の「下位組織に継承する」にチェックを付けると、その下位組織に所属するユーザーにも同じアクセス権が継承される
システムの管理	「システムの管理」の「許可」にチェックを付けると、そのユーザーはkintoneシステム管理にアクセスできるようになる
アプリグループの管理	「アプリグループの管理（閲覧のみ）」の「許可」にチェックを付けると、そのユーザーは、アプリグループの閲覧のみが可能になる
	「アプリグループの管理」の「許可」にチェックを付けると、そのユーザーは、アプリグループの作成と管理が可能になる
アプリの作成	「アプリの作成」の「許可」にチェックを付けると、そのユーザーにアプリの作成が許可される。初期設定では、すべてのユーザーにアプリの作成が許可されている
スペースの作成	「スペースの作成」の「許可」にチェックを付けると、そのユーザーにスペースの作成が許可される。初期設定では、すべてのユーザーにスペースの作成が許可されている
ゲストスペースの作成	「ゲストスペースの作成」の「許可」にチェックを付けると、そのユーザーにゲストスペースの作成が許可される。初期設定では、cybozu.com共通管理者だけにゲストスペースの作成が許可されている

Check

アプリグループの管理

「kintoneシステム管理」画面の「アプリグループ」で、アプリグループごとに権限を設定できます。アプリグループとは、複数のアプリを一括で管理するためのもので、複数のアプリに一括でアプリの作成権限や管理権限などを設定できます。アプリはいずれかのアプリグループに所属し、アプリ作成時はデフォルトで「Public」というアプリグループに所属します。「Public」以外にも、kintoneシステム管理者はアプリグループを自由に作成できます。

スペース内アプリは必ず「Public」というアプリグループとなり、変更できません。なお、kintoneシステム管理の「利用する機能の選択」で「スペースに所属しないアプリの作成を許可する」が無効になっている場合は、スペース内アプリしか作成できません。このため、アプリを作成するとPublicアプリグループとなり、変更はできません。

10-05 カスタマイズ

kintone全体の動作や画面をカスタマイズ

JavaScriptやCSSを使用してkintone全体の動作や画面をカスタマイズしたり、kintoneのヘッダーの色を変更したりできます。

JavaScript / CSSでカスタマイズ

JavaScriptやCSSを利用して、kintone全体の動作や画面をカスタマイズします。kintoneのトップページのポータルや、スペースのポータルをカスタマイズできます。JavaScriptやCSSを用いて作成したカスタマイズファイルを、kintoneのシステム管理者だけが、kintone全体に適用できます。JavaScriptやCSSを用いてカスタマイズすることで、標準機能だけでは実現が難しかったり、より実務にあった機能を利用できるようになります。契約コースがスタンダードコース以上の場合に、これらの拡張機能を利用できます。ライトコースでは利用できません。

JavaScriptやCSSのカスタマイズファイルはPC用とスマートフォン用で分けて作成し、追加できます。

JavaScriptの開発

JavaScriptの開発に必要な情報は、kintone開発者向けサイト「cybozu developer network」に掲載されています。

ヘッダーの色

kintoneのヘッダーの色を変更できます。変更したヘッダーの色は、すべてのユーザーに適用されます。たとえば、kintoneをより身近に感じてもらうために、自社のコーポレートカラーを設定できます。

1 「kintoneシステム管理」画面の「ヘッダーの色」をクリック。

2 カラーパレットの選択肢をクリック。「保存」をクリック。

Hint

カラーパレットにない色の指定

カラーパレットにない色を指定する場合は、16進数カラー値を、「#」と半角英数字6文字で指定します。 0から9までの整数と、aからfまでの大文字と小文字を使用できます。

10-06

その他のkintoneシステム管理

kintoneの管理や保守に関する設定を行う

kintoneシステム管理の「その他」では、kintoneを運用する上での管理や保守に関する各種設定を行います。新機能や一部の機能の利用設定や、プラグインの読み込みなどができます。

その他のkintoneシステム管理

kintoneシステム管理の「その他」では、アップデートオプションなどを設定できます。各項目を、自社の運用に合わせた設定に変更したり、必要に応じて利用します。

1 画面上部右側の⚙（設定）をクリック。「kintoneシステム管理」をクリック。

2 「その他」の各項目をクリック。

アップデートオプション

アップデートオプション画面で、アップデートチャネルの選択や、一部の新機能の有効／無効の切り替えを行います。アップデートチャネルには「最新チャネル」と「月例チャネル」の２種類があります。アップデートチャネルを選択することによって、アップデートの配信方式を選べます。

「最新チャネル」は、各種新機能が、月例チャネルよりも優先的に提供されます。月に一度の定期メンテナンス時に加え、その他のタイミングでも、新機能が適用される場合があります。月例チャネルで提供中の新機能に加え、より多くの新機能を、より早い時期から利用できます。

「月例チャネル」は、月に一度の定期メンテナンス時を基本のタイミングとして、新機能が適用されます。ただし、不具合修正など緊急性の高いアップデート等は、定期メンテナンス時以外のタイミングでも行われる場合があります。

アップデートオプション　?ヘルプ

この画面では、アップデートチャネルの選択や、一部の新機能の無効化・有効化設定の切り替えができます。
この画面の設定項目を変更すると、現在利用中のドキュメントや設定、プログラム等に影響が及ぶ可能性があります。それらを含む影響について検討・理解し
特に、新機能の無効化・有効化の切り替えを行う場合は、標準で提供されているkintoneとは異なる動作や表示となることに留意してください。

アップデートチャネルの選択

アップデートを受け取るタイミングを、次の2つのチャネルから選択できます。

最新チャネル	**月例チャネルで提供中の新機能に加え、より多くの新機能を、より早い時期から利用できます。** 定期メンテナンス時以外のタイミングでも、お使いのkintoneに新機能が適用される場合があります。
月例チャネル	**月に一度の定期メンテナンス時を基本のタイミングとして、お使いのkintoneに新機能が適用されます。** ただし、不具合修正など緊急性の高いアップデート等は、定期メンテナンス時以外のタイミングでも行われる場合があります。

「アップデートチャネルの選択」機能の導入前（2023年4月版以前）と同様のタイミングでアップデートを受け取りたい場合は、「月例チャネル」を選択してください。また、現在利用しているプログラム等の提供元から、チャネルの選択に関する指定や案内があった場合は、それらも考慮の上、チャネルを選択してください。

なお、いずれのチャネルを選択した場合も、「リリース予定の新機能の先行利用」と「開発中の新機能」の対象機能は、各機能を有効化しない限り、お使いのkintoneに適用されることはありません。

最新チャネル（デフォルト）▾

新機能の無効化

月例チャネルで提供中の一部の新機能を無効化できます。その新機能がリリースされる前の画面表示や動作を再現することが可能です。
アップデート後に、特定の新機能の追加によって画面表示や動作に問題が発生した際などに役立ちます。
ただし無効化設定には期限があり、期限を過ぎた機能は自動的に有効化されます。

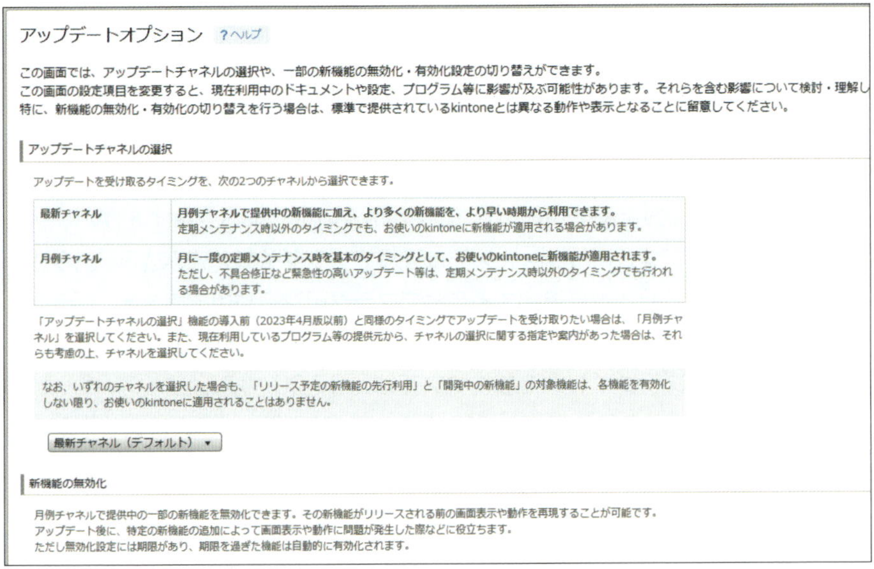

利用する機能の選択

「利用する機能の選択」画面で、一部の機能を無効化および再有効化できます。また、通知メールの設定を行えます。

プラグイン

プラグインとは、設定画面用のHTML・JavaScript・CSSファイルがパッケージングされたものです。kintoneシステム管理でプラグインを読み込み、読み込んだプラグインをアプリごとに追加することでプラグインを利用できます。プラグインごとに利用できるアプリを指定して、プラグインの利用を制限することもできます。アプリごとのプラグインの追加については、「07-09 カスタマイズ、サービス連携」を参照してください。

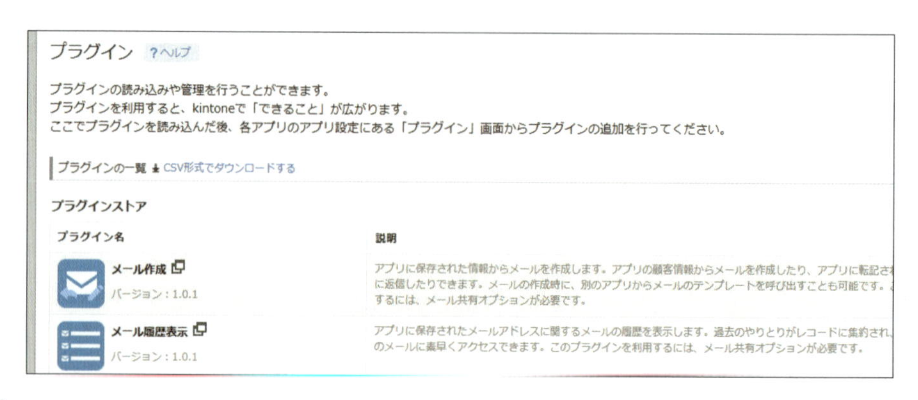

スマートフォンでの表示

スマートフォンのWebブラウザーからkintoneにアクセスした際、モバイル版の画面を表示するかPC版の画面を表示するかを選択します。初期設定ではモバイル版の表示が選択されていて、ユーザーによる表示の切り替えが許可されています。なお、iPhone版／Android版アプリでは、常にモバイル版の画面が表示されます。

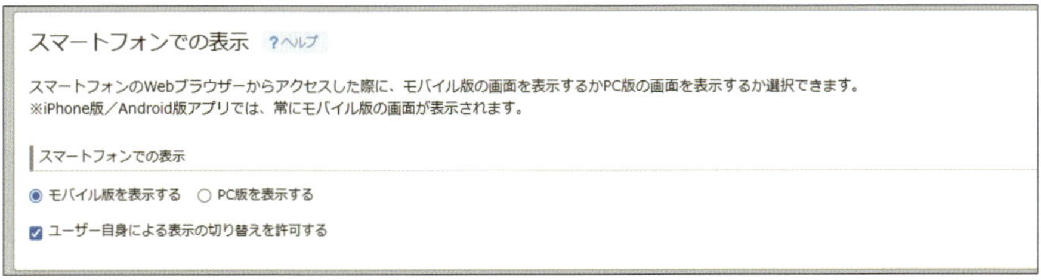

スマートフォンでの表示　?ヘルプ

スマートフォンのWebブラウザーからアクセスした際に、モバイル版の画面を表示するかPC版の画面を表示するか選択できます。
※iPhone版／Android版アプリでは、常にモバイル版の画面が表示されます。

スマートフォンでの表示

◉ モバイル版を表示する　○ PC版を表示する

☑ ユーザー自身による表示の切り替えを許可する

アプリ／スペースの復旧

削除したアプリやスペースを、一部を除き、削除時点の状態に復旧できます。削除したアプリを復旧すると、そのアプリのレコードやアプリの設定などが削除時点の状態に戻り、削除前と同様にアプリを利用できるようになります。削除したスペースを復旧すると、スレッドやスペース内アプリなどが削除時点の状態に戻り、削除前と同様にスペースを利用できるようになります。非公開スペース、ゲストスペースも復旧可能です。アプリやスペースを復旧できるのは、cybozu.com共通管理者のみです。削除してから14日以上経過したアプリやスペースは復旧できません。

アプリ／スペースの復旧　?ヘルプ

削除したアプリやスペースを、削除時点の状態に復旧することができます（一部のアプリ設定を除く）。（アプリ復旧の詳細　スペース復旧の詳細）

復旧するには、「アプリID」または「スペースID」を入力して［復旧］ボタンをクリックしてください。
確認ダイアログが表示されたあと、復旧を実行できます。

※「アプリID」と「スペースID」は、監査ログから確認できます（監査ログの確認方法）。
※削除してから14日以上経過したアプリやスペースは、復旧できません。

アプリの復旧

アプリID：　［復旧］

スペースの復旧

スペースID：　［復旧］

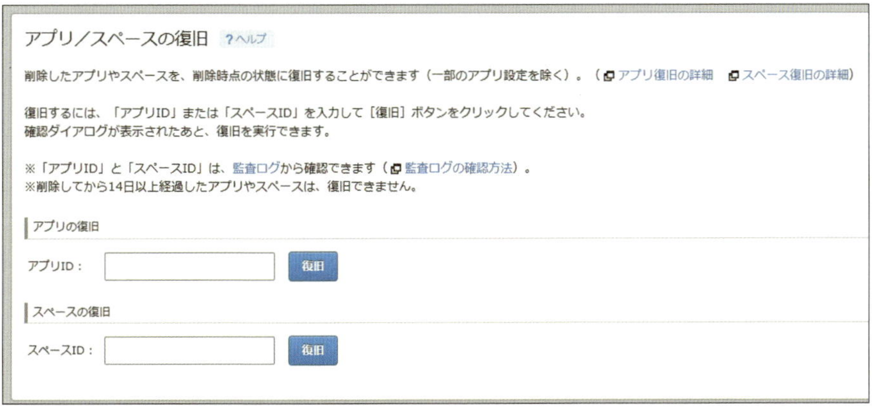

ユーザーのアクセス状況

kintoneを利用しているユーザーごとに、kintoneへの最終アクセス日や、直近のアクセス日数を確認できます。アクセス状況の一覧をCSV形式でダウンロードできます。この機能を利用できるのは、cybozu.com共通管理者のみです。たとえば、kintoneのライセンスの付与状況が適切かどうか見直すために、各ユーザーのアクセス状況を把握したい、といった目的で活用できます。

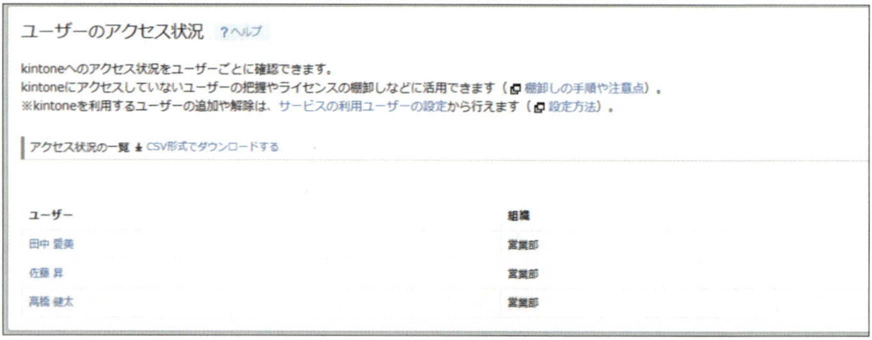

ユーザーのアクセス状況 ?ヘルプ

kintoneへのアクセス状況をユーザーごとに確認できます。
kintoneにアクセスしていないユーザーの把握やライセンスの棚卸しなどに活用できます（棚卸しの手順や注意点）。
※kintoneを利用するユーザーの追加や解除は、サービスの利用ユーザーの設定から行えます（設定方法）。

アクセス状況の一覧 CSV形式でダウンロードする

ユーザー	組織
田中 愛美	営業部
佐藤 昇	営業部
高橋 健太	営業部

Appendix

読者用デモ環境

kintoneの操作を試すための、読者用デモ環境を用意しました。アプリやスペースで、レコードを追加したり、コメントを投稿したり、実際に操作ができます。読者用デモ環境へのログイン方法を解説します。

A-01

デモ環境を利用

読者のために用意したkintoneデモ環境の情報

kintoneの環境はないが操作を試してみたい、という読者のために、kintoneデモ環境を用意しました。読者が利用できるkintoneのURLとアカウントのIDとパスワードを、本書の読者のためのWebページでお知らせします。

デモ環境の情報が掲載されているWebページにアクセスする

本書の読者のためのデモ環境の情報を、下記のWebページに掲載しています。

- デモ環境の情報を掲載しているWebページのURL：
  https://www.ictso.jp/kpm/
- QRコード：

1 Webブラウザーのアドレスバーに上記のURLを入力するか、QRコードを読み込む。

Hint

Cookieポリシー

URLへのアクセス時に「Cookieポリシー」画面が表示されたら、「すべてに同意する」、「有効にしたCookieのみ同意」、「すべてに同意しない」のどれをクリックしてもかまいません。

2 本書の読者のためのデモ環境の情報を掲載しているWebページが表示される。読者が利用できるkintoneのデモ環境のURLと、アカウントのIDとパスワードが、下部に記載されている。

デモ環境にログインする

デモ環境の情報を掲載しているWebページから、デモ環境にアクセスできます。

1 デモ環境の情報を掲載しているWebページの「デモ環境URL」をクリック。

2 「ログイン名」に、Webページに記載のログイン名の「xxx」を「kpm」にして入力。「パスワード」に「yyyyy」を「shuwa」にして入力。「ログイン」をクリック。

Hint

ログイン名とパスワードの番号

異なるユーザーでログインして試せるように、番号が異なる複数のログイン名とパスワードを用意しています。任意の番号のログイン名とパスワードを利用できます。

3 読者用デモ環境が表示される。アプリやスペースを開き、レコードを追加、編集したり、コメントの投稿などができる。

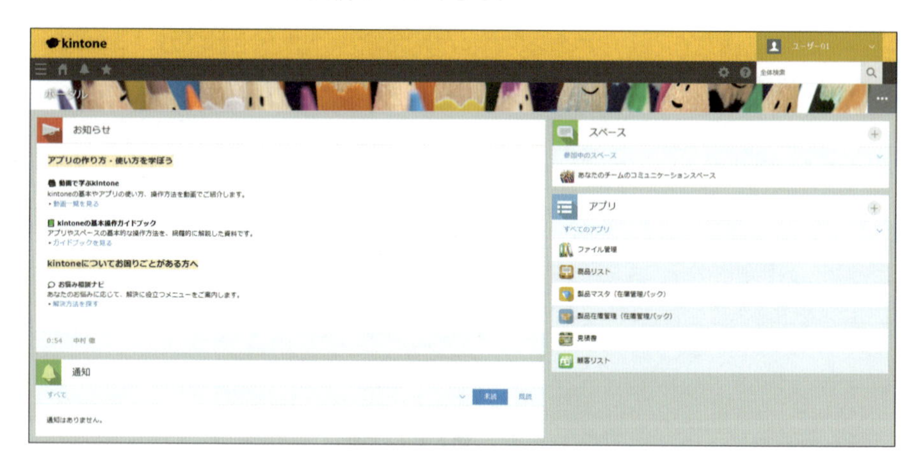

Check

アプリやスペースの作成

アプリやスペースの作成は上限があるため、デモ環境では作成できません。アプリやスペースを作成したり、管理者の操作を試すには、kintoneを30日間無料で利用できるお試しを申し込んでください。お試しの申し込みについては、「09-02 お試しを申しこむ」を参照してください。

用語索引

記号

アルファベット

あ行

か行

さ行

た行

な行

は行

ま行

や行

ら行

わ行

目的・疑問別索引

記号

数字

アルファベット

あ行

か行

さ行

た行

な行

は行

ま行

ら行

■著者

中村徹（なかむら とおる）

株式会社ICTサポートオフィス 代表取締役。株式会社MOVED「クラウドユニバーシティ」にてkintone教育に携わる。サイボウズ株式会社にて「kintone認定アソシエイト試験対策テキスト」監修。株式会社プレゼン製作所 CTO。板橋区主任児童委員。

情報親方（じょうほうおやかた）

トリセツのトリセツ株式会社 代表取締役 東野誠。1998年大阪府立大学工学部卒。同年から製品やサービスの取扱説明書制作に携わり2015年法人設立。kintone導入ガイドブック（サイボウズ社）執筆協力。現、ジャパンマニュアルアワード実行委員。

https://lit.link/trytry

■編集

染谷昌利（そめや　まさとし）

株式会社MASH 代表取締役
インターネットメディアの運営とともに、コミュニティ運営、書籍の執筆・プロデュース、企業や地方自治体の広報アドバイザー、講演活動など、複数の業務に取り組むポートフォリオワーカー。
著書・監修書に『ポートフォリオ型キャリアの作り方』など50 作。

※本書は2024年12月現在の情報に基づいて執筆されたものです。
本書で紹介しているサービスの内容は、告知無く変更になる場合があります。あらかじめご了承ください。

■カバーデザイン・イラスト
高橋 康明

kintone完全マニュアル

発行日 2025年 1月 27日 第1版第1刷
2025年 5月 8日 第1版第2刷

著 者 中村 徹／情報親方
編 集 染谷 昌利

発行者 斉藤 和邦
発行所 株式会社 秀和システム
〒135-0016
東京都江東区東陽2-4-2 新宮ビル2F
Tel 03-6264-3105（販売）Fax 03-6264-3094
印刷所 株式会社 シナノ Printed in Japan

ISBN978-4-7980-7370-5 C3055

定価はカバーに表示してあります。
乱丁本・落丁本はお取りかえいたします。
本書に関するご質問については、ご質問の内容と住所、氏名、電話番号を明記のうえ、当社編集部宛FAXまたは書面にてお送りください。お電話によるご質問は受け付けておりませんのであらかじめご了承ください。